鳥の飼育大図鑑

解説●江角 正紀　写真●立松 光好

ペットライフ社

序　文

　鳥を飼うということは純粋な趣味であり、個人的な好みで行われるものとの考えが一般的にはあるようです。そこに生態観察をもとにした科学的知識、長年の経験や海外の情報を蓄積した資料を加え、単なる趣味から身近な科学的飼鳥技術の確立へと昇華させたいという思いを故川尻和夫氏が提唱され、私も共感いたしました。

　趣味のなかに科学を取り入れるというのは難しいように感じられる方が多いのですが、新たな知識や情報を得るということは大きな楽しみでもあります。それが自分の飼っている大切な鳥にとってより良い方向へと進むのであればなおさらのことでしょう。

　飼い鳥と野生鳥を定義し、飼養するのは飼い鳥だけに限定するべきというのが私の考えです。その意味で現在は野鳥ながら飼い鳥化可能な種が多いことを考えると、飼養下での繁殖はもっと力を入れて行うべきです。将来的には、飼養下で増えた鳥を自然に帰すという行為を飼鳥家ができるような方向が望ましいと考えています。

　飼い鳥に関して鳥インフルエンザによる輸入規制が大幅に強化され、また同様に特定外来生物に指定され新たな入手ができなくなる種も増えています。さらに環境保護や野鳥保護という観点から野生鳥の輸入に対して厳しい状況にあります。その意味でも本書ではすべての種の繁殖に関する情報を取り入れました。

　幸い、ワシントン条約で規制されていた種が飼養下で増え、輸入解禁されるという朗報もあります。今後多くの種で同様の措置がとられるようより一層の努力が望まれます。

　本書では身近な誰もが知っている種から希少種まで網羅しています。店頭で見かけたとき、欲しいのに飼い方が分からず入手を躊躇したり、また飼っている鳥に意外な面を見つけることもあります。そんなときに本書が役に立てば幸いです。

　写真は第一人者である立松光好氏が担当され、素晴らしいものになりました。オウム目については手乗りオウム・インコの会、仲村功夫氏より助言をいただきました。ここに改めて御礼申し上げます。

2008年2月

江角 正紀

目次

序文 … 3

第一章 ● 鳥 … 7

- 鳥という動物 … 8
  - 分類 … 8
- 解剖学的に鳥を見る … 8
  - 羽毛に覆われた動物 … 9　鳥の形態 … 10
- 鳥の生態 … 10
  - 適応と順応性 … 11　生息地とその環境 … 12　食性 … 14
- 飼い鳥 … 15
  - 歴史 … 16　宗教的存在・権力者のものからペットへ … 17
  - 野鳥から飼い鳥へ … 18
  - 現在は野鳥でも飼い鳥化可能と思われる種 … 19
  - 野鳥と飼い鳥の違い … 19　人気と流行 … 20

第二章 ● 飼養 … 21

- 飼養環境 … 21
  - 飼養可能な条件 … 22　どんな鳥が飼える環境か … 22
  - 屋内で飼う … 23　屋外で飼う … 23
- 鳥を飼う目的 … 23
  - 鑑賞 … 24　愛玩 … 25　繁殖 … 25
  - 色変わり … 26
- 飼養単位 … 26
- 鳥の入手と選択 … 27
  - 選択基準 … 27　鳥の来歴を知る … 28　順応と順化 … 29
  - 馴化 … 30　接し方 … 30
- 飼 料 … 30
  - 鳥の食性を知る … 31　飼養形態と栄養 … 31
  - 穀類 … 32　種子類 … 32　配合飼料 … 33
  - 発情・養育飼料 … 33　生餌 … 34　人工飼料 … 34
  - 青葉・野菜・果物 … 34　野草 … 35　ミネラル … 35
  - 色揚げ剤 … 35
- 鳥籠・禽舎・バードルーム・器具類 … 36
  - 鳥籠（ケージ） … 36　禽舎 … 37　屋外禽舎 … 37
  - 屋内禽舎 … 37　温室禽舎 … 37　バードルーム … 37
  - 器具類 … 38
- 毎日の世話 … 40
  - 水の交換 … 40　餌の交換 … 40　糞を見る … 41
  - 落ちた羽毛を見る … 41　床面を見る … 41
  - 鳥の動作を見る … 42　籠の移動 … 42　照明と覆い … 42
  - 籠の内部 … 42　籠の周囲 … 42　外敵を防止する … 43
- 人と鳥の交流 … 44
- 他の動物との交流と接触 … 45
- 繁殖形態 … 46
  - 繁殖方法 … 46　雑種 … 47
- 繁 殖 … 48
  - 設備の確認 … 48　雌雄判別 … 49
  - ペアリング … 49　営巣 … 49　産卵 … 50
  - 孵化・育雛 … 51　人工育雛 … 52　繁殖回数と条件 … 55
  - 親分け … 54　若鳥から成鳥へ … 54

第三章 ● 種別解説 … 57

- 主な鳥の分布図 … 58
- 鳥の部位の名称 … 59

フィンチ類 … 60

- ジュウシマツ … 60
- ブンチョウ … 64
- チモールブンチョウ … 65
- コキンチョウ … 66
- シュバシキンセイチョウ … 67
- キバシキンセイチョウ … 70
- コシジロキンパラ … 73
- オオキンカチョウ … 73
- コマチスズメ … 74
- コモンチョウ … 75
- アサヒスズメ … 75
- フウチョウ … 76
- カノコスズメ … 76
- シマスズメ … 77
- サクラスズメ … 77
- セイコウチョウ … 78
- チャバラセイコウチョウ … 78
- ヒノマルチョウ … 79
- ナンヨウセイコウチョウ … 79
- ベニスズメ … 80
- シマベニスズメ … 81
- シャコスズメ … 81
- キンパラ … 82
- ギンパラ … 82
- ヘキチョウ … 83
- ギンバシ … 83
- ハゴロモシチホウ … 84
- ムナジロシマコキン … 84
- クロシホウ … 85
- オキナチョウ … 85
- カエデチョウ … 86
- ホオコウチョウ … 86
- オナガカエデチョウ … 87
- ミヤマカエデチョウ … 87
- セイキチョウ … 88
- ルリガシラセイキチョウ … 88
- トキワスズメ … 89
- チモールキンカチョウ … 89
- ムラサキトキワスズメ … 90
- コウギョクチョウ … 90
- ニシキスズメ … 91
- クロハラコウギョクチョウ … 91
- クロガオコウギョクチョウ … 92
- ビジョスズメ … 92
- ビナンスズメ … 93
- オトヒメチョウ … 93
- アラレチョウ … 94
- アカチャタネワリキンパラ … 94
- クロガオアオハシキンパラ … 95
- イッコウチョウ … 95
- オオイッコウチョウ … 96
- ホウオウジャク … 96
- シコンチョウ … 97
- テンニンチョウ … 97
- キサキスズメ … 98
- キクスズメ … 98
- オウゴンチョウ … 99
- キガタホウオウ … 99
- キンランチョウ … 100
- クビワスズメ … 100
- キマユクビワスズメ … 101
- ゴシキヒワ … 101
- ベニバラウソ … 101

カナリア類 … 102

- カナリア … 102
- ローラーカナリア … 103
- ヨークシャー … 103
- カラーカナリア … 104
- ワイルドカナリア … 104
- リザードカナリア … 104
- ノリッジ … 105
- キマユカナリア … 105
- 東京巻毛 … 105
- 日本細 … 106
- コシジロカナリア（セイオウチョウ） … 107
- コシジロカナリア（ネズミセイオウチョウ） … 107

ソフトビル類 … 108

- ハイバラメジロ … 108
- キクメジロ … 108
- ソウシチョウ … 109
- ズグロウタイチメドリ … 109
- カヤノボリ … 110
- キュウカンチョウ … 110
- アカオガビチョウ … 111
- カンムリチメドリ … 111
- ゴシキソウシチョウ … 112
- オオミミキュウカンチョウ … 112
- キムネコクドリ … 113
- オオハナムシクイ … 113
- キンムネオナガテリムク … 114
- ムラサキテリムクドリ … 114
- ルリコノハドリ … 115
- キビタイコノハドリ … 115

目 次 4

インコ類 … 116

- セキセイインコ … 116
- 手乗り・おしゃべり … 117
- 色変わり … 118
- 芸物 … 119
- 大型 … 120
- オカメインコ … 122
- ボタンインコ … 124
- キエリクロボタンインコ … 125
- ルリコシボタンインコ … 125
- 色変わり … 126
- コザクラインコ … 127
- クロボタンインコ … 128
- 色変わり … 129
- コハナインコ … 130
- ハツハナインコ … 130
- カルカヤインコ … 130
- サトウチョウ … 131
- シュバシサトウチョウ … 131
- マメルリハ … 132
- キソデインコ … 133
- サザナミインコ … 134
- ナナクサインコ … 135
- サメクサインコ … 135
- ココノエインコ … 136
- アカクサインコ … 136
- ビセイインコ … 137
- セイキインコ … 137
- ヒノデハナガサインコ … 138
- ヒスインコ … 138
- キキョウインコ … 139
- ヒムネキキョウインコ … 139
- アキクサインコ … 140
- キガシラアオハシインコ … 140

- オトメインコ … 140
- キンショウジョウインコ … 141
- ハゴロモインコ … 141
- ミカヅキインコ … 142
- テンニョインコ … 142
- ホンセイインコ … 143
- 色変わり … 143
- オオホンセイインコ … 144
- バライロコセイインコ … 144
- ダルマインコ … 145
- オオダルマインコ … 145
- キモモシロハラインコ … 146
- ズグロシロハラインコ … 146
- ワタボウシミドリインコ … 147
- オナガミドリインコ … 147
- ナナイロメキシコインコ … 148
- コガネメキシコインコ … 148
- オグロウロコインコ … 149
- アカハラウロコインコ … 149
- シモフリインコ … 150
- オキナインコ … 150
- アケボノインコ … 151
- スミレインコ … 151
- シロガシラインコ … 152
- メキシコシロガシラインコ … 152
- ドウバネインコ … 153
- アオボウシインコ … 153
- コボウシインコ … 154
- キエリボウシインコ … 154
- オオキボウシインコ … 155
- ヒオウギインコ … 155
- ムラクモインコ … 156
- ネズミガシラハネナガインコ … 156
- ヨウム … 157

ハト類 … 174

- ウスユキバト … 174
- コバタン … 175
- ジュズカケバト … 175
- チョウショウバト … 176
- シッポウバト … 176
- ボタンバト … 177
- カルカヤバト … 177

- キバタン … 158
- コバタン … 159
- コキサカオウム … 159
- タイハクオウム … 160
- クルマサカオウム … 161
- モモイロインコ … 162
- アカビタイムジオウム … 162
- オオハナインコ … 163
- コンゴウインコ … 164
- ベニコンゴウインコ … 165
- ルリコンゴウインコ … 165
- ヒメコンゴウインコ … 166
- コミドリコンゴウインコ … 166
- スミレコンゴウインコ … 167
- ゴシキセイガイインコ … 168
- コセイガイインコ … 168
- ショウジョウインコ … 169
- コムラサキインコ … 169
- クラカケヒインコ … 170
- キスジインコ … 170
- アオスジヒインコ … 171
- オナガパプアインコ … 171
- ジャコウインコ … 172
- コシジロインコ … 172
- ヨダレカケズグロインコ … 173
- オトメズグロインコ … 173

ウズラ類 … 178

- ウズラ … 178
- ヒメウズラ … 179
- カンムリシャコ … 179
- ツノウズラ … 180
- ズアカカンムリウズラ … 181
- ウロコウズラ … 181

第四章●健康管理 … 183

- 衛生管理 … 184
  - 掃除 … 184　温度管理 … 185　通風 … 186
  - 日光浴 … 186　水浴び … 186　消毒 … 187
- 病気 … 188
  - 呼吸器系 … 188　消化器系 … 188　栄養不良 … 188
  - 羽毛の病気 … 189　骨折 … 190　褐色 … 190　外傷と事故
  - 卵詰まり … 191　脂肪過多と対策 … 191
  - 疾病対策と予防 … 192　鳥の病気と影響 … 192
  - 主な病気と症状 … 193
- 品評会 … 194
  - 標準型と原種 … 195　品種維持と改良 … 196
- クラブと情報の活用 … 197

用語集 … 198

索引 … 200

撮影後記 … 203

第一章

鳥

鳥という動物

動物界は脊椎動物門と無脊椎動物門からなり、脊椎動物門は哺乳綱、鳥綱、爬虫綱、両生綱、魚綱（硬骨魚綱、軟骨魚綱、円口綱等）に大別されます。

鳥を定義すると、「羽毛」をもち、「恒温」かつ「卵生」である動物ということになります。

羽毛は動物のなかで鳥のみがもつ特徴です。恒温とは自ら体熱を維持できることで、哺乳類と鳥類が該当します。卵生は多くの動物にみられますが、鳥類は例外なくすべて卵生です。以上の特徴を併せ持つことで、鳥類は独自の進化を遂げることができたのです。

一部の恐竜は鳥と同じ特徴をもっていたともいわれ、鳥と恐竜は非常に近い関係にあります。

前述した三つの要素をすべてもっていて他の動物とは完全に区別できる存在が鳥類なのです。

分類

鳥類は8600種ときに9000種以上にも分類されます。この数字の違いは研究者によって一種とみなすか、亜種とみなすことから生じるものです。亜種とは、同種でありながら地域によって外見上の変異がみられるグループです。

種（Species）の近いものを集めて属（Genus）が形成され、さらに属に近いもので科（Family）、そして科を集めて目（Order）が形成されます。

たとえば、オカメインコの分類上の位置はオウム目オウム科オカメインコ属です。オウム目にはヒインコ科、オウム科、インコ科があります。名前からインコ科に属しているように思われますが、冠羽があることで、インコ科ではなくオウム科になります。また近縁の種がいないため、単独でオカメインコ属をつくっているのです。

一方、ブンチョウはスズメ目カエデチョウ科キンパラ属です。一見してわかるようにスズメに似た体形でスズメ目に分類されます。そして初列風切羽の数、白い卵、短く太い嘴、繁殖形態等からカエデチョウ科になり、類縁的に近いキンパラ類とともにキンパラ属を形成し、さらに近縁種であるチモールブンチョウとブンチョウ亜属にまとめられます。以前はブンチョウ属でしたが、研究が進んだ結果、キンパラ属と分ける必要はなくなりました。

ここで学術的な分類を取り上げたのは、専門的な知識を詰め込む目的ではなく、どんな鳥がどの鳥と近縁なのかを知ることによって、飼養管理を適切に行いたいという意図からです。

あくまでも、これらは便宜的な区分であり、分類ではありません。フィンチ、インコ、オウム、ソフトビル等、グループ的な括り方をしますが、鳥を飼うにあたって、種、属、科、目を知り、大まかな鳥の相違点を理解しておくことが必要になります。

主な鳥綱

- ダチョウ目
- ペリカン目
- キジ目 ─ キジ科 ─ ウズラ属 ─ ウズラ
- ハト目 ─ ハト科 ─ チョウショウバト属 ─ ウスユキバト
- オウム目
  - ヒインコ科 ─ セイガイインコ属 ─ ゴシキセイガイインコ
  - オウム科 ─ オカメインコ属 ─ オカメインコ
  - インコ科 ─ ヒラオインコ属 ─ ナナクサインコ
- カッコウ目
- スズメ目
  - ヒタキ科 ─ チメドリ亜科 ─ ウタイチメドリ属 ─ ウタイチメドリ
  - アトリ科 ─ カナリア属 ─ カナリア
  - カエデチョウ科 ─ キンパラ属 ─ ブンチョウ
  - ムクドリ科 ─ ムクドリ亜科 ─ ムクドリ属 ─ オオハナマル

解剖学的に鳥を見る

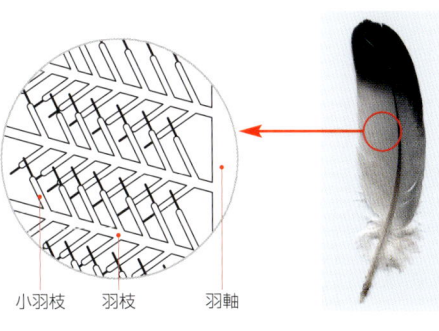

羽根の構造

綿羽　小羽枝　羽枝　羽軸

羽毛に覆われた動物

羽毛は鳥だけがもつ特徴で、羽毛には飛行や体温調節に不可欠な熱絶縁効果があります。

羽毛は角質たんぱく質で形成され、これは爬虫類の鱗と同じです。このことは、鳥が爬虫類あるいは恐竜類から進化したとされる要因にもなっています。

その羽毛には四つの型があります。

第一の型は羽弁が形成されている羽毛です。羽毛の中央を貫く強力な羽軸が、そこから斜めに列生する羽枝を支えて軸の両側に羽弁を形成しています。それぞれの羽枝にはさらに多数の互いに絡み合う小羽枝が列生しています。これが羽毛の構造に著しい軽さと強さを付与しています。すべての風切羽はこのような羽弁構造になっていて、第一に飛行における推進力をもたらし、第二に主要な内側翼面を形成して、飛行に必要な揚力を生み出します。体を覆っている外部の羽毛は、ほとんど羽弁をもつ羽毛から形成されています。

第二の型は綿羽といわれる羽毛で、羽弁のある羽毛の下で体を覆う温かい熱絶縁体を形成しています。鳥にとって防寒用になり、特に海鳥や極地の鳥は綿羽を豊富にもっています。

第三の型は糸状羽といわれる人間の髪の毛に似た細い羽毛です。

第四の型は感覚羽あるいは剛毛といわれる特殊な羽毛で、アマツバメのように空中で昆虫を捕食する種やキウイのように落ち葉の下の昆虫やミミズを採食する種の嘴基部周囲に生えています。

羽毛の数は種や性別、大きさ等で異なります。ハクチョウ類では2万5000枚、ハチドリでは900枚です。羽毛は規則的に新しいものと生え変わり（換羽）、通常年に一回、種によっては二回換羽します。また羽毛は熱絶縁の役目も果たしています。そのため換羽中は体温調節機能が低下することもあり、飼養下では特に注意して管理しないと病気や落鳥の原因になりかねません。

羽毛には優れた断熱効果がありますが、最も重要なことは、飛翔するため軽くて丈夫な素材で構成されているという点です。一見、一枚の羽毛でしかないように見えますが、上図のように小羽枝が重なり合って丈夫な羽毛を形成し、この羽枝が軽くて丈夫な羽軸に支えられているのです。

この重要な羽毛を保護するために、鳥は常に羽繕いをしています。

羽繕いは嘴で腰の部分にある油脂腺という突起物から分泌される油脂を各羽毛に擦りつけます。さらに擦りつけた油脂がすべての羽毛に届くよう全身を震わせます。飼われている鳥の羽繕いをよく見ると同じように行っているのが分かります。

羽繕いは主に朝目覚めたとき、水浴びの後、日光浴のとき、そして長距離飛翔の前後等に多く行います。一枚一枚の羽毛を丁寧に嘴で梳きながら乱れや汚れを取り除き、油脂を擦りつけていきます。一日に何度も繰り返し行うので、羽毛に異常があるのかと心配になることもあるかもしれませんが、寄生虫やストレスによる羽毛障害のときには激しく嘴でつついたり、一カ所に集中して気にするような行動をするので区別はつきます。

羽毛は換羽によって新しく生え変わります。そのとき、羽毛の縁は長くほとんど色彩をもたない場合があります。そのため、一見全身が淡い色彩に見えることがあります。しかしこの淡く見えるのはわずかな時間です。鳥が行動するにしたがって羽毛のふちが擦り切れ、本来の色彩になります。換羽直後のベニスズメのオスやキンパラ類では比較的観察しやすいので注意してみると面白いでしょう。

換羽は繁殖が終了してから始まる場合が多く、親鳥にとって子育てという最大の行為を終えたのにまた重労働が続くことになります。そのため、体力回復と換羽を同時期に短時間で終えなければなりません。野生では植物が豊富な時期であり、飼養下では植物性たんぱく質（発芽種子、青穂等）で栄養補給をします。

9　鳥の飼育大図鑑

脚の比較

アカハラハネナガインコ
木の枝や蔓につかまりやすい前後２本ずつに分かれた指

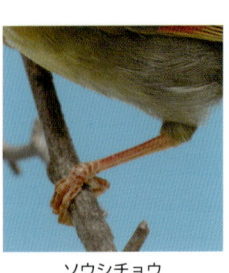

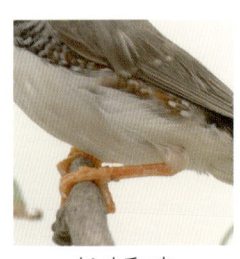

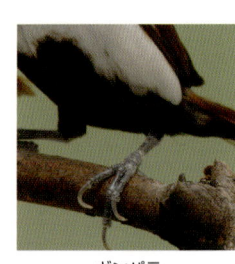

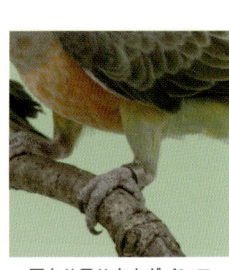

ギンパラ
垂直な葦に止まることが多く頑丈で長い指と爪

キンカチョウ
草原性で細くてきゃしゃな脚と指

ソウシチョウ
樹上性で小枝の間を動き回りやすい脚と指

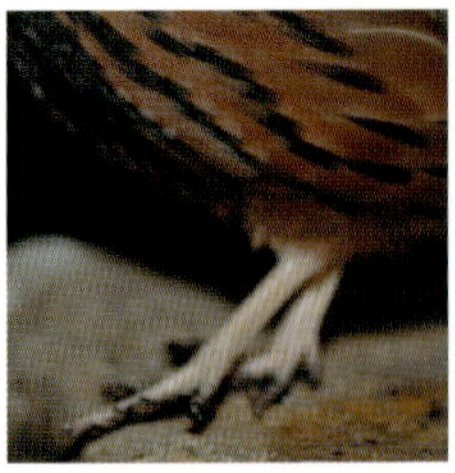

ヤクシャウズラ
地上性で頑丈な脚と爪

鳥の形態

感覚

鳥は視覚と聴覚が著しく発達し、嗅覚・味覚・触覚はそれほどでもありません。

視力は大部分の鳥にとって生存そのものを左右するもので、目が大きく多数の光覚細胞をもちます。猛禽類は鋭い視力によって遠方の獲物を発見し、獲物にされる側の小鳥は四方に見通しのきく鋭い視力に頼って危険を察知します。鳥の意思伝達方法は視覚によることが多く、瞬間の危険信号を正しく解釈するためには鋭敏な視力を必要とするのです。

フクロウ類は顔面が平らで眼が正面に並んでいます。これは両眼視野を広げ、獲物への距離を正確に判断するためです。これに対して多くの小鳥たちは頭の両側に眼があり、視野は３４０度にもなります。このためどこから敵が来るのか早く発見することができます。

しかし両眼視野は狭く、24度に限られています。飼われている小鳥が何かを見ようとするとき、首を左右に傾げてみるのは両眼視野の狭さのためです。

また聴覚も鳥の生活にとって意思伝達、食物確保等、重要な要素になっています。一般に人間に近いとされますが、実際にははるかに鋭敏です。見通しのきかない森林や茂みの中での鳴き声によるコミュニケーションの発達も聴力の重要さを示すものです。

嗅覚と触覚はキウイやシギ類で特殊化していますが、一般的には発達していません。

骨格

すべてではありませんが多くの鳥が飛行するということは、その骨が軽くなければ困難です。そのため、鳥の骨は空洞状の構造で非常に軽くなっています。

さらに歯も顎もなく、頭骨は薄く、眼が大きいので眼窩も大きくなり、より軽量化を進めたと思われます。

翼は人間の腕にあたりますが、骨の消失と変化により飛翔行動に適応しています。手首と手の部分ではいくつかの骨が癒合し、脚部の骨も同様に数が少なく変形しています。これは飛行から着陸という大きな運動を能率的に緩衝するのに役立っています。

嘴

鳥の嘴はそれぞれの食性に応じて、特殊化したものから応用力のあるものまでさまざまな形に変化しています（14ページ参照）。

たとえば、種子食でもハトやウズラは丸呑みにしますが、小型のフィンチ類やオウム類は殻を剥いて中の種子や胚だけを食べます。そのため、上下の嘴の合わせ目は殻を剥きやすいように複雑な形になっています。

またこの部分は使わないと伸びてしまうため、絶えず殻を剥いたり鉱物を食べてすり減らしています。飼養下で殻のない餌ばかり与えていると嘴が伸びすぎて閉じなくなったり、うまく餌を食べられなくなる場合もあります。

脚

脚と指の形もさまざまです。最も小型のグループであるカエデチョウ科でさえ大きく分かれています。

垂直で絶えず風に揺れるアシやカヤツリグサの仲間の植物が生息地の大半を占めるキンパラ類は、太く頑丈な脚と、長く物を握る力のある強い指をもっています。

これに対してグラスフィンチと呼ばれるキンセイチョウやキンカチョウのように、草原に生息する種の脚は細くまた指も短く、細い葉や茎に止まるのに適しています。そのため、飼養下でもキンパラ類には垂直な止まり木を、グラスフィンチには細く柔らかい止まり木を与えることで、負担のかからない管理が可能になります。

樹上生活者であるメジロ類、チメドリ類、ヒヨドリ類は空中から木の枝へ、また枝から枝へと頻繁に移動します。そのため細い枝でも確実に握る力と、絶えず揺れる枝の上でバランスをとるための強力な筋肉をもっています。飼養下では止まり木を色々な太さにしたり、固定せずに若干揺れる程度にして運動能力が低下しないようにする必要があります。また体全体と比較すると脚は細く指は長いので、籠の継ぎ目や金属部分で負傷することもあります。

オウム目の鳥は指が前後に二本ずつ分かれています。彼らの大半は樹上生活者ですが、木の枝や蔓を握って体を安定させたり、ぶら下がって採食することも多く、頑丈で太い脚と指をもっています。

完全な地上生活者であるウズラの仲間は、太く頑丈な脚で走ったり土を掘ったりするため、後ろ指は短くなっています。

鳥の生態

適応と順応性

オーストラリアでは農地や牧場の増加とともにキバタンやモモイロインコのような大型のオウム類も増え、これらは穀類の害鳥として駆除されています。

日本では考えられないことですが、高価なキバタンもモモイロインコも散弾銃で射殺するのです。

オーストラリアでは動植物の輸出入を禁止しているので、日本や欧米へ輸出することもできず射殺措置が取られています。

モロコシ畑を食害するオカメインコ（オーストラリア）

鳥が生活している環境はさまざまです。一般的にそれぞれ適した場所にすんでいると思われています。ところが実際には特定の環境条件が揃っていなければ生息できない鳥もいれば、多少条件が悪くても生活パターンを変えてすみ着く鳥もいます。

繁殖場所やその樹種の種子・果実を主食とする場合です。いくら樹が密生していても他の樹種では適応できないため、その生活は特定の樹が増えなければ良くなりません。

ところが最近の環境破壊によりこうした特定樹種に依存している鳥は衰退しつつあります。

ハチドリやタイヨウチョウのような花蜜食の鳥のなかにも、特定の花に依存して嘴が特殊化したものがいます。彼らもまた他の花には順応できないため、植物相の変化は大問題となります。アオバト（Fruit Dove）の仲間はさまざまな木の実や芽を食べています。

しかしなかには特定樹種に依存しているため、年によっては繁殖ができなくなるものもいます。

昆虫食の鳥も同様です。昆虫といっても空中を飛び回るもの、樹林中を飛び回るもの、葉の裏や草の茎の中に潜んでいたり、樹皮の中、地中にいるものまで、その生態は鳥以上に変化に富んでいます。

このように特定の昆虫や樹種に依存している鳥にとって、その環境が絶対的な必要条件なのです。

以上のように特定された環境や条件に適応した鳥は他の環境に対する順応性が低く、自然界でもその分布は限定され数も少なく、その多くは保護されています。そしてその特徴は体の一部や食性に現れています。

それに対して同一種が異なる環境に生息している鳥もいます。本来は高木や低木が散在する草原（サバンナ）に生息している鳥でありながら、半砂漠地帯から人家周辺の農耕地、公園、道路端にまで生活範囲を広げた種です。牧場や農地をつくるためにあらゆる環境がサバンナに似たものになると、すぐさま進出してきて定着し繁栄したのです。

アフリカのカエデチョウ類やハタオリドリ類、オーストラリアではシマコキンやアサヒスズメ等のカエデチョウ類、セキセイインコ、オカメインコ、モモイロインコ等です。

彼らはイネ科植物の種子を主食とするので、開けた土地と一定の雨量さえあれば十分な食料が得られます。イネ科植物の種子は大量に生産され、地面に落下しても一定量の水が発芽条件となるため、乾燥した時期でも食料となることができます。

また牧場や農地には食料となる種子だけでなく、生命線である水も灌漑や家畜用として供給されています。農地、特にイネ・アワ・キビ・トウモロコシ等の畑は、その作物自体も彼らの食料になりますが、周辺に大量発生するイネ科の雑草も当然食します。

そして農地開拓は鳥に縁のなかった森林を開いて行われるため、生息地の拡大につながりました。そこでの彼らはイネ科植物の種子を主食としていますが、他の草の種子や芽、昆虫も食べます。季節によって食べ分けることで一年を通して安定した食料を得る方向へ進化したと考えられます。

特殊化することなく食料の幅を広げると同時に生活圏も広げることができたのは繁殖力の強さもあります。条件が良ければ年中繁殖可能です。そして数が増えると当然新しい生活場所を求めて移動します。もちろん水も食料もなく大量死することも多いのですが、それでも確実に発展してきたのは特定の環境だけにとらわれず、広範囲の食料を利用できる順応性の高さがあるからです。

環境悪化や自然災害、あるいは人間による駆除や捕獲、捕食者の圧力等があっても繁殖力の高さで対応してきました。この順応性の高さは飼養下でも生かされています。

生息地とその環境

熱帯林に生息するというだけでは、そこが雨林なのか乾燥林なのかは不明です。植生の違いだけでなく、湿度や温度も大きく異なり、まったく別の環境と考えてもよいほどです。

色鮮やかな鳥の多くは降雨林を生息地とし、環境の変化を嫌う傾向にあります。
乾燥林に生息する鳥は体質が強健で、環境の変化にも耐えられるものが多くなります。

熱帯降雨林

多量の降雨と多種類の高木から形成される熱帯降雨林は、赤道周囲の熱帯地方にある森林の大半を占めています。年間を通して高い気温、森林内は高湿度、そして樹種の豊富さから変化にあふれた環境をつくり出しています。

中央アメリカから南アメリカにかけては雨量の多い熱帯降雨林が続きます。特にアマゾン降雨林は30m以上の高さの常緑林冠に覆われ、おびただしい樹種の混合林とヤシ科植物、蔓性植物、ラン、シダ、パイナップル科の植物が絡まりあっています。年平均気温は25度以上、降雨量は760mm以上です。上層部にコンゴウインコ類が生息します。

アフリカではコンゴ盆地とギニア湾沿いの暗く静かで湿っぽい降雨林があります。カメルーン西部以外は一度切り開かれた後、放棄された二次林です。チメドリ類やコンゴクジャク等が生息します。

東南アジアの降雨林は地球上最も複雑な生態系の一つです。モンスーン（季節風）とそれに伴う豪雨によって、マレーシアだけでも樹種は2000以上です。東南アジア全体で1500種以上の鳥がいます。林冠部にはインコ類、ハト類が、地上ではヤケイやシャコ、ヤイロチョウ等が生息します。

オーストラリア北部降雨林は切れ目なく続く林冠部とシダや宿根草からなる草本層を形成しています。東部と南西部のユーカリ林も降雨林とされます。キバタンやヒメウズラ等が生息します。

雨緑樹林

雨季と乾季が存在する熱帯林では、乾季に落葉する雨緑樹林が成立します（熱帯季節林またはモンスーン林）。熱帯降雨林と比べると樹種は少なく着生植物も少なくなります。樹の種類や樹高は乾燥の度合が増すにつれ低下し、乾燥が強い地域では乾季に生じる野火の影響を受ける森林が多くなります。そのようなところでは樹種が少なく林床の植生も貧弱です。インドではクジャク、ウズラ類、ハッカチョウ等が生息します。

常緑広葉樹林

照葉樹林暖温帯で雨量の多いところに発達する一年中緑の葉をつけた常緑広葉樹林です。熱帯高地から温帯地方にかけて広がる森林です。樹種は熱帯林と比べて少なくなりますが、一定の季節に大量の生産（果実、種子、芽等）があり、昆虫や無脊椎動物等の鳥にとって大切な食料も豊富です。中層から上層はチメドリ類、ヒヨドリ類、メジロ類、コノハドリ類等の雑食性の強い種が生息し、下草の少ない下層にはウズラやシャコの仲間もみられます。アジア東南部、南アメリカ中部、オーストラリア東北部。

落葉広葉樹林

夏の間は緑葉をつけるが寒い時期には落葉する森林で、ヨーロッパ、東アジア、北アメリカ東岸等に広がります。季節によって鳥の種類が大きく入れ替る（渡り鳥）ことが多いのも特徴です。

サバンナ

広い草原とまばらな樹木からなるサバンナは、一見安定した環境ですが、乾季と雨季の湿度は大きく異なり、水にも不自由する乾季と豊富な食料のある雨季の差は同じ場所とは思えないほどです。サバンナでは雨量が多ければ繁殖成功率が高まり鳥の数は増え、乾燥が長引けば餌不足により大量死します。草原はイネ科植物が主体となって形成されます。

南アメリカではアルゼンチンのパンパス、ベネズエラのリャノスが有名です。大草原で暑く乾燥した乾季と、大雷雨の雨季の繰り返しです。ホオジロ科のヒメウソ類が生息します。

アフリカでは砂漠と降雨林の間に位置します。高木と茂みとが点在する草原で1000種以上の鳥が生息します。カエデチョウ科、アトリ科、ハタオリドリ科等のフィンチ、ハト類、ボタンインコ類、ダチョウ等、多くの種が生息しています。

アジアではサバンナは開拓され農地になり相当に減少しています。水田周囲にはフィンチ類やウズラ類が生息します。

オーストラリアではユーカリとバオバブが草木と混在し、グラスフィンチやハト類、ウズラ類、オウム類等の種子食鳥が多く生息し、カチョウ等が生息します。

鳥の生態

> サバンナに生息するカエデチョウ科フィンチの繁殖成功率は20％に満たない場合があります。彼らはサバンナの食物連鎖にあっては下位で、卵や雛は捕食動物の食物となるからです。小型のネコ類、ジャコウネコ類、ヘビ類、コウノトリやサギ類にまで捕食されています。

> アフリカ西部では穀類の害鳥としてハタオリドリ類やカエデチョウ類があげられます。現地ではアワ類を多く生産していますが、これが鳥にとって絶好の食料になります。
> そのため、人家そのものにまで営巣するカエデチョウ科のコウギョクチョウは文化親近性鳥類と呼ばれます。

半砂漠

年間降水量が200㎜以下で温度の日較差や年較差が大きく、岩石や砂が剥き出しになり、高木が生育できず、わずかな草原や多肉植物が点在する荒地です。これ以上の乾燥では砂漠になります。そうだけ厳しい条件下ですが、生息する鳥は少なくありません。オーストラリア内陸部、アフリカ南部、南アメリカ南部ではサバンナと混在し、フィンチやウズラ類・シャコ類、ハト類が適応しています。

乾季には水溜まりにこれらの鳥が何百万羽も群がり、それを狙って猛禽類も来ます。耕地となっている乾燥サバンナではセキセイインコ、オカメインコ、モモイロインコ等が多数生息します。また牧場となったところでも家畜用の水飲み場が設置され、シマコキン、アサヒスズメ等が増えています。

茂み・藪

サバンナや林縁部に多くみられる、低木・とげのある植物・密生した蔓性植物によって形成される低層地帯です。小型の鳥類には絶好のすみかで、フィンチやウズラ類の繁殖地です。

人工的な環境もあり、鳥の種類は流動的です。しかし順応性の高い鳥が多くみられます。

大洋の島々

大陸と異なり、降雨林に覆われている島では固有の生態系を生み出しやすいといわれています。その一方、台風などの自然災害や人工的な環境破壊によって絶滅の恐れのある種も増えています。カリブ海のボウシインコ類、東南アジアのオウム類、ハト類、ヒインコ類、太平洋諸島のセイコウチョウ類が該当します。
メジロ類はアフリカから太平洋諸島の島々で発展・分化した数少ない鳥です。

湿地帯

地域全体あるいは大部分が池や沼、湖沼であり、草本類が繁茂している場所を示すものです。雨季にはその範囲が広がるのに対し、乾季には大幅に狭まるところもあります。南アメリカのアマゾン、アフリカのオカバンゴのほか、各地の河口部に広がりますが、開発の対象にされやすく世界的に減少しつつあります。水鳥だけでなくフィンチ類には絶好のすみかです。

林縁部

森林や樹林帯から開けた土地に移行する地域で、樹高は徐々に低くなり草本が増え、明るく複雑な植生となります。森林開発等、人

農耕地

人間の開拓によって開けた土地ですが、進出してくる鳥もいます。サバンナに似ている環境でもあり、多くの鳥たちに利用されています。農耕地や周辺の草むらは採食地であり、小型のフィンチやウズラ類の生息地になっています。ただそのため、森林性の鳥は追いやられることになりました。また作物の害鳥として駆除される場合もあり、安定した環境とはいえません。

公園

農耕地以上に人工的ですが、進出してくる鳥もいます。フィンチやヒヨドリ類、メジロ類、カラス類は人工的環境さえ利用するようになっています。人の与えるものを有効利用し、発展する手段を得たのです。

人家周辺

農耕地や公園等に進出してきた鳥のなかには野生の天敵がいない、餌も水もある、営巣地があるという単純とも究極的ともいえる理由で、人家周辺にまで定着したものがいます。古くはスズメやツバメ、近年ではヒヨドリ、キジバト、メジロ、シジュウカラ等が日本では知られています。アフリカやオーストラリアではカエデチョウ科やアトリ科のフィンチ、アジアではハッカチョウやヒヨドリ類、ユーラシアには広くジュズカケバトがすみついています。
人の近くで鳥が生息するのは一見良いことのように思われるかもしれませんが、進出するのは限られた種であり、大半の種が人のもたらす行為によって追いやられているのが実情です。

（58～59ページの分布図参照）

鳥の生態

飼い鳥の嘴

雑食 ウズラ
地上で種子や昆虫を採食する短く頑丈な嘴

雑食 オオミキュウカンチョウ
昆虫、果実、小動物等雑食で適度な長さと太さをもつ丈夫な嘴

果物食 ノドジロヒメアオバト
樹上や地上で熟した果実を丸呑みするため、適度な硬さと短い嘴

花蜜食 コムラサキインコ
樹上で果実、花蜜、花粉等を主食とし、オウムより小さい嘴

種子食（大きな種子）オウム類
樹上で果実、芽、種子等を主食とし、硬く内側に曲がった丈夫な嘴

種子食（小さな種子）ブンチョウ
イネ科を中心にした草の種子を主食とし、硬く短く円錐型の嘴

昆虫食 ソウシチョウ
主に樹上で小さな昆虫、果実等を主食にするため、細く柔らかい嘴

食性

肉食、魚食、花蜜食等、特定の食料に依存する鳥は一生を通して狭い範囲のものを食べます。そのため食料が得られる環境がなければ生存できません。一方で広範囲の食料を利用する鳥は進化・発展を可能にしました。

昆虫食の鳥には完全な昆虫食としてツバメ類、アマツバメ類がいます。彼らは昆虫を求めて長距離の渡りをします。

昆虫が主食であっても季節によっては果実や花蜜、木の芽等で生活できる鳥もいます。ウグイスの仲間やカラ類、メジロ類、チメドリ類、ヒヨドリ類になると昆虫、果実・花蜜等どれが主食なのか判断が難しい程雑食性があります。しかし雛を育てるときは昆虫が主体となるので昆虫食とみなされます。

飼い鳥の大半を占める種子食鳥は、イネ科植物の種子を中心とするフィンチやインコ類、アザミやマツの実のような油脂分の多い種子を好むアトリ科、高たんぱくの木の実を好むオウム類と幅広く、それぞれ多種類の種子を利用します。

同じ種子でも穂についた未熟な種子から完熟して地面に落下したものまで成長段階による食べ分けもあり、また雛の養育には昆虫や芽を利用する鳥も多くいます。

一般にイネ科の植物は大群落を形成し、種子は同時に大量に生産されます。多くの鳥は種子が完熟する頃に繁殖を終了します。これは最も栄養価が高い時期に雛を育てることで効率よく利用するためと思われます。

そして大量に生産され地面に落下した種子は、乾季の食料がなくなる時期の貴重な主食となります。

また10ページで述べたように、嘴の形も食性に応じて変化しています。大きく分けると以下のようになります。

動物食 ワシ・タカ、フクロウ類等
肉を引き裂くかぎ状の強力な形。

魚食 ウ、アジサシ、アイサ等
魚を確実に捕らえる長く鋭い形で、先端はかぎ状になったり、縁が鋸状のものもいる。

昆虫食 ツバメ、ムシクイ、ヒタキ等
一般に細く尖っており、剛毛の生えたものもいる。

種子食 ハト、オウム、スズメ等
頑丈で短くオウムは曲がっている。

花蜜食 ハチドリ、ミツスイ等
長く細く特殊化したものが多くいる。

雑食 カラス等
太く細く適度な長さ。

しかし、すべての鳥がこのように分別されるわけではなく、特殊化していないものは食性の幅が広く適応能力が高いようです。

嘴は人の歯と異なり、食物を噛み砕くことはできません。食物を捕獲、引き裂き、あるいは種子の殻をむいてから飲み込みます。消化するのも飛翔するためには短時間で行う必要があります。そのため、鳥の消化能力は非常に高いのです。

しかし消化に時間のかかる食物も少なくありません。特に植物の種子は大量に食べなければ必要な栄養を満たすことができません。そこで種子の消化をより早くするために多くの種子食鳥は小石や砂を食べて胃の中に蓄え、種子をすりつぶす役割をもたせ、消化促進剤として利用しています。

飼養されている鳥では嘴の先端、あるいは両脇が異常に伸びてしまうことがあります。ほとんどが種子食の鳥です。これは本来硬い種子の殻をむいて食べる習性でありながら、人工的に殻をむいた飼料や殻のないペレットばかりを食べている場合に起こる障害です。この嘴の伸びすぎを防ぐためには硬い殻の付いた種子を与えるだけでなく、ミネラル源でもあるボレー粉やカトルボーンは欠かすことができません。

さらに野生での習性も利用し（飼養下でのストレス解消にも有効）、自然の木の枝を与えるとこれをかじることで嘴の伸びすぎを防止できます。

また飼料としてではなく、嘴の衛生管理・伸びすぎ防止という意味で若い竹や笹を与えることも効果的です。オウム類だけでなく小型のフィンチ類もこうした生きている植物の若い繊維をかじることで嘴を適切に保つことができます。

飼い鳥

代表的な飼い鳥

ジュウシマツ

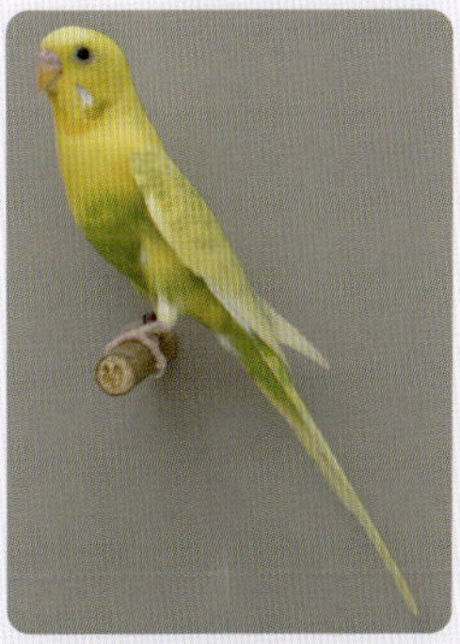

セキセイインコ

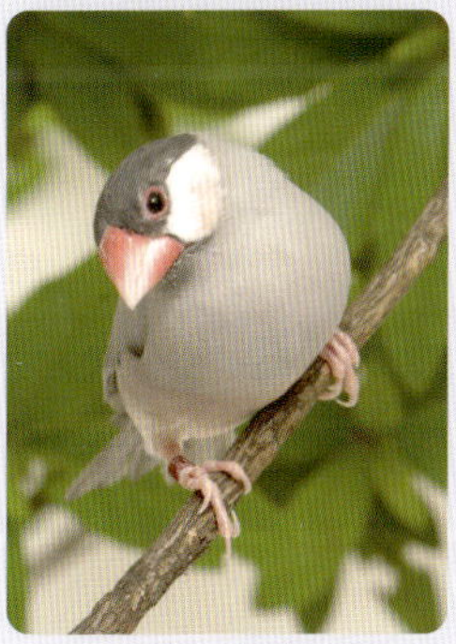

ブンチョウ

キンカチョウ

カナリア

現在、正式に飼い鳥の数が調査されたことはありません。イヌやネコは日本ペットフード工業会による調査が行われています。
鳥に関しては日本小鳥小動物協会がアンケート調査を試みています。飼養する数だけでなく、鳥と人との共生に関するものまでさまざまな調査が行われているので、今後の期待も高まります。
ちなみに世界的に最も多く飼われているペット鳥はセキセイインコで、次いでカナリア、そしてジュウシマツの順ではないかといわれています。
わが国では飼養単位からジュウシマツが最も多いのではないかと思われます。

自然界を自由に飛び回っていた鳥を狭い籠で飼うことに対していつの時代でも批判はあります。たしかに逃げ出そうとして暴れ、羽毛や嘴を傷つける鳥もいます。しかしその一方で、飼うための工夫や努力がない、あるいは鳥に対する理解がないという飼育者側の不備があることが多いようです。

そこで飼養下でも種ごとの習性等を理解して、環境に順応し繁殖可能な条件を整え、野生の鳥を捕獲することなく飼うということを楽しめるような方向に進むべきです。

本書では飼養下で繁殖可能な種を選び、その方法や管理を含め、飼う目的別にも説明しています。飼い鳥として完全に飼養下での生活に順応し、子孫を殖やすだけでなく野生にはいない新しい品種を生み出した鳥も多くいます。

その代表がカナリア、セキセイインコ、ジュウシマツ、キンカチョウ、オカメインコ、ウズラといった馴染みのある鳥です。彼らは野生の同種とまったく同じものから別種のように変化したものまで多くの品種があり、色彩・模様・体形・姿勢・鳴き声等、人の好みのままに改良されました。今後さらに別の種でもこうした新品種の誕生は増えるでしょう。

一方、飼い鳥として繁殖も十分可能な種のなかには野生での数が減少しているものもいます。彼らを衰退させないためにも飼養下で殖やし、将来的には野生への復帰も視野に入れた飼い方も必要となるでしょう。トキやコウノトリのように野生種が絶滅してから復活を目指すものもいます。

もちろんこうした難しい問題とは関係なく、楽しみで鳥を飼う人がはるかに多いと思われます。繁殖までは考えず個体との交流を楽しむ、色彩や鳴き声を鑑賞したい、色々な鳥を一緒に飼ってみたい等、純粋な小鳥ファンも数多くいます。いずれにしても鳥が幸福な生活を送れるマニアもいることでしょう。また一方では完璧な種（品種）を追求したいという品評会重視のマ飼養法を考えていくことが最も大切なことです。

籠の中で（禽舎を含む）繁殖して殖えた鳥こそが飼い鳥です。したがって飼養に関する知識、技術はブリーダーやマニアの間では当然視されていますが、一般には普及していないのが現状でしょう。種類ごとに異なる性質でありながら、鳥という言葉で括られてしまうのは、鳥にとっても飼う人にとっても不幸なことです。種類が異なるのに同じ飼料や器具を与えても、鳥にとっては迷惑なこともあるのです。

鳥を飼うということは、どんな種類の鳥を飼うのかということから始まります。そこをしっかり把握して事前の準備を始めるべきでしょう。

飼い鳥

> イギリスの自然科学者チャールズ・ダーウィン（1809〜1882　ハトの品種改良における選択繁殖理論、ガラパゴス諸島での種の分化と進化、自然淘汰、種の起源他）は進化論を発表し、同時期に同じイギリスの採集探検家で後に生物学者となるA・R・ウォレス（1823〜1913　マレー諸島からニューギニアにかけて多くの生物を採集し、ダーウィンと同時期に進化論を提唱）は生物の分布境界線（ウォレス線）を発表しました。
> またイギリスの生物学者ジョン・グールド（1804〜1881　オーストラリアの鳥を世界に紹介、コキンチョウの学名に妻の名を残す）は世界各地の鳥をみごとな石版印刷で出版しています。

歴史

いつ頃から人が鳥を飼うようになったのかは不明です。食用や宗教、占い等の対象として歴史に現れるのは紀元前のことです。

つまり、人が文字文化によって歴史を刻むようになったときにはすでに鳥の飼養は行われており、なかでもクジャクやオウム類、カラス、キュウカンチョウのように美しいものや物まねをする鳥は、権力者の間では大切に飼われていたようです。

正確な記録としては紀元前327年アレクサンダー大王のインド侵攻でオオホンセイインコが持ち帰られ、ヨーロッパに初めて飼い鳥化され、カラスやヒワ類も飼われていたことが記録されています。その頃、ジュズカケバトもすでに飼い鳥類が紹介されました。

日本では598年にクジャクとカササギが、647年にクジャクとオウムが新羅から献上されたことが日本書紀に記されている最古のものです。その後も新羅、百済、高麗と朝鮮半島から、唐、宋、明と中国からも、日本にはいない鳥獣類が輸入されています。

いずれも時の権力者による権勢誇示で、一般の庶民は身近な野鳥を捕らえ、その姿や鳴き声を楽しんでいました。ヨーロッパではゴシキヒワ、ウソ、ムネアカヒワ等、日本ではウグイスやメジロ、中国ではガビチョウ類やハッカチョウ、インドではキュウカンチョウやコノハドリがそれぞれ親しまれていました。

こうした在来野鳥と異なる外国産の鳥が一般に愛好されるのは15世紀になってカナリアが登場してからです。当時は大航海時代であり、世界中の珍しい鳥がヨーロッパに紹介されています。カリブ海諸島や中南米のボウシインコ類、アフリカのヨウム、さらに多くのフィンチやインコ等です。なかでもカナリアは狭い籠に単純な種子を餌とする程度の飼い方でよく囀り、また繁殖もできるのでたちまち人気者になり、世界に広まったのです。日本には1700年代初頭にすでに輸入されていました。

飼い鳥の宝庫といわれるオーストラリアから鳥が輸出されるようになる1800年代にはセキセイインコやオカメインコといった現代のペット鳥の代表格が次々にヨーロッパにもたらされました。クサインコ類や多くのパラキート、フィンチもその後輸出され、飼い鳥の対象は大幅に増えていきました。

ただ残念なことに多くの鳥は原産地からの輸出に頼るだけで、それぞれの国で繁殖させて殖やすという試みは20世紀後半まで待たなければならなかったのです。

わが国で外国産の鳥が本格的に輸入されるようになったのは、江戸時代に入ってからです。アジア産のヒインコ類（当時はベニインコ）、ホンセイインコ類（当時は青インコ）、ブンチョウやジュウシマツ（原種のコシジロキンパラ）、ベニスズメ、チョウショウバト、キュウカンチョウ、アフリカ産のヨウムやセイオウチョウ（キマユカナリア）、中南米産のオオキボウシインコ、ヨーロッパ産のゴシキヒワ等、世界中の鳥が輸入されています。

このなかでも江戸時代初期にはブンチョウの繁殖法が確立され、次いでジュウシマツも飼い鳥化されました。カナリアはそれまでオスしか輸入されませんでしたが、天明年間（1781〜1788年）に初めてメスが入り繁殖が始まりました。

飼い鳥には至らなかったもののキュウカンチョウ、ベニスズメ、ズグロインコ等の繁殖成功の記録もあります。

また徳川光圀（水戸黄門）はクジャクやハッカン等キジ類、オウム・インコ、ベニスズメ、ハッカチョウ、チョウショウバト等さまざまな輸入鳥獣を飼養していたといわれています。

明治時代になると海外交流も盛んになり、それまで知られていなかった鳥も輸入されるようになりました。そして国内での繁殖も進み、大正時代には飼い鳥ブームが起こり、繁殖の研究も行われるようになりました。現在飼い鳥化されているオーストラリア産のインコ・フィンチの多くは、この時期に繁殖方法が確立されています。

第二次大戦後、世界中の鳥が入手可能になったと同時に、野生の鳥を無制限に捕獲することへの批判が高まるようになりました。野鳥の減少、生息地の破壊等の環境悪化で、飼うのは野生鳥ではなく飼い鳥化された鳥にすべきだという声が強まったのです。当然、減少しつつある鳥は保護され、また飼育下で繁殖をし、野生に戻すという方法も試されるようになりました。

現在、単に鳥を飼うだけでなく、飼うことによって得られる知識を野鳥保護のためにも役立てようとする動きも出ています。減少しつつある鳥は保護し、繁栄している鳥でも飼養下で増殖可能な方法を確立させておくことは将来必ず役立つはずです。

飼い鳥

世界と日本の飼い鳥の歴史

ヨーロッパでは紀元前にジュズカケバトの家禽化、その後はインド方面からのクジャクやインコ類の輸入があります。その後、本格的な外国産鳥類の輸入は、14世紀以降の大航海時代に始まりました。

世界的には15世紀のカナリアの登場が飼い鳥の発展に大きく寄与したといえるでしょう。

1800年代にはオーストラリアからオカメインコとセキセイインコ、アフリカからカルカヤインコ、コハナインコ等が輸入され、繁殖が行われました。これによりインコ類が飼い鳥としての地位を大きく占めるようになりました。

わが国では、江戸時代にブンチョウ・ジュウシマツで現在の飼い鳥技術が確立され、明治・大正時代にフィンチ・インコ類の繁殖も盛んに研究され、欧米と肩を並べるまでに発展しました。

宗教的存在・権力者のものからペットへ

外来動物のなかでも鳥類は、美しい羽毛や姿形、声が宗教や権力に利用されることが多く、そうした人々の間で飼われていたことも明らかになっています。

ニワトリは朝早くから独特の鳴き声をすることから世界各地の宗教に利用され、現在でも生贄にされることがあります。各宗教が広まるにつれ、ニワトリも広く飼われるようになり、そこから多くの品種を生み出し、同時に産卵数の多さや肉量の多さは食用として利用されるようになり、産業動物としての発展もしました。

もちろん人々の生活が豊かになるとペットとしての改良も進み、小さなチャボから大きなシャモ、長鳴鶏のトウテンコウ等多くの品種を生み出しました。

クジャクやキジ類、南米ではコンゴウインコも、その羽毛は宗教と密接な関係がありました。インカ帝国のミイラにはコンゴウインコの羽毛で装飾されたものが発見されています。

また、こうした珍しい外来鳥の多くが権力者への貢物にされたということは、前ページの『歴史』の項で説明しました。わが国へはクジャクやオウム、カンムリバトが、ヨーロッパへはインコやオウム、クジャクが、そして大航海時代には世界各地からさまざまな鳥が持ち帰られ、献上されました。

ハトの帰巣本能が、主に軍事用伝達手段に使われたことはよく知られています。伝書鳩の改良は一面では軍事目的だったともいえるでしょう。しかしその改良も今では趣味としても行われ、多くの品種をつくり出しています。

進化論で有名なダーウィンはハトの品種改良に目をつけました。クジャクバト、ジャコビン、タンブラー等それぞれ外見は別種のように異なっていても、選択繁殖によってつくられたので自然のままに交雑させると、本来のカワラバトと同じ姿になってしまうことを証明したのです。

オウムが人の言葉を話すことは昔の人にとって大きな驚きであり、飼うことができるのは権力者に限られていました。

カナリアは最初スペインに持ち帰られ、囀りの美しさで王侯貴族の間で愛玩されていました。15世紀には繁殖はスペイン国内で行い、

外国へはオスだけしか輸出せずメスも輸出せず、利益を独占していたのです。17世紀になって飼い鳥が庶民に広まったのは江戸時代です。鎖国以前の日本では宣教師によるものでしたが、鎖国以降は中国(当時の唐)、オランダの二国だけが日本との交易を許されていました。そのためアジア産の鳥が多く輸入され、オランダからは世界中の鳥が運ばれてきました。

輸入といっても初めは長崎に着き、そこで絵師によって精密な写生画が描かれ、これを江戸の幕府に送り購入するかどうかお伺いをたてたのです。幕府が購入すれば江戸に送り、不要であれば他の大名たちが購入したようです。

そのなかでも1717年出版の養禽物語では鳥羽城主がズグロインコの繁殖を成功させたことが記録されています。初めの年は養育飼料が分からず雛は育たなかったものの、次の年にはエビズルムシとシロアリを与え成功したとのことです。また明和年間(1764～1771年)には江戸渋谷長者ヶ丸の秋月候がキュウカンチョウの繁殖に成功しています。

江戸幕府は鳥より犬と馬をオランダや唐に注文することが多かったようですが、鳥の輸入もこの両国からしていたようです。めずらしい鳥は高価で買い取っていたようです。

オウム類がヨーロッパに知られる前はカラスが人語を話す鳥として王侯貴族に飼われていました。しかしオウムの輸入とともにすたれたようです。

一方、アジアではオウム以前にはキュウカンチョウやムクドリ類が人語を話すペットとして、広く一般的に飼われていたようです。南アメリカでもインコ類は人語を話すペットとして、広く一般的に飼われていたようです。しかし白く大きな存在感のあるオウムの登場は支配階級にとって権力誇示のための格好の材料でした。コバタン、オオバタン、タイハクオウム等が原産地から各地に送られていました。

死者を弔うために、あるいは死後の幸福を求めるために鳥を野外に放す行為は仏教に限らず各地の宗教にみられます。江戸時代には徳川光圀(水戸黄門)が水戸近郊に、将軍家が江戸近郊に輸入したキンパラを大量に放した記録があります。昭和時代にもこの放鳥はまだ行われ、キンパラ、野生ブンチョウ等が放されていました。

帰化鳥と籠脱け

外国産の鳥が野外に逃げ出し、繁殖して定着すると帰化鳥と呼ばれます。本来はいなかった鳥なので在来の鳥に悪影響をもたらす可能性があります。

ホンセイインコはムクドリと巣穴をめぐって争い、必ず勝ちます。ソウシチョウやガビチョウは小鳥の卵や雛を餌とします。カエデチョウ類は競合相手や人的・環境的にも害を与えませんが穀物を食害する可能性はあります。

単に野外に逃げ出した鳥は籠脱けと呼ばれ、多くは餓死したり捕食者の餌食になります。

野鳥から飼い鳥へ

飼い鳥とは飼養下で繁殖し、野生の鳥を捕獲することなく誰もが楽しめる鳥のことです。その飼い鳥も本来は野鳥です。その野鳥をどのようにして飼養下で繁殖させ、それを継続させ発展させたのかが重要な過程です。

飼い鳥化された代表的な鳥はカナリア、ジュウシマツ、セキセイインコ、オカメインコ等です。彼らに共通するのは常に群れで生活している点です。ところが飼養下では繁殖期にペア単位で飼うようにしたことが成功した大きな理由です。

これは普段は群れで仲良く生活していても、繁殖期には巣を中心としたテリトリーをつくる性質から、限られた空間しかない飼養下では必要な措置だったといえるでしょう。そしてこの飼養下で繁殖するということが飼い鳥としての絶対条件であり、その難易度が飼い鳥としての普及に大きくかかわってきます。

最も親しまれている飼い鳥はジュウシマツとセキセイインコですが、彼らは小学生でも繁殖させることができるほど、人間の生活環境に適応しているといえます。温度や籠の広さ等、多少の条件を必要とする多くのオーストラリア産のカエデチョウ科フィンチや小型のインコ類も飼い鳥として定着しています。

飼養下で繁殖するにもかかわらず、野生鳥の方が安価に入手できる鳥も多くいます。アジアやアフリカ産のカエデチョウ科フィンチがその代表格です。彼らも野生鳥を捕獲しない方向へ進めば飼養下での繁殖がされることでしょう。

飼い鳥化に成功した種や可能性の高い種の共通点は、飼料がイネ科植物の種子を中心とした安価で入手しやすいものであるということです。特にアワ、キビは世界中で栽培される穀物であり、鳥の飼料の中心です。

繁殖条件が難しい、あるいはまだ研究が進んでおらず飼い鳥の例が少ない種は、今でも野生鳥の捕獲に頼っています。昆虫や果物を主食とするソフトビル（擂餌鳥）と呼ばれるものやハタオリドリ類、アトリ科やホオジロ科のフィンチです。

ソフトビルは雑食に近いほど幅広い食性ですが、繁殖期、特に雛に与える餌のほとんどが昆虫なのでその対応が難しいのです。単に飼養するだけなら擂餌等の人工飼料で十分ですが、繁殖を考えると、昆虫の確保と習性上植物の茂みに営巣するのでそれなりの設備が必要となります。

常に昆虫を与えることができれば問題は少なくなりますが、現時点では限られた種類の昆虫（ミールワーム、コオロギ、サシ等）しか市販されておらず、雛にどの鳥がどんな餌を好み、また必要としているのかが重視されず、雛に与える昆虫やそれに代わる餌が開発されることによって、飼い鳥化はさらに進むことでしょう。今後研究が進み、雛に与える昆虫やそれに適さない場合もあります。

ハタオリドリ類は一夫多妻や特殊な営巣習性、そしてテンニンチョウ属のような托卵性等、これまで飼い鳥化された鳥と同じような籠での繁殖は非常に困難なため、野生鳥の捕獲が続いています。キンランチョウ、オウゴンチョウのように美しい色彩で古くから飼われている鳥のなかには、禽舎での繁殖は十分可能なグループもあり飼い鳥化の可能性はありますが、托卵性の鳥は仮母を必要とし、その仮母も繁殖困難な種が多いため、コストの増加が問題になります。

アトリ科はカナリアの仲間やヒワの仲間で、禽舎での繁殖はもちろん、籠でも可能性があり、ホオジロ科も少数ですがクビワスズメ類は飼われています。

インコ・オウムは基本的に飼養下で繁殖した鳥が流通しており、入手できる鳥は飼い鳥となっていると考えてよいでしょう。

現在は野鳥でも飼い鳥化可能と思われる種

カエデチョウ科ではカエデチョウ、オナガカエデチョウ、ホオコウチョウ、コウギョクチョウ、ニシキズズメ、イッコウチョウ、ギンバシ、シマキンパラ、コシジロキンパラ等は繁殖が十分可能です。逆に一般的に馴染みの深いキンパラ、ヘキチョウ等は繁殖が困難です。

オーストラリアでは1960年代に動植物の輸出入を禁止、そのため外国産の鳥はそれまでに輸入されて残ったものだけで繁殖をし、アフリカ、アジア産の多くのフィンチの飼い鳥化に成功しています。キンパラ、ヘキチョウをはじめ、ベニスズメ、セイキチョウ、カエデチョウ等15種以上になります。

飼い鳥

絶滅の恐れのある種と飼い鳥

フィンチ・カナリアでは南米産のショウジョウヒワの絶滅危惧があげられます。赤カナリアの母体として知られているのですが、カナリアを赤くすることに熱中し、肝心のショウジョウヒワは飼い鳥化に成功したとはいえません。

乱獲が続き、原産地のコロンビア、ベネズエラでは残り数百羽といわれ、ヨーロッパでは少数が飼われていますが、種を維持するには少なすぎるようです。当然、野生のショウジョウヒワは捕獲も輸入も禁止されているため、飼養下での絶滅が危惧されています。

カリブ海沿岸にすむ多くのボウシインコ類は、残念なことにほとんどの種が絶滅寸前です。コロンブスの新大陸発見以降、多くのボウシインコがヨーロッパに持ち去られ、数が減っただけでなく、自然のなかでも限られた島嶼にすみ、自然災害や人間による環境破壊によって、生息地を奪われているのです。

また、東南アジアのオウム類も捕獲されたり生息環境が破壊されたりして、数が減り続けています。

幸い、この地域のオウム類は飼養下での繁殖も可能なのですが、野生のオウムがいなくなるようなことは絶対に避けなければなりません。

野鳥と飼い鳥の違い

野鳥と飼い鳥に違いはあるのでしょうか。たとえば、セキセイインコ、ブンチョウ、コキンチョウ等の原種（ノーマル）は、野生のものと外見上まったく変わりません。

野鳥とは自然界で生存競争に勝ち残った（環境に適応した）鳥であり、数の多少にかかわらず貴重な存在です。

一方、飼い鳥はその野鳥を飼い馴らすことから始まりました。そのため、最初はすべて野鳥と同じ色・形です。自然界にも白化・部分白化・色変わりは出現しますが、捕食者に発見されやすく生存できる可能性は低く、同一化しがちになります。

飼養下ではこうした色彩・体形変化を珍重し、さらに選択交配して固定・発展させてきました。またそうした改良により人工環境に適応し飼いやすくなったことも、飼い鳥としての価値を高めることになったのです。

カナリアの野生種（原種）は淡褐色と灰褐色、黒褐色の縦縞に覆われ、黄色い羽毛は顔の周囲と腰、腹部が目立つ程度です。メスはより黄色みを欠き、非常に地味な鳥です。この地味な鳥を繁殖させていくうちに黄色い部分の大きな鳥が出現し、そうした変異個体を選択繁殖させて徐々に黄色い部分を拡大していき、ついには全身黄色の美しいカナリアがつくられたのです。同じことがジュウシマツやセキセイインコでも行われました。

より美しく、見た目の良い方向へ改良するとともに、小さな籠でも飼いやすく、繁殖し、数を増やして誰にでも飼えるようになったのが飼い鳥であるといえるでしょう。

一方、原種そのままの色・形で飼い鳥化された種は多く、元々美しいものから面白い模様のものまでさまざまです。オウム類や大型のインコは数が少なく、変異個体の出現はあってもそれを固定するのは簡単ではありません。

野鳥と飼い鳥の決定的な相違点は、野鳥は自然界に生息し、飼い鳥は飼養下で発展しているということです。野鳥を籠に入れただけでは飼い鳥とはいえません。何世代にわたって籠の中で繁殖し人工環境にも慣れ、野生の同種を捕獲することなく繁栄している種こそが飼い鳥なのです。

原種と改良品種の色彩・体形比較

原種（ノーマル）

キンカチョウ	セキセイインコ	ジュウシマツ	カナリア

改良品種

人気と流行

飼い鳥は単に野生の鳥を飼うのではなく、人の好みに合った改良を加えて発達してきました。まず人工的な環境で繁栄できる(籠の中で繁殖し、種を維持・発展させる)ことが基本です。そして次に色彩や模様、姿形、鳴き声等新しい要素の改良が加えられ、多くの品種が登場しました。

ヨーロッパでのカナリア、日本でのブンチョウ、ジュウシマツは初めに小さな籠で繁殖するということが人々の興味を呼び、多くの愛好家をつかんだのです。

カナリアは囀りの良さと原種とは異なる色彩や体形を呼び世界に広まりました。ところが、新しい品種は増えていったのに、原種あるいは最初に飼われた頃の模様の鳥は忘れ去られ消えていったのです。飼いやすく美しい品種の登場は、一方で原種やそれに近い品種を衰退に追い込むこともあります。

日本でカナリアといえば黄色いレモンカナリアか赤カナリアのような無地の鳥というイメージがほとんどでしょう。原種の色や模様はほとんど知られていないだけでなく、野生のカナリアがいることさえ知られていないのが実情です。

それだけカナリアは飼い鳥として長い歴史をもち、人に好まれる品種だけが定着してきたのです。ただ最近は品種ごとの専門化(マニア化)が進み、一般的ではなくなっている感があります。

ブンチョウは江戸時代に飼い鳥化された最も古いフィンチの一つです。原種そのままのノーマルは今でも人気がある一方、白や桜といった日本独特の品種、フォーン(シナモン)やシルバーのような輸入品種も同じように安定した人気があります。ブンチョウといえば手乗りという言葉を連想させるほどペットとして高い人気があり、品種にはこだわらないのも特徴的のです。

ジュウシマツはブンチョウの次に日本で飼い鳥化された鳥です。ブンチョウより温和で小さな籠でも簡単に繁殖するところから、初心者向きの鳥として古くから愛されてきました。またジュウシマツは、色彩や姿形よりも繁殖をさせることが楽しみな鳥で、幅広い人気があります。最近では品評会用の品種もつくられ、観賞用の新しいジュウシマツも登場しています。

セキセイインコはペット鳥のなかでは最も人気が高く、世界で最も多く飼われているのではないかと推測されています。色彩、模様、体形、巻き毛等変異も多く、手乗りやおしゃべり等幅広い飼い方で親しまれ、さらに発展する可能性をもっています。

キンカチョウ、コキンチョウ等、原種が美しいうえに多くの改良品種をもつ鳥は一定の人気を保っているのですが、流行次第で忘れられてしまう品種も出ています。

野生鳥そのものを捕獲して飼い鳥にする**カエデチョウ科やハタオリドリ科フィンチ**は、単に安価で丈夫という理由によるところがほとんどです。飼養・繁殖方法の研究はあまりされなかったグループで、繁殖も可能になると人気が高まることも考えられます。

ソフトビルの多くは従来鳴き声を聞くためにオスを一羽だけ飼うのが主流でしたが、そのことは現在でも変わっていません。ただ彼らの多くが禽舎での繁殖が可能であり、植物と一緒に禽舎で楽しむようにすれば、新しい飼養方法が確立し、繁殖も可能になるのは間違いないでしょう。

オウム類は野生鳥のほとんどが保護の対象で、飼養下で繁殖したものが市場に出ています。アメリカ、南アフリカ、オーストラリア、ニュージーランド等、オウム類の繁殖を企業として行うところもあり、需要も高く今後も発展することと思われます。

こうして飼い鳥に人気が高まるなかで悲しいことも起こっています。ジュウシマツやセキセイインコを無計画に殖やしてしまい、処分に困って外に放してしまう人がいるのです。こうした事態は、昔から飼い鳥ブームの後に起こっていたことですが、絶対にしてはいけないことです。

鳥は自然のなかで自由に生きるべきだと主張して飼い鳥さえ放してしまう人もいます。飼い鳥は自然のなかでは生きていけない存在であることを理解しなければなりません。

また品種改良の途中では商品価値のない鳥が生まれることもあります。新品種の登場で見向きもされなくなる品種もあります。流行しているというのは人の都合であり、鳥には無縁のことです。一羽ずつの命を大切にするべきです。

人気の変遷

赤カナリアと手乗りブンチョウが劇的な人気を博したのは昭和30年代のことです。

ブンチョウ自体は江戸時代から飼われていましたが、親鳥のみが流通していたため、馴れやすいわりには手乗り用の雛を育てるという発想がなかったのです。

またそれまで黄色が主体だったカナリアに赤いものが誕生したことも、人々に驚きと憧れをもって受け入れられたのです。

昭和40年代後半からはアジア産ホンセイインコの仲間の雛が手乗り用に大量に輸入されました。大きなインコが安価で入手できることは魅力でした。反面、人になつかないで放鳥された親鳥は、現在、東京で見られるホンセイインコの野生化の一因になっています。

色変わりは昭和60年代以降に流行しました。キンカチョウ、コキンチョウをはじめ多くのフィンチや小型インコで、競うように新品種が作出されたのです。

ニワトリには地域特産品種が存在します。土佐の尾長鶏、宮崎の地頭鶏、出雲の黒柏等です。飼い鳥にはほとんど特産品種はないように思われます。

昔の日本細カナリアは越後細(新潟)、関東細(東京)と分かれ、関西や九州でも若干違いがあったようです。現在はすべて日本細と統一され、地域ごとの変異は考慮されなくなりました。

ブンチョウは愛知県弥富市がブランド化しようと努力しています。元々ブンチョウ生産の中心地で、現在でも品評会で首席になる高品質のブンチョウを作出しています。

第二章

飼養

飼養環境

> 飼い主は鳥のためと思っていても、鳥には迷惑なことが多々あります。
> 　室内飼養で照明時間を年中一定にする人がいます。これでは季節の変化が分からなくなり繁殖に支障をきたすこともあります。
> 　特に日照時間が長くなることで性ホルモンが活性化するカナリア等アトリ科、多くのパラキート類は年々繁殖率が低下し、繁殖しなくなる場合もあります。
> 　年中一定温度の場合、乾燥しすぎで不完全換羽になり、見るからにみすぼらしくなってしまう鳥もいます。
> 　乾季と雨季のある地域原産の鳥は、梅雨から盛夏にかけては外気で育てることも考慮ください。

飼養可能な条件

　鳥籠や餌があればどこでも鳥が飼えるというわけではありません。まずもって鳥籠の置かれた環境が、飼い鳥にとって適しているのかどうかを考える必要があります。

　鳥籠は鳥の生活すべてが行われる空間であり、それ自体が好適な環境になくてはなりません。

　基本的に鳥籠は一定の場所に設置するようにします。日光浴や防寒のために移動したとしても、常に同じ場所であることが鳥に安心感を与えます。その一定した場所が同時に好適な環境であるという条件でなくてはなりません。

　本書で扱うほとんどの飼い鳥が昼行性、つまり明るいときに行動し、夜は休むという習性です。したがって、日中明るく、夜間は余分な照明等が当たらない場所が必要になります。

　次に鳥が落ち着いて生活できるかどうかという条件があります。絶えず不特定多数の人が行き交う場所では、人馴れした飼い鳥か雛のときから馴らした鳥でなければ、神経質な鳥は耐えられません。また道路や鉄道に近く、騒音や震動の多い場所も同様です。

　意外に考慮されないのが自家用車や外灯の存在です。日当りも良く、一見好適な環境に思える場所を選んで鳥籠や禽舎を設置していても、その前に駐車スペースがあったりすると、鳥が排気ガスの影響を受けてしまいます。これでは鳥の健康を保てないばかりか致命的なダメージも受けてしまいます。

　また同じように理想的な環境を選んだつもりなのに外灯の明かりで、夜に鳥が暴れるようなことも考えられます。

　そして、なによりも問題になるのは家族の理解です。家族に反対されながら鳥を飼うのは惨めなものです。何の協力も得られず鳥を不幸にするようなことはしないよう、家族の同意を得て飼うことが大切です。

どんな鳥が飼える環境か

　飼い鳥の対象になる種は多くいます。そのなかから何を選ぶかというとき、果たしてどんな鳥を飼える環境なのかを考えなくてはなりません。

　住宅密集地の屋外でオウム類を飼うとなると、その鳴き声は近所からの苦情を招くことにもなります。セキセイインコでも数が多くなると集合住宅では良い顔をされません。

　フィンチなら大丈夫と思っていても、朝早くや夜明け前に毎日囀る種や他人には気に障る鳴き声の鳥もいます。ソフトビルのなかでも鳥体が大きければそれだけ声量も増え、屋内では飼い主さえ驚くほどの大声で囀る鳥も少なくありません。

　好きな鳥を飼いたいという考えを最優先させたいところですが、周囲の環境によって断念せざるを得ない場合が多々あるのです。初めからこの鳥でなければ飼いたくないと決めつけるのではなく、どんな環境ならどの鳥を飼うことができるのかという予備知識をもって、それに当てはまる種を探し出し、自分との相性も合わせて考えてみるようにしましょう。

　住んでいる住宅環境に合わせた鳥をどうしても飼うべきであるというわけではありません。飼う以上は苦情がこないような対策を考えなければいけないのです。

　鳴き声対策、飛散する飼料の殻や羽毛対策、鳥を狙っている近所のネコに対しても知らん顔はできません。そうした対策が可能かどうかを考慮したうえで、環境に合った鳥を選択し、飼養する鳥を決めましょう。

　騒がしい鳥であっても何らかの対策をすることによって、周囲は気にならない存在にすることも可能になります。またそれが飼主の務めでもあるのです。人が何を言おうがマイペースという人では周囲との協調性を保つことはできないでしょう。

飼養環境

バードパーク（ヴァルスローデ／ドイツ）

バードルーム内のジュウシマツ庭箱（日本）

屋内で飼う

部屋の中、廊下、玄関、窓辺等、鳥籠を置く場所はどこにでもありますが、前述のような鳥に安心感をもたせる場所を選びます。さらにもう一つ重要なポイントとして、鳥籠を壁に面して置く、裏に板や布を張り上面にも何もない状態にする、あるいは覆いをする必要があるということを知っておきましょう。籠の奥や上には危険がないと鳥が判断できるのです。万一、不安になったときでもそこに行けば落ち着けるのです。

逆に籠がどこからでも人の目より高く見られるような状態では鳥は落ち着けず、慣れるまでに時間がかかるだけでなく、ときにはストレスで死んでしまうこともあります。

また籠の位置は人の目より高い方がよく、鳥も落ち着きやすいようです。籠の位置が低い場合、飼い主が姿勢を低くして接するようにしましょう。

屋内で飼う場合は、餌や羽毛、種によっては糞を籠の外にまき散らすことがあるので、これを防ぐ工夫も必要です。透明なアクリル板やガラス、丈夫なビニールシートで覆いをするのが最も簡単な方法です。

このとき、飛び散ったものを鳥が食べないように、籠と覆いの間に3～5cmの隙間を作っておくとよいでしょう。また覆いによって、温度や湿度が高くなりすぎないように注意しなければなりません。

屋内飼養は人と共通の生活になります。人は夏の暑さ、冬の寒さをエアコン等で避けることができますが、鳥に対しても同様にできるのかを考えてください。

ほとんどの鳥は夏の暑さには耐えられます。直射日光が長時間当たったり35℃を超える高温でなければ、エアコンは使用しないほうがよいでしょう。特に湿度の高い環境を好む鳥にはエアコンはよくありません。除湿効果があるからです。

一方、冬の寒さに対しては室内で暖房なしでも10℃あれば多くの鳥は耐えることができます。もちろんそれ以上に保温することができればよいのですが、人がいる間だけ暖房し、留守中や夜間は切ってしまうとその温度差は大きく、逆効果になってしまいます。温度を上げるより下げない工夫をしなければならないのです。

屋外で飼う

室内ではなく庭やベランダ、屋上等で飼う場合、家族以外の人はあまり接触しないでしょうし、ときには世話をする人だけしか見ない場合もあるでしょう。神経質で臆病な鳥が順化するにはこうした場所が良いこともあります。

ただ場所によっては、ヘビやネコ、カラス等の被害も考えられるので防止策は万全にしないと、飼養条件の初歩である鳥の安全を確保できなくなってしまいます。

屋外飼養では管理の難しい面も出てきます。寒さに弱い種に対する保温、夏の暑さや直射日光、冬の風雪をいかに防ぐかという問題です。冬の寒さはビニールシート等で覆いをしたうえで保温を取り付けることが可能です。どんな丈夫な鳥でも強い寒風が直接当たるのは良くないだけでなく、鳥は風に当てないように飼わなければならないのです。

逆に真夏の直射日光による暑さを避ける場所を部分的につくっておかなくてはいけません。いくら熱帯産の鳥でも真夏の直射日光を長時間浴びると体温調節ができなくなり、死んでしまうことも珍しくありません。

全体を覆って陰にする場合は、暑さによる熱がこもらないよう換気に気をつけないと温度上昇という問題が出てきます。雨や雪にも気をつけなければなりません。鳥自体が健康を害するだけでなく、籠や器具も傷みやすくなります。覆いをすることによって防ぐようにしましょう。

また鳥の性質からいって、明るい方向を向いて生活することが多いので、籠もその方向を意識して設置するようにします。

こぼれた餌を食べにスズメやドバト等の野鳥が来ることがあります。自然との接触ができるからと喜ぶ人もいますが、これは絶対に禁物です。伝染病等を予防するにはこうした野鳥との接触は絶対に避けてください。

直接接触だけでなく、籠や網に野鳥が止まらないよう工夫し、糞や羽毛を落とされないようにしましょう。簡単なのは釣り糸を周囲に張り巡らせることです。スズメもドバトも何度か拒まれるうちに来なくなります。決して野鳥を傷つけてはいけません。

鳥を飼う目的

青系統でもこれだけの変化を生んだセキセイインコ

囀りとともに面白い動作がみられるキクユメジロ

囀り専門に改良されたローラーカナリア

鑑賞

鳥自体を鑑賞目的にする飼い方で、美しい色彩や模様、面白い動作、囀り、変わった姿形等を楽しみます。鳥を飼う基本ともいえるのですが奥は深く、専門的なマニアも数多くいます。

囀り

多くの鳥が美しい囀りをもっていますがそのほとんどはオスです。そのため一羽飼いになることが多く、場所を取らずに済みます。ただ良い囀りを聞くためには適切な管理が必要です。飼い鳥ではカナリアが有名です。鳴き声だけを改良したローラーカナリアがいますが、他のカナリアも十分美しい囀りを聞かせてくれます。ベニスズメ等カエデチョウ科やカナリアと同じアトリ科、ホオジロ科のフィンチも良い囀りです。特にカエデチョウ科はペアでもグループ飼いでもよく囀ります。

小型のハトも独特の声で鳴きます。東南アジアのチョウショウバトは特に良い声とされ、現地では盛大な国際大会も開催されます。囀りならソフトビルが一番かもしれません。メジロやチメドリの仲間からコノハドリ類等、多くの「歌い手」がいます。昔から飼われているので餌も開発され管理も難しくありません。オスの一羽飼いがほとんどですが、植え込みのある禽舎にペアで放しても十分楽しめます。

色彩

すべての鳥が美しい羽毛をもっています。そのなかでも色彩の優れた鳥は昔から人々に愛されてきました。カナリアとセキセイインコはそれぞれの種のなかでも驚くほど多くの変異があります。カエデチョウ科フィンチ、さまざまなインコ類も多彩です。好みの色を選んだり、さまざまな色の鳥を一緒に飼ったりとバラエティーに富んだ飼い方ができます。ただフィンチやソフトビルのなかには自分と同じ色の鳥を攻撃するものもいるので注意しましょう。

姿・型

品評会を目指す独特のスタイルをしたショーバードと呼ばれる鳥がいます。スタイルカナリアと大型セキセイインコが中心ですが、ジュウシマツも近年出現して人気を得ています。通常の飼養のほかに、品評会用の籠（ショーケージ）に慣れさせる籠出しという訓練を経て、落ち着いたみごとな容姿を見せてくれます。

もちろんショーバード類だけではありません。素晴らしく尾の長いテンニンチョウ類や頭に冠羽のあるコウラウン等もその姿を見て楽しめます。ほとんどが野生の鳥なので、広い籠や植え込みのある禽舎で飼って自然に近い姿を見るのも面白いものです。

パラキートと呼ばれる尾の長いインコ、ずんぐりしたボタンインコ類、もちろんセキセイインコやオウム類も広い禽舎でグループ飼いにすると、そのみごとな飛翔姿が見られます。そして籠の中とは違った意外な一面を発見できます。

動作

インコやオウムのユーモラスな動きは見ていて飽きません。止まり木を自然の木にしてみる、蔓を垂らす、あるいはそれらを組み合わせたりすると、野生に帰ったような面白い動きを見せてくれることでしょう。メジロやチメドリは禽舎なら木から木へとまるで自然のなかにいるかのような軽快な動きをします。

籠の中ではパッとしない安価なフィンチ、キンパラ類も大型籠や禽舎に垂直な植物を植えるとそのなかで生き生きとした生態を見せてくれます。同様にアフリカ産カエデチョウ科フィンチも広いところで植物があると、籠では見られない華麗なディスプレイを披露してくれます。

鳥を飼う目的

教えれば言葉を話すキュウカンチョウ

雛から育てれば手乗りになるジュウシマツ

愛玩

鳥との信頼関係を強くする飼い方です。

巣の中の雛を取り出して、飼い主が給餌し、親代わりになって育てると、その鳥は実によく馴れます。

手乗り

種によって馴れ具合が異なりますが、フィンチではブンチョウ、インコ科ではセキセイインコ、ボタンインコ類、ボウシインコ類、メキシコインコ類、コンゴウインコ類、オウム科ではオウム属やオカメインコ、さらにヒインコ科もよく馴れます。

一方、多少は馴れても手乗りという飼い方には向かない鳥も数多くいることを知っておいてください。クサインコ類や小型フィンチは運動量が少ないと内臓に脂肪がつきやすくなるので、十分な空間のある場所で生活しなければならないのです。

雛から育てなくても手乗りになる鳥もいます。ガビチョウ類やヒヨドリ類、ムクドリ類です。キュウカンチョウもこの仲間です。彼らは通常、狭い籠にオス一羽で飼われることが多く、いつのまにか人馴れして手にも乗ってくるようになります。ただ油断すると飛んで逃げてしまうこともあるので注意しましょう。

おしゃべり

昔からオウム類とキュウカンチョウ、カラス類は人の言葉をしゃべることのできる鳥として知られています。実際にはオウム類は単語中心で日本語は発音も不明瞭な感じです。キュウカンチョウは日本語をきれいに発音することができます。

セキセイインコがおしゃべり上手であることはあまり知られていないようです。雛から育てたオスは昔話や童謡を教えると覚えるだけでなく、聞こえてくる電話の内容を話したり、ヒット曲を歌ったりするものもいます。これは長々と囀ることのできるセキセイインコのオスが人の言葉をしゃべっているのです。万一逃げたときを考えて、住所や電話番号を教えておくのもよいでしょう。ハッカチョウも多少の言葉を覚えます。

人の言葉ではなく他の鳥や動物の声、物音等は、おしゃべり鳥以外にも物真似をするものは多くいます。ほとんどのインコ類は簡単な物真似ならできるでしょう。

また、ブンチョウがウグイスの鳴き声を覚えたこともあり、カナリアに育てられたハタオリドリ類がカナリアの囀りを覚えることもあります。

曲芸

サーカスやバードパークでは、オウムやインコが車を運転したり自ら転がったりとさまざまな曲芸を見せています。

個人でそこまで教育できるか疑問に思われるかもしれませんが、鳥の方から進んで覚えることもあるのです。

鳥自身が楽しみ、面白いと感じているからできるのですが、一緒に遊ぶ感覚で覚える方向に導くとよいでしょう。無理に覚えさせようとすると反発することが多いようです。

繁殖

飼っている鳥が卵を産み、雛を育てる過程を見るのはとてもうれしいものです。またこうした飼養下での繁殖が定着することによって、誰もが野鳥の捕獲をしないで鳥を飼う楽しみをもつことができるのです。

ジュウシマツ、セキセイインコ、ブンチョウの三種は一般家庭でも容易に繁殖させることができます。カナリアも同様です。オーストラリア原産のフィンチとインコは、すべて飼い鳥化されたものが市場に出ているので繁殖は可能です。

野生鳥である多くのフィンチ(カエデチョウ科・アトリ科・ハタオリドリ科)は、籠での繁殖が容易なものから禽舎でなければ難しいものまでいます。工夫次第では意外に簡単に繁殖することもあります。

野生鳥の多くは繁殖例が少なく、正確な記録もそんなに多くはありません。餌、温度・湿度、植え込み等の研究をして繁殖に挑戦するのも楽しいものです。

オウム類のようにペアをつくることさえ難しいもの、托卵性で大規模な設備を必要とするもの等困難な種もたくさんいます。それでも繁殖に挑戦するのはやはり楽しみが大きいからでしょう。

飼養単位

小群飼養：ジュウシマツ 　　ペア飼養：クロボタンインコ 　　雑居：オーストラリアンフィンチ

◆ 単独

囀りを楽しむ、手乗りにしたい等、一羽で飼う形です。日本で古くから行われてきた囀りを楽しむための竹籠による一羽飼いが代表的なものです。メジロ用の竹籠は長さ30cm・高さ20cm・幅15cmの非常に小さなものです。活動的でいつも動き回っていることのほかに飼料の調整により、狭い空間でも健康を維持していけるのです。

同じように擂餌で飼うソフトビルの多くが竹籠での一羽飼いです。これは囀りがテリトリーの主張であるために、オスを同居させると争うことが多いからです。一羽ずつ飼うことで安心して囀るのです。また鳥の体の大きさにより竹籠の大きさも異なり、キュウカンチョウ用が最大です。

手乗りは家族の一員として接するのでとても親密な関係になります。一羽飼いでは自分を人間と思い込んでいるような態度を見せることもあります。ただ留守のときは籠の中での生活が基本です。室内に放して遊ばせるという理由から普段は小さな籠に入れていることが多いようですが、少なくとも翼を広げて止まり木間を飛翔できる空間は必要です。大型のオウムやインコはオウム籠という専用の籠や、撞木にチェーンでつないで飼うことが多いので飛翔できませんが、彼らはよく馴れていれば順応できます。

◆ ペア飼養

フィンチやインコ等、仲の良いペアはほほえましいものです。単に鑑賞用としてもペアの方が鳥のためにもよい場合があります。ほとんどの鳥にペアを基本とした群れをつくる性質があるからです。フィンチでは雌雄で色彩が異なる場合も多く、ペアで飼うのは愛情に満ちた姿が見られ、インコは仲の良いソフトビルの仲間はオスしか売られていないことがありますが、メスが入手できればペア飼養のほうがよいメジロ類の例もあります。また、繁殖期になると自然に産卵・育雛するものもいて、ペア飼養は無理のない基本的な飼養法といえるでしょう。

◆ 小群飼養

同じ種を数羽から数十羽同居させる飼い方です。大型の籠や禽舎では自然な姿が楽しめます。また雌雄同色で判別の難しい種では、脚にカラーリングを入れ小群で飼い、その行動や囀りから判別する方法に使われます。繁殖の困難な種や集団繁殖する種では植物を植えた禽舎での小群飼養が適しています。

ジュウシマツの家族やセキセイインコを何羽も大型の籠に入れて飼うのもこの小群飼養法です。狭い籠では争いの原因になりやすいので、必ず広い大型籠か禽舎にしなければなりません。温和といわれる種でも狭い籠に何羽も入れると、人の見ていないところで弱い鳥はいじめられ、頭や背、尾の羽毛を抜かれてしまいます。

◆ 雑居（混飼）

種の異なる鳥を一緒に飼う方法です。動物園や公園、バードパーク等で見られるように大きな禽舎に色とりどりの鳥が飛び交っているのは素晴らしく、鳥を飼う人には魅力的な飼い方です。ただ同居させる鳥の習性をよく知っておかないと争うだけになったり、強い鳥が弱い鳥を襲ったり食べてしまうことさえあります。雑居は鳥によって向き不向きがあり、見た目だけの判断はしないことです。基本的には禽舎で、できれば木や草がある程度植えられている環境が良く、植え込みがない場合は止まり木や休み場所を増やすようにします。

室内の籠でも可能です。相性の良い種であれば同居はできますが、普通に飼うより当然大型の籠にします。

小型のハト（本書で扱う種）は同種間では争いますが、他種には温和または無関心なので雑居に適しています。ウズラ類も同様です。ソフトビルではメジロやソウシチョウ、インコではオカメインコが他種と同居可能です。フィンチは少数ずつなら仲良しですが、数の多い種は他種をいじめるものもいるので注意が必要です。インコ類、カナリア、中型以上のソフトビルは雑居には向きません。

鳥の入手と選択

よく馴れて活発なキスジインコ

鳥を運ぶ

小鳥店やペットショップで購入するとボール紙製の小さな箱に鳥を入れて渡されます。あまりにも小さいのでかわいそうだと思われる人もいるようです。ところがこれは鳥のためには好都合なのです。暗く狭い箱に閉じ込められて身動きがとれないことで安全を確保できます。

逆に周りがよく見え、自由に動き回れる容器では外の景色に驚いた鳥がパニック状態になり、ひどいときはけがをすることもあります。

以上のことから自分で鳥を運ぶ場合も同じように、狭くて周囲が見えない容器（枡籠等）に入れます。万一金網籠や竹籠で運ぶときは止まり木は外し、籠全体を風呂敷のような通気性の良いもので覆うようにします。

短時間の運搬なら水も餌も不要です。半日以上なら餌は床に直播し（アワ穂を入れるのもよい）、水をこぼして鳥を濡らさないよう、水入れにはスポンジを入れておきます。

選択基準

まず目的にあった鳥をどこで求めるかを決めます。小鳥店やペットショップに行けばさまざまな鳥を売っています。鳥を飼っている人から直接買ったりもらったりすることも可能です。飼鳥クラブに入ってみるとショップには売っていない珍しい品種や変わった鳥の入手もできるでしょう。専門誌の情報コーナーにも売買欄があり、インターネットでの通販もあります。入手方法より大切なのは自分で見て選ぶということです。特にオウム類は個性豊かなうえに長寿なのでよく検討して選ぶ必要があります。

オウムやインコの雛は専門店で選ぶようにします。普通のショップで入手できる雛は手乗りのセキセイインコ、ボタンインコ類、オカメインコ位で、オウム類は置いていないからです。また成鳥がいても癖のある鳥の可能性があります。専門店では必要な知識も同時に教えてくれます。

野生フィンチやソフトビルは逆に業者しか扱っていません。いくつかの店を回り、気に入った鳥を選びましょう。

以前と比べて小売店では扱う鳥の種類が少なくなっています。野生フィンチやソフトビル以外ではジュウシマツ、ブンチョウ、キンカチョウ、セキセイインコ、オカメインコ、ボタンインコ類と手乗り用の雛位しか置いていない店が多いようです。これらの種を飼いたいという人はやはり数軒回ってみましょう。

コキンチョウやブンチョウの色変わり、大型や芸物セキセイインコ、多くのインコ類、そしてカナリアは繁殖を専門としているブリーダーやブリーダーが所属しているクラブからの入手が確実です。その理由は、ときに店頭で売られていてもごく少数で比較のしようがないからです。

特に品評会に出品してみたいと考えているならクラブに入会しなければ資格を得られない場合も多く、またそういう鳥はあまり小売店には出回らないようです。

自分の目的に合った鳥の入手先の次は、鳥自体の選択です。野生フィンチやソフトビルは個体識別が難しい場合があります。カエデチョウ類やメジロ類は多くの鳥が一つの籠に入れられて売られているので、この鳥がよいと思っても多数が動き回るので分からなくなることがあるからです。

しかも性別の判断はできないという前提で売られている鳥も少なくありません。こうした場合、活発な動作で羽毛に乱れのない鳥を選ぶのが無難だといわれていますが、それはオスの場合がほとんどでしょう。

一羽ずつ別の籠に移してもらい自分で判断するか、元気な鳥を小群で入手した後で、雌雄判別をします。また脚に注意しましょう。爪や指が欠けていたり、脚自体が太くなっていたり爪が伸びすぎている鳥は避けます。売れ残りの老鳥が多いからです。メジロ以外のソフトビルは一羽ずつ竹籠で売られています。

鳥が元気で健康であることを確認するには籠の中の糞の状態で判断します。柔らかく水溶液のような糞の鳥でも白い部分と餌の色は残っています。それが明らかに水のように透明で粘り気がないなら体調が良くない証拠です。

羽毛を膨らませて丸くなっているような鳥は重症です。もし病気の鳥がいてその近くの鳥も同じような症状ならその店は避けたほうがよいでしょう。鳥を選ぶとき、健康であることは基本中の基本です。新しい環境に移るときに体調が悪いと、死んでしまったり他の鳥に病気を感染させたりする可能性があるからです。

健康であることを見分けるのは動作です。フィンチやメジロのようにいつも動き回っていて元気そうに見えても動きに鋭さを欠く個体がいることがあります。明らかにあるいは少しでもそうした動きの違いがみられる鳥は健康とはいえません。

オウムや大型のインコで人によく馴れている鳥は動作もゆっくり

鳥の入手と選択

ペットショップの風景

小鳥店やペットショップで鳥の経歴を聞くことは当然のことです。多数いるフィンチや小型のインコ類なら生産された場所まで聞くことは可能ですが、成長した大型のインコやオウムでは一羽だけしか置いていないことも多く、過去に何かあれば売る方も口を閉ざしてしまうこともありえます。

その点、雛や明らかに若い個体であれば詳しく紹介してくれます。特に最近はこうした親切な店が増えています。

鳥の来歴を知る

鳥を入手する際、その鳥がどのような環境で育ち、何を食べ、どうすれば健康で楽しく生活できるのかを知っておく必要があります。順応性の高い飼い鳥なら飼養マニュアル通りに飼うことができますが、野生の鳥や感受性の強いオウム類では、その過去の生活や流通経路も知っておかないと、鳥も飼い主も不幸を招くことになる場合があるからです。

人によく馴れていることを前提に売られているオウムやキュウカンチョウは、適切でない環境におかれて飼い主が何度も代わったりすると、性格が悪くなったり妙な癖がついてしまうことがあります。それを知らずに購入して飼い始めてから後悔するのは避けたいものです。

給餌中の雛であればこのような問題はないでしょう。またリングが入っている場合は年齢が分かるので、老鳥はもちろん、当歳以外は過去に何か問題があった可能性があります。

野生鳥がほとんどのソフトビルは、雛のときから人に育てられた子飼いと成鳥を捕獲した荒鳥では、扱い方がまるで違ってきます。荒鳥は人に馴れるまで時間がかかり、動作も粗雑で人を見ると逃げようとして暴れる鳥が少なくありません。

珍しい種類の鳥が店頭に飾られていたからと衝動買いするのも考えものです。外国産で輸入されたばかりの鳥は環境に慣れていないだけでなく、輸送疲れで弱っていることがあるからです。またわが国の飼料に慣れず、昆虫や果物だけを与えている場合もあります。

初めて鳥を飼う、あるいは経験が浅く自信がないときには若くて健康な鳥を選ぶことが大切です。ソフトビルやフィンチの野生種は人馴れとまではいかなくとも、籠の中という環境には多少慣れている鳥の方が飼い始めるときに戸惑うこともないでしょう。前からいる鳥との相性も考えるべきです。一目惚れしてどうしても飼いたいというときもあるかもしれません。その場合には必ずその鳥がどういう経路をたどってきたのか詳しく聞くようにします。環境や飼い方に恵まれず不幸な過去をもった鳥は、オウムやインコのような手乗りにもみられます。悪癖のある鳥は矯正しなければならず、弱い鳥は治療が必要です。それができなければ飼うべきではありません。

としています。それでもなかにはぎこちない動きや体の一部に異常がみられることがあり、特に呼吸するときに音を立てるような場合はほぼ病気とみて間違いありません。

動作とともに目の輝き、嘴が正常か、脚がきれいで指や爪の欠損がないか、体全体が締まっているか等、よく観察しましょう。羽毛がきちんと生え揃っていることも大切ですが、なかには同居の鳥に抜かれているものや換羽中で乱れて見える場合もあります。ただしこうしたことはあまり重要ではなく、羽毛自体が折れているものや穴が開いているようなら要注意です。インコ類では病気の可能性があり、ソフトビルでは寄生虫の害も考えられます。

カナリアとフィンチは呼吸音に注意しましょう。喉にダニが発生することがあり、苦しそうな呼吸をします。また外部寄生虫がいるとしきりに体全体を嘴や脚で掻くので避けるようにします。

健康な鳥を選ぶ基準とともに入手時期も重要です。若くて健康な鳥を入手するにはそれぞれの種の繁殖期が終わってからです。カナリアは春から初夏が繁殖期で、若鳥は秋の品評会終了後売られることが多いようです。

特に繁殖期が決まっておらず成鳥になるのが早いフィンチは梅雨明けの出荷が多く、そのなかには若鳥に混じって繁殖成績の悪かった成鳥もいます。セキセイインコ、オカメインコ、ブンチョウ等にもこうした激安の鳥が売られることがあります。よほど観察眼がない限りは手を出さないほうがよいでしょう。

野生フィンチやソフトビルは春以降が輸入の最盛期です。一気に店頭に並ぶようになるので慎重に選ぶようにしましょう。

すでに鳥を飼っていて新たに入手する場合、いきなりの同居や籠を並べるのはやめるべきです。隔離して様子を見る必要があります。病気や寄生虫の予防には糞と抜けた羽毛を鳥専門医に持参し、検査してもらう位の気配りがあってもよいでしょう。前からいる鳥との相性も考えるべきです。特にオウムは嫉妬心が強く新入りを攻撃することも珍しくありません。

大きな禽舎にいきなり放すのも危険です。餌や水の場所がわからずに死んでしまうことがあります。特にソフトビルは環境が変わると餌を食べなくなるものもいます。餌や水のある場所に籠を置き、禽舎内の様子が分かる頃に放すようにすれば、一週間程で慣れます。

鳥の入手と選択

ペットヒーター

何種類かの鳥を同じ部屋で飼養するとき、気をつけたいのはそれぞれの種の生態です。
乾燥を好む種と湿潤を好む種を1つの部屋で飼うことは無謀といえるかもしれませんが、工夫次第では十分可能です。
たとえばビニールシートで境界をつくることによって、温度や湿度を変化させることができます。さらに日光の当たり具合や風通しによって、どの種をどこに置いたらよいのかということも可能になります。

順応と順化

入手した鳥を環境に慣れさせるということが順応です。カナリアやセキセイインコは飼い鳥なので、よほどの環境変化でもない限り容易に順応します。

22〜23ページの「飼養環境」で述べた鳥や野性味の強い鳥であっても、迎え入れる準備が適切であれば問題はありません。
順応で気をつけなくてはならないのは、飼い主の生活習慣です。いつ鳥の世話をするのか、鳥と接する時間はどの程度なのか等が重要になります。

基本的には朝早く世話をするのがよいのですが、それができない場合もあるでしょう。どうしても夜間世話をすることになる人もいます。無理に鳥に合わせる必要はありません。要は鳥が新しい餌や水をいつもらえるのか覚えさせることです。

そのためには世話をする時刻は毎日一定にします。それが朝であれ夜であれ、決まっていれば鳥の方で慣れて覚えるようになります。順応したことを順化といいます。

朝7時から世話をすると決めた場合、夏はすでに明るく冬はまだ暗いところもあります。暗ければ照明をつけて明るくしてから世話をすることになります。それが鳥にとっては夜明けを意味することになります。昼が長くなりはしないかと心配されるかもしれませんが、日没が早いので影響はありません。ただ日没後も照明をつけているとホルモンバランスを崩す可能性があります。

夜間でなければ世話ができない場合でも、決まった時間だけ照明をつけて行うと、鳥は次第に慣れてきます。このとき、照明をつけてすぐに餌や水を取り替えるのではなく、明るくなって鳥が起きて行動し始めてから行うようにして、終わってからも鳥が餌や水を飲み一息するまでは照明はつけておき、徐々に暗くしていきます。やがて鳥もそのタイミングを覚えてきます。急に暗くするとパニック状態になり危険です。

一日中いつでも世話ができるからと時間を決めないのはよくありません。少なくとも餌や水の交換、掃除等は決まった時間に行うことでライフサイクルをつくることができ、鳥も順応しやすいのです。鳥は順化してくると世話の時刻を待つようになります。床掃除をしていても暴れることもなく止まり木の上で眺めているようになれば、完全に順化したということです。

一方、外国産の鳥を日本の気候に慣らす気候順化も必要になります。多くが熱帯や亜熱帯原産のフィンチやインコは日本の気候、特に冬の寒さに対しては無防備です。寒さを経験したことのない鳥には防寒、あるいは加温に対する処置が必要となります。

初めての冬を迎える前から温度管理を習慣づけるようにして、鳥に負担をかけることなく冬を越す準備を始めましょう。夏から秋までは自然の温度で何ら不安はありません。秋が深まる前に籠や禽舎、バードルームを保温できるようにしておきます。

籠の場合は市販のペットヒーターを取り付けます。初めは驚いて警戒しても鳥は徐々に慣れて無関心になります。寒くなる前から準備し、室内全体、また必要部分の保温ができる暖房を用意します。バードルームでは舎内では風を防ぐために透明なビニールシートを張り、禽舎内部には防寒シェルター部分を設けます。このシェルターは鳥が夜間寝る場所が適しています。もちろん暖房可能な状態にしておきます。

ペットヒーターでも他の暖房器具でも寒くなる前から使用しましょう。寒くなってからでは鳥が体調を崩してしまうことがあります。温度の目安は20〜25℃前後定温度以下になるようなら使用しましょう。年間を通して完全な温度管理が可能であれば25℃を保つようにしましょう。

加温なしに越冬させるには室内で最低15℃を保つ状態が必要です。フィンチやインコをペアや小群飼養していると体を密着させて暖をとったり、巣の中に入って寒さをしのいでいる鳥を見ることがあります。種によっては加温しなければ冬を越せないものもいますが、活発に行動し順応していける鳥も多くいます。

鳥は一冬越すと寒さに対してかなり抵抗力をもつようになります。急激な寒さや強風といった大きな温度差がなければ二年目からは加温も不要になる場合が多く、加温しても初年より低く設定できるようになります。

寒さだけでなく、梅雨の高湿度や盛夏の高温も注意が必要です。湿気を嫌う鳥には通風や日光浴への気配りが大切になります。夏の強い直射日光は大きな障害です。日陰をつくっておくことを忘れないようにしましょう。

手乗りに育てたウスユキバト

順化させる最も手っ取り早い方法は好物を与えるということです。野生フィンチにはイネ科の野草の穂、ソフトビルには果物や昆虫、ヒインコ類には果物を、いずれも少量与えます。
いつも好物をもらえると鳥に思い込ませることは逆効果です。好物を見せつつ、しかも少量を与えることで飼い主を認識させるのです。

気候順化を比較的スムーズに行うには入手時期を選ぶことです。春、桜の花が散る頃に入手すると秋までは自然温度で飼養できその間に環境に慣れた鳥は体力もついてきているので、冬できるものもいます。逆に晩秋から冬に入手した場合、加温、温度管理ができないと健康的に飼養するのは難しくなります。
飼い鳥化された鳥の多くは加温の必要はありません。それでも年中一定温度に設定して飼養しているところから入手した鳥の場合、寒さに対しての抵抗力はなくなるようです。

馴化

環境や気候に慣れると同時に、人にも馴れてくると飼っていて楽しいものです。人馴れといっても手乗りにできるほど馴れる鳥もいれば、何年経っても人を見ると逃げようとする鳥もいます。これは習性の違いからくるものですが、飼い主の接し方によっては人を恐れない程度に落ち着かせることは可能です。

人馴れすることで、鳥の感情や体調等が飼い主にも適切に判断できるようになります。人がいても自然に振舞うのでちょっとした動作で鳥の要求や健康状態の変化に気づきやすくなるのです。また飼う以上はこうした観察眼は必要です。

最も人馴れしやすいのは雛の時期です。インコやオウムの雛は人工育成されて売られているので、人に対してまったく怖れるということがなく、適切に飼養すれば本当の家族の一員になるでしょう。
野生鳥でも意外に人馴れの早い鳥は多くいます。特にソフトビルは一羽飼いすることが多いので、飼い始めて一カ月くらいで直接手から餌を食べるようになるものがいます。メジロ類やガビチョウ類が良い例です。

フィンチは人と一定の距離を保って行動することが多く、人馴れという感覚はあまり得られないように思われるかもしれません。ところが人との接触が良好であれば、人を気にせず生活するので落ち着いた感じになります。小柄で活発なので体調や行動の変化を発見するのが難しいかもしれませんが、少なくとも人を怖れないという程度には馴らしておくほうが飼いやすくなります。
セキセイインコとカナリアは特に人馴れしやすい鳥です。好物を見せるといかにも早く食べたいという態度で喜びを表現します。

接し方

順応させるにも馴化するのも飼い主の接し方ひとつで大きく変わるものです。自分の都合だけでなく、また鳥の習性や好みを優先しすぎず、お互いが歩み寄って妥協点を見つけることが鳥を飼うにあたり重要になります。
基本的には毎日の世話が人と鳥の最も大切な接点です。餌や水の交換、掃除のとき以外にも彼らの行動を少しの時間でも間近で観察することです。

人馴れしたインコやオウム、キュウカンチョウの若鳥なら、言葉を教えたり手に乗せて直接触れ合うことによってお互いの信頼関係を深めていくことができます。
フィンチやソフトビルも毎日決まった時間に世話をすることで鳥に安心感と期待感をもたせます。その彼らの態度を飼い主が理解するようになれば好適な関係になったといえるでしょう。
野生鳥の繁殖を目指す場合、静かで安心できる環境が必要ですが、初めからそれだけを優先させると、人馴れしないために毎日の世話をするだけでも逃げ回るばかりの神経質で臆病な鳥になってしまいます。

まず最初に、じっくり人に馴れて落ち着いてから繁殖を目指すほうが、結果的には近道のようです。
人を怖れなくするには鳥を常に人が見えている状態にしておきます。家族がいる場合は可能ですが、単身者やバードルームでは難しいことです。それでも毎日の世話を欠かさずに行うと少しずつ鳥の警戒心も和らいできます。

ほんの少しだけでも好物を与えるもよし、草や木の枝をおもちゃ代わりに与えるのも効果があります。
鳥は籠の中にないものを飼い主が与えてくれるということを覚えます。ただし無造作に与えるのではなく、まず鳥によく見せてから籠の中に入れるようにします。そうしているうちに鳥の方から飼い主を待つようになります。

飼い鳥のカナリアやセキセイインコ、ジュウシマツ等は比較的容易に接することができます。ただそこにも信頼関係は必要であり、またそうでなければ飼う意味がなくなってしまいます。

飼料

> 鳥の消化能力は相当に高いものがあります。それは飛翔する際、食べたものがいつまでも体内にあるとうまく飛べないからで、このことは飼い鳥にも当てはまります。
> 消化しやすい飼料を食べるソフトビルと異なり、ほとんどのフィンチやインコは、硬く、消化しにくい種子を主食とします。そのため消化促進剤として清潔な砂を与えます。ボレー粉での代用も可能です。

鳥の食性を知る

鳥が何を食べているかを知らなければ飼うことはできません。自然界では餌となる植物や動物が豊富にあるように思われるかもしれません。ところが実際には多くの鳥は特定の範囲のものを中心に食べています。

たとえばカエデチョウ科のフィンチの多くは、植物の種子と昆虫を中心に食べています。雨の多い雨季には一面の緑で種子も昆虫も食べきれないほどあるのに、乾季になると食べられる昆虫は姿を消し、地面に落下した種子を探して飢えをしのいでいるのが実情です。

雨季の始まりに植物が芽生え出すとそれを食べ、成長の早い草のなかにはすぐに実をつけるものもあり、これもまた重要な餌となります。長い飢えの季節で衰えた体力を取り戻すと繁殖の準備です。この頃には昆虫が大量に発生し、特にシロアリはほとんどの鳥が好んで食べます。栄養を蓄えて繁殖が始まり、雛にはシロアリの羽化したばかりのものや植物のさまざまな成長段階のものを与えます。イネ科植物は大量に種子をつけますが、特に完熟する前の豊富なたんぱく質を含む柔らかい種子は多くの鳥が好みます。こうして豊富な餌に恵まれて雛は成長し、鳥の数も増えていきます。

しかしやがて訪れる乾季には、餌の豊富だった雨季には見向きもしなかったイネ科の落下種子しか食べるものがなく、成長の遅れた若鳥や体力を回復できなかった親鳥は乗り越えることができないものが多く出てくるのです。

こうして一年を通して見ると、生命維持には炭水化物の多いイネ科の種子、繁殖にはたんぱく質やビタミンの豊富な昆虫（幼虫）や植物の芽、柔らかい完熟前の種子が必要であることがわかります。

一方、メジロやチメドリ類のように雑食性の強い鳥は季節によって食性の変化がみられます。雛を育てるのは昆虫の豊富な時期ですが、それを過ぎれば果実や花蜜を中心に何でも食べます。

飼養形態と栄養

飼っている鳥には十分な栄養のある飼料を与えたいと思うのが人情です。ただそれは鳥が消化できる範囲内にとどめるようにします。つまり十分に運動できない狭い籠で飼っている鳥に、良く質の豊富な飼料を与えると体内に脂肪が蓄積され、肥満となって病気の原因になってしまうのです。こうしたことから籠の広さや運動量と栄養に関しても考えておきたいものです。

狭い籠の場合、限られた栄養価の飼料でも十分飼養可能であり、また逆に粗食で体力を使う場合はできるだけ多くの栄養のある飼料を与えるほうが好ましいでしょう。個々の飼料を参考に鳥には何を与えるべきか考えてください。

籠飼養での栄養過多は避けなければなりません。特に手乗りのインコ類は常食を餌入れから放り出してまで、好きなものを要求することがあります。この場合には籠から出して室内に放す運動をさせましょう。そのときにほんの少しだけ好物を与えるようにします。こうして習慣として慣らしていくようにするとわがままな態度は減るようになります。また初めからこのように習慣づける飼養法をとるほうがよいでしょう。

禽舎内での雑居の場合、他種の飼料を横取りすることがあります。カナリアやジュウシマツの若鳥は好奇心旺盛で何でも興味を示し、ソフトビル用のペレットや擂餌でさえ食べるものがあります。また麻の実やヒマワリもくわえて食べようとするものがいます。本来の食性と異なるものを好んで食べるようになるのは考えものです。あまりにも食性の異なる種を雑居させないようにするか、飼料を変えることも考えてみましょう。逆にメジロ類はカナリア用のエッグフードを好んで食べ、主食としても適しています。この場合は同じ飼料で同居可能になります。

飼料

穀類

配合飼料　青米　エンバク　カナリーシード　ヒエ　キビ　アワ　アワの穂

穀類

◆ アワ

フィンチやインコ、ハト、ウズラ等の主要な飼料です。イネ科種子で炭水化物が多く、たんぱく質と脂肪が少量含まれます。種子食鳥の主食であり、エネルギー源です。

世界中で栽培され、多くの品種があります。日本では黄色い小粒のものが主流ですが、赤い粒も増えています。小型フィンチの主食であり、フィンチ用配合飼料には欠かせません。

◆ キビ

キビも多くの国で栽培されています。やや大粒で乳白色の艶のある種子です。やはり赤い粒もありますが栄養価は同じです。アフリカ産フィンチやハト類が好みますが、通常のフィンチ用配合飼料での比率は低く、好まない鳥もいます。

◆ ヒエ

東アジア特産の作物です。日本では昔から主要な飼料でした。現在は中国産が主流でヨーロッパでも使用されています。種子が軽いので大量に食べますが、栄養価はアワやキビより劣ります。

◆ パニカムミレット

アワより小粒ですが、区別が難しい種子です。アワの代用にされることもあり、小型フィンチが好みます。

◆ カナリーシード

その名からカナリアの飼料と思われるようですが、多くのフィンチ、インコが好みます。他の種子より若干脂肪が多く含まれますが適切な飼養であれば肥満になることはありません。

◆ トウモロコシ

ニワトリやハトの飼料というイメージが強いかもしれませんが、大型のインコやオウムの好物です。

◆ モロコシ

マイロ、コウリャンとも呼ばれる赤い種子です。ハトやインコ・オウム、ウズラが好みます。

◆ エンバク

オーツとも呼ばれ家畜の飼料ですが、多くの鳥が好み、フィンチからオウムまで多くの鳥が好み、栄養価も高く重要な飼料

種子類

油脂分の多いものがあり、小型の鳥には少量を配合し、オウム類には単調にならないように穀類との配合が理想的です。

◆ 豆類

エンドウ、ダイズ等はオウムが好みます。完熟する前の柔らかいもの（枝豆）も好物です。種子だけよりサヤごと与えるほうがよいでしょう。

◆ そば

ハトやオウムに与えますが、好みに差があり、食べなければ与えなくてもかまいません。

◆ ナタネ

アブラナ（菜の花）の種子です。脂肪分の多い黒い粒です。カナリアやヒワ、ハトの重要な飼料です。

◆ エゴマ

古くからカナリアの飼料として使われる油脂分の多い種子です。近年はカエデチョウ科フィンチにも少量与えるとされています。しかしごく少量にしないと脂肪がついてしまいます。ハトやインコにも有効な飼料です。

◆ ニガーシード

黒く細長い種子です。油脂分が多くカナリアやヒワが好みます。フィンチやインコにも少量与える場合があります。

◆ ヒマワリ

古くからあるオウム用飼料ですが品種が多く、好みにばらつきがあるようです。やはり油脂分が多いので小型のインコに与えるときは少量にします。

◆ コムギ

エンバク同様に栄養価が高くそのまま与えますが、加工品としてもパンやパン粉、カステラ等の形で良い飼料になります。

◆ 青米

ブンチョウ用に与えることが多いのですが、ハタオリドリ類やハト、ウズラも食べます。

です。フィンチには砕いて皮を剥いたもの、インコ・オウムには皮付きでも剥いたものでもかまいません。

種子類

| 麻の実 | サフラワ | ヒマワリ(小) | ヒマワリ(大) |  ニガーシード | エゴマ | ナタネ |

インコ類はイネ科中心の小型インコから油脂分中心のオウム類まで幅広く、ヒインコ類は果物が主食です。種の特性を把握すると飼養だけでなく、繁殖も望めるようになります。

ハト類はさまざまな穀類や種子を配合したものを、ウズラ類はイネ科を中心とした種子に動物質や種子を加えた配合が適しています。市販されている飼料の内容と鳥の状態を照らし合わせて与えるようにしましょう。

◆ サフラワ

紅花の種子で白く、艶があります。油脂分が多くオウムや大型のインコ、ハトの飼料ですが、ヒマワリほどは好まないようです。カナリアも食べますが、他の油脂飼料との併用は脂肪過多の原因になります。

◆ 麻の実

油脂分が多い種子でオウムやハトには昔から与えられています。油脂分が多いので、他の油脂飼料との併用は脂肪過多の原因になります。

◆ 松の実

油脂分が多い種子でオウムに与えます。ヒワも好みますが少量にします。

◆ ケシの実

非常に小さな種子ですが油脂分が多く、カナリアやヒワに少量だけ与えます。

◆ 木の実

クルミやアーモンド、落花生等、大粒で油脂分が多く、オウムが好みますが、偏食の原因にもなり量を制限する必要があります。以上、主な穀類と種子類を並べましたが、それぞれ単独で与えるより、鳥の種に合わせて数種類を配合したものを与えると無駄が少なくなります。市販のものは大まかな配合ですが、内容を見て不足分を追加するなり、別の餌入れに少量を添加するようにします。

配合飼料

市販の飼料は配合されたものがほとんどです。もちろん単品でも販売されていますが、どのように配合するかは飼い主の鳥に対する意識次第です。

カエデチョウ科フィンチにはイネ科の穀類を配合して与えます。繁殖期には若干のエゴマやニガーシードを加えることもあります。アジア産およびオーストラリア産フィンチはヒエやカナリーシードを主にし、アワやキビを配合します。アフリカ産フィンチにはアワやキビを中心に配合します。体格の向上にはエンバクが効果的です。特に品評会を目指す鳥には不可欠です。アトリ科やホオジロ科、ハタオリドリ科フィンチはより多種類のイネ科穀類と油脂分の多い種子を配合します。もちろん籠の広さにより油脂分は加減します。

◆ 発芽種子

穀類や種子を水に浸して発芽させたものです。乾燥状態とは栄養価が変わり、たんぱく質・ビタミンが増え、繁殖期の重要な飼料となります。25～30℃の水に24～36時間浸し、その間、発根・発芽時に水を替えます。

繁殖、換羽、病気回復時には効果的であると同時に、通常の飼料と併用すると健康も保つことができます。

◆ 穂

アワの穂が市販されています。黄色いもの、赤いもの等数品種あります。野性味の強い鳥、特にカエデチョウ類には主食として与えるとよいでしょう。またほとんどの穀食鳥もよろこんで食べます。場所さえあれば自分で各種の穀類を栽培して与えることも可能です。市販の乾燥した穂より完熟前を好む鳥もいますし、配合飼料は食べないが穂なら食べる鳥もいるので重宝です。特に完熟前の穂は育雛用飼料としての価値は非常に高いものです。

発情・養育飼料

繁殖させる場合に必要な特別飼料です。通常、与える配合飼料は植物質ですが、繁殖期には多くの鳥が動物質を要求するため、別容器に入れて与えます。

カナリアにはゆで卵の黄身とパン粉を同量混ぜたものが一般的で使われています。フィンチには皮を剥いた生のアワに卵黄を混ぜたアワ玉が主に使われています。現在では両者ともエッグフードで代用できます。エッグフードは輸入品で価格も割高ですが、ビタミンやミネラル等が理想的に添加されていて、つくる手間もかからず便利です。ただカナリアやブンチョウは好んで食べますが、フィンチのなかには

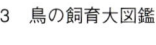

飼料

人工飼料

穀類を原料とした人工飼料

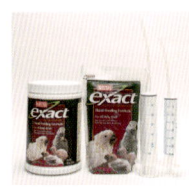
雛用人工飼料（シリンジ付き）

野菜・果物を配合した人工飼料

繁殖期に与える栄養食

人工飼料

近年、鳥のための完全飼料というようなキャッチフレーズの人工飼料が増えてきました。穀食鳥にはペレットが広まっています。栄養的には完全といえるでしょうが、使い方によっては無駄になることもあります。

ペレットは鳥が理想的に飼養されていることを想定してつくられています。つまり飛んだり繁殖したりと体力を使って生活している鳥には適していますが、狭い籠で運動も少なく繁殖もしていない場合は栄養過多になる可能性があるのです。また穀物に比べて単調なため、鳥が好まない面もあるようです。自分の鳥とその飼養法に合わせて考えて使用するべきでしょう。

ソフトビルには古くから掏餌があります。江戸時代には鳥の種に合わせ、さらに季節や体調による変化も含めて驚くほど多様な調合法も考え出されています。現在では飼養可能な種が外国産ソフトビルになったため、新しい掏餌は出てこないようです。掏餌ではなくペレットになったものが市販されています。キュウカンチョウ用のマイナーフードがその代表です。キュウカンチョウだけでなく中型ソフトビルの飼料としては最適です。ただ補助的に果物や生餌も与える必要があるということは忘れないようにしましょう。

青葉・野菜・果物

種子食鳥は種子だけを食べるわけではありません。ビタミンの補給に野菜が必要なのは人間と同じです。通常、青菜を与えます。色艶をより美しくするためにも必要であり、また繁殖にも欠かせません。次いでコマツナが栄養的に最も優れているのはよく知られています。次いで栄養価の高いのはカブやダイコンの葉ですが、鳥によっては好まない場合があります。

ほかにはチンゲンサイ、サラダ菜、サラダホウレンソウ、ハクサイ等の青葉も入手しやすく鳥も好みます。特に中型ソフトビルが好むミミズ類や各種幼虫は、都市部では入手困難なので利用するとよいでしょう。豆苗やそば芽等、スプラウトと呼ばれるものは発芽した野菜類で、青菜というより繁殖用の飼料と考えるべきです。

その他の野菜ではブロッコリ、ニンジン、キュウリ等をフィンチ

生餌

生きた餌です。ソフトビルの繁殖には欠かせず、フィンチやインコ、ウズラにも好むものが多いのが昆虫です。鳥の大きさと食べる昆虫の大きさは比例します。

フィンチやメジロには小さなショウジョウバエやその幼虫、柔らかなミールワーム、サシ（ハエの幼虫）、アリマキ等が適しています。入手できればシロアリやアリの卵・幼虫・蛹が最適です。モンシロチョウの幼虫（青虫）はほとんどの鳥が好みます。

ガビチョウ等中型ソフトビルにはコオロギやバッタも適した生餌です。コオロギは市販されています。カタツムリやナメクジもソフトビルの好物です。ただ不潔な場所での採取は避けましょう。

これらの生餌は市販品だけでなく自分で採取はもちろん、養殖も可能です。ショウジョウバエはやや深めの容器に果物を餌にして台所に置くと集まってきます。二週間周期（25℃を保つ）で発生します。ゼラチンを餌に養殖すると幼虫を与えることもできます。

ミールワームは虫が逃げない程度の高さの容器に穀類と小麦粉を入れて水分を与えておけば周期発生します。容器をいくつか用意しておけば色々な成長段階の虫を与えることができます。コオロギも養殖可能です。水槽に土と餌、隠れ場所さえあれば25℃で周年発生します。そのほかにも小型のバッタ類もコオロギと同じように養殖が可能です。カマキリの幼虫も鳥の好物です。やはり養殖ができます。

ペットショップだけでなく多くの釣具屋でも多くの昆虫や生餌を売っています。

これら生餌は鳥が食べられるだけの適量を与えないと、食べ残しが部屋の中に逃げ出して繁殖することもあるので注意しましょう。

飼料

野菜・果物

ミカン　リンゴ　バナナ　ニンジン　ブロッコリ　キャベツ　コマツナ

タンポポも葉と種子が利用でき、オオバコも同様です。アザミの種子はアトリ科フィンチが最も好むものです。秋から冬にかけて多くの木の実が色づいて野鳥が食べているのが見られます。これらもソフトビルにとってはご馳走です。ヒメアオバトの好む木の実なら与えることができます。

からオウムまでが好みます。オウムやソフトビルにはまさかと思うような野菜まで食べる鳥がいますが、食べるからと簡単に与えると体調に変化をきたすこともあるので注意しましょう。果物はインコ・オウム、ソフトビルが好んで食べます。ヒインコやヒメアオバト、メジロ類にとっては主食でもあり、もちろんフィンチ類も好みます。

バナナとリンゴはすべての果実食鳥の飼料として最も重要です。栄養価、価格、入手しやすさで群を抜いています。オレンジやミカンはソフトビルが好み、マンゴー、パパイヤ、イチジクもすべての鳥が好みます。

果物を与えるとき、与える量と水分含有率に注意してください。食べすぎて下痢をする鳥が少なくないからです。ヒインコ類やメジロは普段から軟便ですが、種子食鳥のように固形便の鳥は、下痢状態が続くと病気になってしまいます。すぐに食べきれる量を与えるようにします。

野草

野菜の代用、あるいは主食にもなるのが野草です。種子食の鳥にとって野性のイネ科の穂は、どんな飼料より好んで食べるものが少なくありません。特に野生で食べていたものと同じか近い種を好むようです。

初夏から秋にかけて大量に出穂するので、そのときの成長段階、鳥の好みに合わせて与えるとよいでしょう。

フィンチは完熟前のまだ青い穂、インコは完熟した穂、ハトやウズラは完熟して穂から落下した種子を好んで食べます。なるべく多くの種子をつけた穂を採取しましょう。

当然、農薬や排気ガス、除草剤等に汚染されていないことを確認してください。

主なイネ科の穂には、メヒシバ、カゼクサ、ニワホコリ、オオニワホコリ、エノコログサ、スズメノカタビラ、イヌビエ等があります。植物図鑑を見ながらの採取も楽しいものです。

イネ科以外の野草ではハコベが昔から鳥の餌として知られています。葉はもちろん、花も蕾も種子もすべて鳥の好物です。青菜の代用だけでなく、養育飼料としての一面もあります。

ミネラル

種子食の鳥に絶対的に不足する栄養素が無機塩類と呼ばれるミネラルです。通常、牡蠣殻を焼いて砕いたボレー粉（牡蠣粉）をカルシウム源として与えています。

またコウイカの甲を乾燥させたカトルフィッシュボーン、鶏卵の殻もカルシウム源です。

これら以外にも川砂や海砂、土等豊富なミネラルを含んだものも与えるとよいでしょう。市販品ではミネラルグリットがあります。多くのミネラルを含んだ砂です。

砂や土を籠や禽舎の床に敷くのも効果的です。屋外で採取したものは使用前に加熱したほうが安全です。

色揚げ剤

色彩の良い鳥をさらに美しくするため、飼料によって特定の色を強調させる色揚げという方法があります。

全身が赤い赤カナリアは元々はオレンジ色です。赤い色素をもったショウジョウヒワとオレンジカナリアの交配で赤色色素を導入したのですが、そのままでは赤くなりません。そこで赤色が強く出現するカンタキサンチンを含む色揚げ剤を与えて発色させるのです。この色揚げ剤は脂溶性なのでサラダ油で溶き、パン粉にまぶして与えます。与える時期は換羽前から換羽が完全に終了するまでの期間です。

完成した市販品もあります。同じように赤や黄色を強調する鳥に色揚げ剤を与えることもあります。色揚げ剤は換羽期以外には与えないほうがよく、また色揚げできる色素をもっていない鳥には効果がありません。

鳥籠・禽舎・バードルーム・器具類

鳥籠

枡籠　丸籠　金網籠　竹籠

鳥籠（ケージ）

単に鳥を入れて飼う収容物ではなく、鳥の生活すべてが行われる場所であることを考えて、より良いものを選ぶようにしましょう。一羽やペア飼養で鑑賞用だからと小さな籠に入れて飼っているケースを見かけますが、それぞれの種のもつ特徴を生かすことのできる籠を選ぶことが大切です。

竹籠

ソフトビル（搗餌鳥）を一羽ずつ飼うための籠です。鳥に合わせてたくさんの種類がありますが、狭いだけに汚れやすくきちんと管理をしないといけません。ソフトビル以外にも雌雄判別や水浴び用、輸送用、緊急隔離用と用途は広く、一つは用意しておくと便利です。インコ類は嘴で竹を噛み切ってしまうので使えません。

大和籠（大名籠）

竹籠ですが角を丸く上品に仕上げたもので、古くはウグイス、現在は観賞用のスタイルカナリアに使用されます。普段は庭箱に飼い、鑑賞時にこの籠に移して楽しむもので、いかにも日本的な趣があります。普通の竹籠より竹ひごが細く、鳥がよく見えます。

金網籠

現在市販されている籠の大半を占めています。型も大きさもさまざまで、正方形や長方形で内部が広いものは繁殖用としても使用できます。装飾籠にはさまざまな型がありますが、多くは内部空間が狭いため、一羽飼いやペアでの観賞用です。フィンチやハトは高さより横幅のあるものが適しています。少なくとも翼を広げて飛翔できる空間のある大きさの鳥籠を選ぶようにしたいものです。小群や雑居の場合は大型の鳥籠を使います。

庭箱（にわこ）

江戸時代にはすでに使用されていた繁殖用の木製籠で、前面だけが金網です。欧米でもボックスケージと呼ばれる同様のものが使われています。市販の箱庭には小型で縦長のもの、正方形でやや大型のものがあります。

小型は飼い鳥化されたジュウシマツやカナリアには使用できますが、いくぶん狭く、飼い鳥化されていない種は大型でなければ繁殖は難しいでしょう。

庭箱は木の板と金網でできているので材料さえあれば簡単につくることができます。多くのブリーダーは自作の庭箱を使っています。自分でつくるので大きさも制限がなく、型も鳥の種に合わせたものができます。

枡籠

木製やプラスチック製のものが市販されています。大きさは限られ、オウム類が運動するには狭すぎます。定期的に室内に放して運動させるようにします。一度外に出すと籠に戻るのを嫌がる場合があります。それは住み心地がよくないからです。

オウム籠

太い金網でつくられた丈夫な籠です。大きさは限られ、オウム類ナリアを持ち運ぶための小さな籠です。大きさからいって鳥を長時間入れておくのは避けましょう。移動の際には水は入れず、餌は床に直播します。最近は手乗りの雛を育てるときの容器としても使われています。

馴れていないオウム類の場合は室内に放すことも困難で、オウム籠で一生を過ごすことになります。アクセサリーやオモチャで気を紛らわせる方法を取りましょう。

鳥籠・禽舎・バードルーム・器具類

屋外禽舎（ヴァルスローデ／ドイツ）　　屋内禽舎（ヴァルスローデ／ドイツ）

禽舎

禽舎とは鳥（禽）のための建物（舎）を指す意味に使われます。現在では一つの独立した建物に鳥を放すものを指す意味に使われます。広々として鳥のためには最も適しています。

屋外禽舎

庭や屋上、ときにはベランダを利用して広い禽舎を作り、鳥を放して飼うものです。雑居、小群、そして繁殖の難しい種の研究等、さまざまな形で使われます。スペースがあるので鳥は十分運動ができ、狭い籠ではみられない行動を見ることもできます。屋根の部分は一部露天式にすると雨が入り込み、水浴びのようにはしゃぐ鳥もインコ類に多くみられます。植物を植えると自然を模した環境も演出でき、籠では繁殖の難しい種も容易に成功することがあります。

屋外禽舎は冬の寒さをいかに防ぐかが問題です。一部を板囲いにして暖房をするシェルター式、全体をビニールシート等で覆うハウス式、温室式と方法は多くあります。禽舎を作る前によく考えておきましょう。

屋外にあるので外敵対策も必要です。ネズミ、ヘビの侵入はもちろん、ネコ、イヌ、カラス等も中にいる鳥をパニックにしてしまいます。

禽舎の位置も大切です。採光、通風、人や他の動物の出入り等、鳥の健康や精神状態に直接影響のあることも少なくありません。できれば静かな場所がよく、北風や西日は避け、南か東向きの風通しの良いやや乾燥した場所が適しています。周囲に雑草や茂みのないことも大切です。

また野鳥との無用の接触も注意しましょう。伝染病や寄生虫を避けるためです。特に餌を狙ってくるスズメとドバトが近づかないよう、周囲は清潔に保ちましょう。

屋内禽舎

屋外と比べて小型になりますが、温度管理や外敵防止はより容易です。植物は鳥に害のないものを植木鉢ごと入れることができます。

乾燥しすぎないように注意しましょう。人の居住部に作る場合は照明と冷暖房に気配りしてください。夜遅くまで明るい、冷暖房の切り替え等は、人には何でもないことでも鳥にとっては迷惑なだけです。籠より広いからと最も注意しなければいけないのが衛生面です。羽毛や餌の殻、食べ残し等の散乱、異臭がする場合もあります。
掃除を怠ると、

温室禽舎

屋外、屋内を問わず、禽舎そのものを温室にしたものです。ガラスやアクリルで外気と遮断し、目的温度を保つものです。当然温度管理は必要です。また湿度管理も同様に可能なものです。夏の高温に対しての対処法が必要ですが、上部や壁面を開放型にし、熱気を出すようにしましょう。比較的高温多湿を好む種には絶好の施設です。

ヒインコ類やソフトビルでは観葉植物と一緒に鑑賞できます。また繁殖用としても重宝です。

バードルーム

バードルームとは一室を鳥専用にしたものです。屋内禽舎も含めて多数の籠を一カ所に集めて鳥だけの部屋にするのです。多くのブリーダーは独立した建物にしています。

もちろん、家庭の一室を利用するバードルームもあります。当然、鳥の生活を優先する部屋でなければなりません。そのぶん管理は楽かというと逆です。まず多数の籠があり、それぞれに世話をしなければならず、掃除回数も増えます。鳥の数が増えるほど汚れは早まります。

また、特定の種だけを飼っている場合は同じ世話で済みますが、種が増えるとそれぞれに応じた別の世話が必要になり、時間もとられるようになります。

バードルームはブリーダーだけではなく、鳥好きの人なら持ってみたいものです。もちろん、相当数の鳥を飼うから必要なのであり、衛生面には最大限の注意を要します。またそれなりの経験があってこそバードルームの主になれるともいえるでしょう。

鳥籠・禽舎・バードルーム・器具類

水浴び容器（カバー付き）

水浴び容器（外掛け用）

手乗りのヒナに餌を与える器具

サイフォン式餌入れ

餌入れ（左・中）と菜差し（右）

補助用餌入れ

水入れ（飲み水用）

サイフォン式水入れ（飲み水用）

器具類

水入れ

鳥はよく水を飲み、また水浴びの好きな種も多くいます。水は毎日欠かさず新鮮なものを与えますが、その容器は二通りあります。一つはサイフォン式の飲み水専用で、自動給水器とも呼ばれています。形はさまざまですが、常に清潔な水を与えることができます。

もう一つは陶器やプラスチック製で小判形や円形をしたもので水浴び用にもなります。ただ汚れやすく餌の殻や羽毛、糞等が入ると夏は水が腐臭を発することもあります。

理想論をいえば飲み水専用のサイフォン式は常設し、水浴びのときだけ陶器やプラスチック製のものを入れるのがよいでしょう。ジュウシマツやブンチョウ、カナリア等なら思い通りに水浴びしますが、野性味の強い鳥は人の見ているところでは水浴びしないことが多いので、二つの水入れを常に入れておくようにします。置き場所によって容器内が汚れなければ水浴び用だけでも十分です。サイフォン式でも水浴びしようとする鳥はいるもので、鳥には飲み水用と水浴び用の区別はできないことを痛感させられます。

水浴び用の容器は、鳥が中に入って翼を広げて水浴びできるだけの長さが必要です。深さは下半身がつかる程度で十分です。それ以上深いと中に入らない場合が多いようです。一見汚れていないようでも水垢や付着物があるものです。ときには藻が生えることもあり、水だけ新鮮でも衛生面では不安です。容器は毎日必ず洗って汚れを落とします。

餌入れ

穀物食の鳥には水浴び用と同じもの、サイフォン式と小判形や円形、四角形のものが市販されています。サイフォン式は小型から大型まであり、自動給餌器とも呼ばれます。

汚れることが少なく餌の量が簡単にわかるので便利ですが、カナリアやブンチョウのように餌を嘴でまき散らしてしまう鳥の場合には、与えた量の半分位を捨ててしまうこともあります。小判形や円形等は軽いプラスチック製ではひっくり返されてしま

うこともあるので陶器製の方が適しています。市販の金網籠に付属している前掛け式のものはそのまま使用できます。種によって仲良く並んで食べる鳥もいれば、一羽だけで独占して食べようとする鳥もいて、容器の大きさと数は臨機応変に対応しましょう。

力が強く何でも嘴で動かしてしまうので、インコやオウムには固定式の専用餌入れが市販されています。

ソフトビルには擂餌を入れるチョコ（猪口）が市販されています。鳥の大きさによって与える餌の量も異なり、猪口もさまざまな大きさがあります。

中型以上の鳥は遊びで猪口をひっくり返してしまうことがあるので固定式を選びましょう。

餌入れも週に一度は洗うほうが安全です。餌の殻が粉状になって付着し虫が発生することがあり、糞の付着も少なくないからです。

補助餌入れ

ボレー粉や発情・育雛飼料等を入れるもので、半円形や四角形のプラスチック製の金網に掛ける形のものが市販されています。いずれも少量を入れるのであまり大きなものは必要ありません。定期的に洗わないと底部に粉末が付着するので注意しましょう。擂餌用の猪口を利用するのもよいでしょう。

大型のインコやオウムには固定式で丈夫なものを選ぶことです。

青菜入れ

これもプラスチック製の市販品です。青菜を差し込みますが、水も入れて青菜がしおれないようにします。青菜の量が少ないと抜けて捨ててしまうことがあるので抜けないように工夫して下さい。木の棒やガラス棒を青菜と一緒に入れると抜かれることはありません。そして週に一度は洗いたいものです。内側に汚れが溜まりやすいからです。

止まり木

籠の中に止まり木があって初めて鳥籠らしく見えるようです。ところがこの止まり木、意外に適切な使われ方がされていません。

鳥籠・禽舎・バードルーム・器具類

フィンチ用ツボ巣　カナリア用皿巣 　インコ用箱巣

フィンチ用ねぐら 　ブンチョウ用箱巣 　フィンチ用箱巣 　止まり木

正面から見て左右に水平にしっかり固定されているのがほとんどですが、この使い方だと籠の中の空間を絶対的に狭くする原因にもなります。

籠の形にもよりますが、横幅のある籠の場合、止まり木は鳥の尾が籠に触れない程度の位置に正面から奥に向かって設置する方が内部空間を広く取れます。高さも籠の中央より低い位置にして、上を広く開けているほうがよいのです。

さらに止まり木を固定するのも考えものです。鳥が飛んでから止まり木に止まったとき、多少しなる程度の方が鳥のためにはよいからです。これは固定された止まり木では全体重が脚にかかるのに対し、しなることで負担が軽減されるからです。

最近はこの点を考えて、金網に一方だけ固定する器具も市販されるようになっているのは好ましいことです。

止まり木は定期的に洗うようにします。糞や青菜の食べかすが付着したままでは鳥の脚まで汚れ、ときには爪が欠けたり指が傷ついたりするからです。それ以外にも鳥は嘴をこすりつけてきれいにしようとします。常に清潔であることを心がけましょう。

インコ・オウムの仲間は止まり木をかじって折ってしまうこともあります。しかしこれは彼らの習性なので、専用のかじり棒を与えるか、折れる前に新しい止まり木と交換しましょう。

止まり木の太さについて神経質に考える人がいます。鳥が止まったときに前指と後ろ指が触れない程度の太さが良いとされますが、多少太くても細くてもかまいません。それより太さの異なるものを組み合わせるか、一本でも位置によって太さが異なるものを設置するようにします。

止まり木の材質も針葉樹より広葉樹が適しているようです。市販のものでも木の枝でも同様です。ニワトコやウツギのように中空のものが、また乾燥したものより生の枝の方がよりよいとされますが、あまり神経質に考える必要はありません。入手できる範囲で対応すればよいでしょう。

●巣

巣は繁殖だけでなく夜間寝る場であり、ときには隠れ場所にもなります。逆に繁殖以外は巣を必要としない種も多くいます。

ジュウシマツやブンチョウ等カエデチョウ科フィンチとホオジロ科のクビワスズメ類はツボ巣を使用します。また20cm角の木箱を利用し、正面と上が半分ずつ開いた半開箱巣、ブンチョウ用に市販されている箱巣は他種にも利用できます。野性味の強い箱巣は他種にも利用できます。野性味の強いフィンチのなかにはカナリア用の皿巣の上に自分で巣を作るものもいます。

カナリア用の皿巣はアトリ科フィンチの仲間、小型のハトに使います。彼らは繁殖期以外は巣を必要としません。

インコ・オウムの仲間は箱巣です。鳥の大きさにより箱巣も異なります。大型のものは市販されておらず自分で作ることになります。繁殖以外にも夜間、箱巣に入る種もありますが、基本的には繁殖期のみ必要と思ってよいでしょう。

●巣材

繁殖するとき、ツボ巣・皿巣・箱巣を与えておけばよいと思われがちです。ところが人が与える巣は、鳥にとってはひとつの営巣場所にすぎないのです。

気に入らなければツボ巣の上や横に営巣する鳥もいるほどです。

昔はシュロやカルカヤの繊維であるパームがほとんどです。シュロと思っている人がいますがシュロは黒く、パームは茶色で区別できます。また独特のにおいがあります。20cm位の長さのものを籠の前面に軽く結わえておき、鳥が自分で巣に運びます。

床に落ちたものは取り出しておき、汚れのないもので営巣するようにします。

広い禽舎や大型籠ではパーム以外にワラ、羽毛、枯れ草等も与えるときれいな巣を作るでしょう。飼い鳥のカナリアやブンチョウのなかには営巣せずに産卵するものもいます。

野性味の強い種、既成の巣を使わずに自分で営巣するハタオリドリやソフトビルは、パームだけでなく枯れ草、青草、羽毛、コケ類も重要な巣材です。

中型以上のソフトビルやコマチスズメ、コザクラインコ等は細い木の枝も重要な巣材になります。

毎日の世話

食事マナー ①

毎日与える飼料を残さず食べてくれるのなら何も問題はありません。ところが種によってはどうしてこんな食べ方をするのかと思うようなマナーの持ち主が少なくありません。代表はオウム類とカナリアです。

オウム類は果物や木の実が好物です。しかし食べやすいように小さく切った果物を与えてもその半分はボロボロと床に落としてしまいます。この習性は一生治らないことが多く、飼い主には悩みの種になるかもしれません。

オウム類の原産地は熱帯雨林の果物や木の実が豊富な地域です。そこでの彼らは最もおいしい時期に好きなものを好きなだけ食べることができます。そのため、一口食べては次から次へと移るという食べ方をするのです。

樹上から落下した食物は無駄になるのではなく、それを主食にする哺乳類や地上性の鳥が食べるのです。

樹上性のオウム類やサル類の食べ方はあたかも食物を粗末にしているようにもみえますが、実は自然にすむ多くの生物を養うことになっているのです。

水の交換

生物の生命線である水、特に飲み水はできる限り新鮮なものを与えます。鳥は朝、明るくなると行動を始めます。そのときに新鮮な飲み水があるのは鳥にとってもうれしいものでしょう。もちろん、朝早くからの世話ができない場合もあるでしょう。そのときは夜のうちに水を新しいものと取り替えてもかまいません。

水を取り替えるとき、容器もよく洗ってください。特に水浴び容器には餌の殻や羽毛、糞等が入っていることがあります。水洗いだけでなくスポンジ等で汚れを落としておきましょう。

また水の減り具合も毎日チェックしておきたいものです。急に水を飲む量が増えたり、水浴びをしなくなったりと鳥の体調の変化に気がつくことがあるからです。

水浴び容器からはあまり水が飛び散らないような工夫も必要です。容器に受け皿をつけておけば、床面に水が溜まるのを防いでくれます。

餌の交換

鳥に与える餌の量は一日に食べる量より多めにしておく必要があります。殻を剥いて食べるフィンチやインコでは殻を取り去らずに追加する人が多くいます。これでは毎日食べ残しが溜まり、餌入れの底には粉状になった殻が固まってしまうこともあります。殻を取りできれば週に一度は洗うべきです。

すべて食べてしまう配合飼料もあれば、毎日決まって残すものもあります。あまりに残す量が多い餌は配合比率を少なくしてもよいでしょう。

鳥は好きなものから先に食べようとします。その日、新しい餌を与えると我先に好みのものを食べます。毎日、餌入れに残るものなくなっているものをチェックして、鳥の好みを知るのも大切です。

擂餌やペレットを与えるソフトビルでは、季節によって食べる量に変化があります。特に好物の果物や昆虫を与えすぎると、主食（擂餌やペレット）には見向きもしなくなることがあります。これでは栄養が偏ってしまいます。

また広い屋外禽舎では飛来する昆虫を主食として、与える擂餌やペレットをほとんど食べなくなることもあります。夏のように昆虫が多ければよいのですが、冬にはほとんど飛来しなくなります。そのため擂餌やペレットは与え続け、食べなければ果物や蜂蜜に浸した食パンを補助的に与えてみましょう。

餌を与えるとき、機械的に与えるのではなく、鳥の表情を観察したり話しかけてみるのも有意義なことです。鳥は新しい餌を見てよろこんでいるはずです。早く食べたいという態度が何となく飼い主にも伝わってくるものです。これこそお互いの信頼関係を結ぶ第一歩です。また体調の変化に気づきやすくなるのも新しい餌を与えるときが多いようです。

一羽飼いやペアでは心配ないのですが、多数を同居させている、何種類も雑居させている場合、餌をめぐる争いが起こることがあります。強い鳥が餌を独占しようとするのです。特にアトリ科のフィンチに多くみられます。

このときには複数の餌入れを置くようにして全部の鳥が公平に食べられるようにしておきましょう。

広い禽舎ではどこに餌があるのか認識できない鳥も出てきます。ソフトビルに多く、樹木や草の間ばかりで餌を探し、餌入れが理解できないのです。これを防ぐには禽舎に放す前に籠に入れた餌入れの近くにおいて場所を覚えさせるのです。早ければ数日で、遅くとも一週間位で理解します。

餌入れから餌をまき散らしてしまう鳥もいます。カナリアやブンチョウ、ソフトビルに多くみられます。餌入れの型を考えて選ぶようにします。

食事マナー ②

カナリアはどんなに配合比率を変えても餌入れに止まって嘴で飼料を左右に振り飛ばして好みのものを食べます。飼養下では自然と異なり、床に散らばった飼料は無駄になってしまいます。これもまた彼らの習性からくる行動です。

カナリアは樹上ではなく地上で採食します。嘴を使って落ち葉や土の上にこぼれ落ちた種子を探すのです。飼養下でもこの習性を無理に矯正しようと餌入れに針金を張る人もいますが、逆にカナリアの顔や嘴を傷つけかねません。カナリアに合った餌入れを使うようにしましょう。この餌を振る行動はブンチョウにもみられます。

ソフトビルにも餌を振る癖をもつものがいます。擂餌が気に入らないと一口くわえて周囲に投げつけるのです。これは擂餌の配合がよくない場合に起こります。最近はエッグフードやマイナーフード、ヒインコ用ペレット等で飼養できるようになっています。しかし主食以外を多く与えると、肝心の主食を食べなくなるので、副食は少しだけにしましょう。

食事マナーの良いのはジュウシマツをはじめとするフィンチやセキセイインコです。ところがこのマナーの良さが命取りになることもあります。餌入れには食べかすの殻しかないのにまだ餌は十分あると勘違いして、餓死させてしまう初心者がいるのです。

糞を見る

毎日水と餌を交換し、できれば掃除もするとよいでしょう。ただ掃除の前に籠の中をよく調べておくようにします。

鳥の健康状態を知るのに糞を観察します。常に同じ形状の糞なら健康ですが、ときには変わった糞を発見することがあります。水分の多い青菜や果物を多量に食べさせた後には液状の糞になっていることが多くみられます。この場合、与える量を減らすか数日間与えなければ元の健康な糞に戻ります。

青菜を食べすぎたときは緑色、オレンジならオレンジ色と糞は食べたものの色がわかる状態で排泄されます。与えてもいないのにいつもと違う色の糞をしたときは要注意です。体調を崩している可能性があります。乾燥した糞も病院で診断してくれます。病気の兆候があればすぐに病院へつれていきましょう。

ソフトビルのヒインコ類やサトウチョウ、ソフトビルでは糞は尿と区別しにくいものです。糞は濃い色の塊状です。健康状態を探るのにあまり役に立たないと思われるかもしれませんが、やはりいつもと異なるときはあります。

普段から糞の状態を把握していれば少しの兆候も見逃すことなく管理できます。

ソフトビルに限らず昆虫を与えると、皮や脚が糞の中に一緒に排泄されます。消化できない部分が多い昆虫は与えても効果がありません。糞によって適合する昆虫を知ることができます。

繁殖期になるとはっきりした糞の変化もみられます。産卵直前のメスは、普段の倍以上ある臭気の強い糞をします。ジュウシマツでは、何度も繁殖を経験したオスのなかにもメスと同時期に大きな糞をする鳥もいます。

繁殖を望んでいないとき、メスだけ飼っているときでも健康な鳥なら産卵します。糞によって産卵が近いことが分かるので対処も可能になるでしょう。

落ちた羽毛を見る

糞とともに重要なのは抜けた羽毛です。換羽期には多量の羽毛が抜け、新しい羽毛に生え変わります。これは自然の生理現象なのですが、換羽期でないのに羽毛が落ちているのを発見したら注意してください。

インコ類では抜け落ちた羽毛の軸に血が付いていれば病気の疑いがあります。特に尾や風切羽には注意が必要です。

フィンチ類では人の見ていないところで弱い鳥がいじめられ、その結果、抜け毛が生じます。尾や頭、背中の羽毛が抜けている鳥はいじめられている証拠です。多くは強いオスが弱いオスやメスの羽毛を抜くようです。

ソフトビルやカナリアではダニや羽虫の害で羽毛が抜け落ちることがあります。新たに入手した鳥の隔離期間中に薬品で駆除しておけば大丈夫です。

床面を見る

糞や羽毛を見るとき、一緒に床面にも注意します。床面に砂や土ではなく、新聞紙やペーパータオル等を使用していると、鳥が引き裂いてしまうことがよくあります。

オウムやインコでは遊び目的の場合が多く、あまり悪影響はないように思われるかもしれませんが、糞や食べ残したままの野菜や果物が付着しているものを口に入れるので衛生上好ましくありません。

カナリアやブンチョウにも同じように、遊びの行為として紙を引き裂く鳥が多く、特に若鳥は好んで行います。紙の上に砂や土を薄く敷いて防ぐようにするか、糞切りという金網で床との距離を取るようにするとよいでしょう。

繁殖期や発情した鳥はこうして引き裂いた紙を嘴にくわえて営巣活動を始めます。適切な巣材を与えても床の紙に興味を示すことがみられます。カナリアやコザクラインコに多く、フィンチにも繁殖を望んでいるときや産卵が近いときなどに、細かく裂くのですぐに判断できます。

鳥が営巣活動をするようになると単に紙を引き裂くだけでなく、細く裂くのですぐに判断できます。

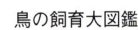

毎日のように鳥と鳥籠の内部を見ることは大切なのですが、逆に鳥からも見られています。鳥は飼い主が何をするのか見守っているのです。掃除や餌、水の交換等、決まった時間に世話をすることで鳥の生活は安定します。毎回違うやり方では鳥も混乱するので、いつも同じように世話をすることを心がけてください。

鳥の動作を見る

世話をしながら鳥がどのような行動をするかを観察しましょう。通常、落ち着いた鳥なら餌や水の交換を止まり木の上から見ているものです。掃除が終わって早く新しい餌や飲み場へ行きたいという素振りをみせます。

神経質な野生フィンチやハトも世話が終わればすぐに落ち着きを取り戻します。このときの鳥の動作に注目しましょう。人馴れした鳥や落ち着いた鳥は、人の目の前で餌を食べ、水も飲みます。警戒心の強い野生フィンチでも、籠から一歩距離をおいて見ていれば、少しずつ餌や水の所へ近づいていきます。そして徐々に人前でも食べるようになります。こうなれば順応しつつあるといえます。ところが動こうとしなかったり他の鳥と明らかに動作が異なる鳥がいれば、それは体調不良と考えるべきで、早い処置が必要になります。

餌や水の交換、掃除等、毎日の世話をしてから少しでも鳥を観察する時間は欲しいものです。鳥の健康状態をみたり、環境に慣れてきたのか、人にどの程度慣れてきたのか等々、大切な鳥と人との交流をするときでもあるのです。このような基礎的な経験と知識を得ることは、鳥を飼うためにステップアップする重要な時間になります。

籠の移動

基本的に鳥籠は定位置から動かさないようにします。それでも繁殖期や換羽期、新しく入手したときを除けば、冬の日光浴や夏の日陰への避難等で移動することもあるでしょう。そのときに今までとまったく違う場所に急に移動するのは考えものです。鳥には定位置と同じ景色が見える範囲内が望ましいのです。

また籠を置く高さかやや高い位置がよく、低い位置への移動は鳥を不安にさせてしまいます。

籠の周囲

鳥にとって籠の周囲の環境が変わることは籠を移動するのと同じ位の変化です。人が何気なく置いた植木に籠をパニック状態に陥ること

も珍しくありません。またカーテンや家具を変えることも鳥にとっては環境変化になるのです。今までなかったものが突然現れるのは好ましいことではありません。それが繁殖期であればなおさらです。照明や日光にも気を配りましょう。隠れ家となる場所に強い照明が当たるのはよくありません。巣の中にまで陽が差す状況も避けましょう。冬場は日光浴を好む鳥にとって陽の当たる場所は特等席です。それが限られていると争いの原因にもなりかねません。

籠をおく場所を決めるとき、籠の周囲をよく観察してできるだけ環境を整えておくようにしたいものです。籠の周囲の鳥にとって見える範囲はできるだけ変化のないように気をつけましょう。カナリアやジュウシマツ、セキセイインコ等はこうした室内の環境変化にも無頓着な面もありますが、ほとんどの種は驚き、警戒し、なかには体調を崩すものもいます。

籠の内部

巣や止まり木、餌入れ等の器具類は常に同じ場所に置くことが大切です。その日の気分によって毎日場所を変えるようなことをしてはいけません。鳥はどこに何があるということを理解しています。それがある日違う場所にあれば警戒心をもち、慣れるまで時間がかかります。そのために食べる量が減ることさえあります。止まり木の位置を変えるだけでもいつもと異なる動作をしなければならず、かなりの心理的な動揺がみられます。

また床を掃除していきなり派手な新聞紙を敷くとやはりパニック状態に陥るものがいます。特に臆病な性質の鳥、オカメインコやセキコウチョウ類にはよくみられます。人にとっては単なる古新聞紙でも、鳥には生活をする籠の床面がまったく別物になったと感じられ、大きな驚きと警戒心を引き起こすのです。

照明と覆い

鳥の世話をする時間によっては照明をつけることもあります。寝ていた鳥の世話を急に起こすことになりますが、鳥が動き出してもすぐに動き出すわけではありません。鳥が動き出してから世話を始めます。また籠に覆いをしているときも同様に、覆いを静かにゆっくり取り、鳥が目覚めたことを確認してから始めます。

毎日の世話

クマネズミの被害に気がついたときにはネズミ自身がその場所を縄張りにしてしまった後のことが多いようです。鳥がこぼした飼料のほかに、すきあらば鳥自体を食べようとします。

ネズミの動きに驚いた鳥が籠の網に止まった瞬間、素早く脚に噛みつきます。それが翼や尾でも両前足と鋭い歯で網越しに噛み切ってしまいます。

カナリア、セキセイインコには特有のにおいがあるようで、アオダイショウは夜間、においを頼りに忍び寄ってきます。いったん籠の中に入ったヘビはほとんどの鳥を飲み込んでしまいます。その代わり、消化が進むまで籠から出られなくなるので容易に捕獲することができます。

普段からにおいが広まらないよう籠の中の掃除をよくしておきます。

外敵を防止する

自然界では多くの鳥が食物連鎖の下位にいます。大型のワシタカやフクロウのような猛禽類だけが頂点にいます。それだけ多くの鳥が捕食者の犠牲になっているのです。飼養下ではそうした捕食者や外敵がいないことが求められます。

しかし実際には鳥籠や禽舎は外敵の目印になってしまうことが少なくありません。何とかしてこうした害を防ぐ工夫が必要となります。

ネコ

最も身近で家庭内もフリーパスの外敵はネコです。一度狙うとなかなか諦めないのも難点です。ネコを飼っているか近所にネコがいていつでもやってくる状態なら対策を立てましょう。ネコは鳥籠に密着して、中にいる鳥を狙います。

そこで鳥のいる部屋にはネコが入れないようにするか、籠の周囲にネコが入れない囲いを作ります。手が届かないことを知れば諦めるからです。屋外禽舎は意外に狙わないのですが、金網が弱いと強引に攻撃してくるネコもいるので頑丈な金網にしましょう。

ネズミ

ネコは諦めることもあるが、まったく諦めないのがネズミです。クマネズミはドブネズミより小型で高所でも侵入します。初めは餌である穀類を狙ってきますが、そのうちに鳥も狙うようになります。特に冬になると数が増え、バードルームの天井や壁に巣を作って繁殖すると駆除が難しくなります。わずかな隙間もつくらないことです。

クマネズミはどこにでも出没するのがハツカネズミです。ドブネズミは肉食性が強く鳥を狙って入ってきます。高いところには上らないので、床や排水溝等、低い位置に侵入口を作られないような工夫が必要です。

屋外禽舎やバードルームではドブネズミ、屋内やバードルームではクマネズミ、どこにでも出没するのがハツカネズミです。

ハツカネズミは穀類を主食としますが、卵や雛を食べることもあります。小さくて金網の間を出入りできるので罠で捕らえることができます。単独生活をするので罠で捕らえることができます。

ヘビ

ネズミがいると天敵のヘビもやってきます。都会でもまだアオダイショウが生息している地域も多く、一夜にして鳥籠の中の鳥が全部飲まれてしまうこともあります。1メートルのアオダイショウは7ミリの隙間を通り抜けることができ、ほとんどの鳥籠や禽舎は出入り自由になってしまいます。目の細かい金網を使用して防ぐしか方法はないかもしれません。出没時期は5〜10月と限られているので一工夫しましょう。

カラス

特に鳥を狙っているわけでもないと思われますが、カラスの存在は多くの鳥にとって恐怖のようです。禽舎や鳥籠に近づけないようにしましょう。

その他

そのほかにもモズやチョウゲンボウ等が屋外では脅威です。また郊外ではイタチやシマヘビの害もあります。

これら捕食動物に鳥が直接狙われるのはもちろん、その存在が目に見えるだけで、多くの飼い鳥はパニック状態になることがあります。普段は落着いていても捕食者の姿が近くに現れると驚く鳥がいます。ゴキブリも要注意で捕食者とちがい直接的な害はないのですが、ゴキブリの走り回る音に驚いて暴れ出す鳥もいます。そして、その不自然な動きが捕食者の獲物を捕獲する本能を刺激し、籠の中の鳥へと目を向けさせてしまうのです。ゴキブリも要注意で籠の中や周囲に現れると驚く鳥がいます。ガビチョウあたりならよろこんで食べようとしますが、小さなフィンチにはやはり脅威になります。夜間はゴキブリの走り回る音に驚いて暴れ出す鳥もいるので、発生させないようにしましょう。鳥を飼う以上はこうした外敵から完全に守るようにしなければなりません。

クマネズミの害が最も大きく駆除も難しいので最初から侵入されないような作りにしましょう。

人と鳥の交流

ゴシキセイガイインコと遊ぶ少女

> 毎日の世話をするとき、鳥の態度をよく観察します。手乗りでなくてもカナリアやフィンチは、青菜や卵餌を新しいものに交換しようとすると、籠の中から「早くちょうだい」とでもいうように飼い主の動きを見つめています。
> なかには籠の扉の前で催促する鳥もいます。警戒感や恐怖心のない信頼関係を感じさせるひとときです。

よく馴れて手に乗ってくる鳥だけではなく、一生を籠の中で生活し、一見人馴れしていないような鳥でも同じように飼い主との交流はあります。餌や水を与える、掃除をするといった単調な接触しかないようでも、鳥は人に対し信頼感をもっているはずです。それは接する距離に表れてきます。

カナリアやジュウシマツのように飼い鳥歴の長い種では、籠の中の自分たちの世界を乱されない限り、籠越しに飼い主との会話をするかのように安心しきった態度をみせます。それはいつも餌や水をくれる相手だと理解しているからです。

飼い鳥化されていない種では、籠から少し離れなければ彼らの安心感は得られませんが、徐々にその距離は縮まるはずです。

ソフトビルも竹籠で一羽飼いにすると、自ら人と接するのを好むようになりますが、あくまでも籠という境界線を隔てた関係です。広い禽舎に小群で飼うと鳥同士の関係が強くなり、人との接触は少なくなると思われるかもしれません。たしかに籠で飼うより自分たち同士で触れ合う時間は多くなり、人にはあまり近寄らない鳥もいます。しかしそれは、鳥本来の姿であり自然なのです。それでも好物を見せれば寄ってきたり、金網越しに直接手から食べたりするのは信頼感があるからなのです。

インコ類はカナリアやジュウシマツ、ソフトビルと比較すると、より自分たちの世界をつくって人との距離をつくろうとする傾向があります。

セキセイインコやコザクラインコでさえ、籠では馴れていないのに禽舎に放すとまったく人を無視しているようにみえることがあります。これを不満と感じるのは人の身勝手です。彼らにより良い環境を提供したのだと思えばよいことではないでしょうか。直接的な触れ合いではなく、自然的な存在として見守るのも大切な触れ合いといえるでしょう。

一方、直接触れ合い、共生している実感が欲しいという人も多く

います。手乗りという存在がそうした飼い主に満足感を与えてくれるでしょう。人によく馴れた人でも鳥を頼って生活する手乗りは、単に鳥を飼うという以上の感覚を得られます。特に自分で雛のときから給餌し保温して育て上げた鳥は、ペットというより家族といった存在です。

手乗りの鳥の良い面は常に人と接していることで人に対する警戒心をもたず、全面的に人を信頼していることが実感でき、それが健康面や他の管理をより容易にしているところです。

ただこの飼い主によく馴れているという点がときには不幸の原因にもなります。普段は籠で飼い、遊ぶときに籠から出すという習慣ができていればよいのですが、つい甘やかしすぎていつでも遊ぶ癖がつき籠に入るのを嫌がり、自分の思い通りにならないと大声を出して叫ぶ等、飼い主が持て余すようになることがあるのです。

特にオウムは個性が強く、また感受性も強いため、飼い主の態度の変化に対応できず、性格が変わってしまうことがあります。良好な関係が冷えたものになると修復はなかなか容易ではなく、手放してしまう人もいます。一度悪癖があるとみなされると次の引き取り手もなかなか現れず、なかには転々と飼い主やペットショップをたらい回しにされるオウムもいます。

手乗りでありながら人を信用せず、過去にかわいがられていたことを忘れたかのように寂しそうにじっとしているオウムを見るのはつらいものです。不幸な鳥をつくり出さないためにも節度ある触れ合いが必要なのです。

人馴れしていることで思わぬ事故につながることもあります。室内に放して遊んでいるうちにうっかり鳥を踏んでしまうのです。馴れている鳥は知らないうちに足元まで来ているのです。これは手乗りの鳥に最も多い事故です。また馴れているからと外に連れ出して逃げられることもあります。人には何でもないことが鳥には驚きであり、パニック状態になってしまうのです。

他の動物との交流と接触

> ヨーロッパではオウム類の屋外禽舎にウサギが飼われていることがあります。大きなオウムや大型インコだから気にしないだけと思うのは早計です。
> 実は禽舎の地面に生える雑草をウサギに食べてもらうために同居しているのです。お互い無関心で無害なので効果的だということです。またオウム類の食べ残しをウサギが食べてくれるので掃除も楽だそうです。

鳥も他のペットも籠の中で直接触れ合うことがなければ一応安全ですが、鳥の方で恐怖を感じてどうしても慣れない相手もいます。多くの鳥が怖がるのが、黒く自分より大きなもの、長くて動くものの二つです。前者は猛禽類を、後者はヘビを想像させます。これらを鳥と同じ場所で飼うことはあまりないでしょうが、飼っていれば鳥の目に入らないようにしてください。

同居者という意味ではイヌとネコが代表的です。イヌは鳥に対して興味を示しても捕食者的な行動には出ないことが多く、またしつけ方次第では鳥の保護者的存在にもなり得ます。屋外禽舎の番犬もよくみられます。ただ猟犬のなかにはキジ類やウズラ類にとって大敵になるものもいます。

43ページで述べたように、ネコは外敵として典型的な存在です。きちんとしつければ鳥を狙わなくなりますが、鳥がパニック状態になるとネコの狩猟本能が目覚めてしまいます。万一のことを考えて室内の籠は安全な二重囲いにするようにしましょう。

他のペットで要注意はフェレット、リス、アライグマ等の肉食や雑食の動物です。草食のウサギは直接的な害はないものの、小さな鳥は慣れるまで警戒するので当初は距離を置いてください。ハムスターは昼間は何の害もないようにみえますが、夜行性で雑食性なので直接触れることのないよう注意してください。またハムスター、プレーリードッグ等の輸入ペットは伝染病の病原菌の保有者であることも知られています。鳥と直接接触させず、鳥籠にも触れさせないようにしましょう。

カメやトカゲ等の爬虫類のなかにも肉食性の強いものがいます。ペット以外でも他の動物との接触はあります。屋外禽舎はもちろん、鳥籠を室内に出しておくと、スズメが周囲にこぼれた餌を食べにきます。場合によってはドバト、キジバト、カワラヒワ、メジロ、シジュウカラ、ヒヨドリ等もくるでしょう。

一見よろこぶべきことのように思われるかもしれませんが、飼い鳥と野鳥の直接・間接的接触は危険です。伝染病や寄生虫を運んでくるからです。同様にネズミも病原菌の運び屋です。鳥だけでなく、飼料を汚染されるので絶対に侵入されないようにしましょう。

ペットの鳥同士の交流にも注意は必要です。よく馴れたオウムやインコ、ブンチョウ等を籠の外で遊ばせるとき、繁殖中の鳥籠には近寄らせないことです。攻撃してくる鳥もいれば、縄張りを奪われたと思って繁殖を中止する鳥もいるからです。

中型以上のソフトビル、キュウカンチョウやガビチョウ類では小さなフィンチを食べようとするものや、巣を襲うものもいます。ボタンインコ類は排他性が強く、近くにきた鳥をすぐに攻撃するものも少なくありません。

人によく馴れているからと安心していても、それは人に対してだけであり、他の鳥には致命的な行動に出ることがあるのを知っておいてください。

手乗り同士が仲良く遊ぶという光景は理想的ですが、現実はかなり険悪な場合があります。多くの手乗りは人に育てられ、自分こそ飼い主の一番のお気に入りと信じて疑わないものが多いようです。そこで飼い主が不用意に他の鳥を可愛がる場面を見ると一番の座を奪われまいとしてその鳥に対して攻撃することがあります。それがインコ類であれば強力な嘴で致命傷を与えることも可能です。また一番の座を奪われたと感じた後は飼い主に対してよそよそしくなるものもいます。

ブンチョウは野生では群での生活が基本ですが、籠の中では排他的な面を見せます。気に入った場所は独り占めしたがり、他の鳥がくるのを追い払います。

室内に放したときにもこの性質は顕著に表れます。同時に育った仲間ならある程度の軽い争いで順位が決まりますが、新たに加えるとなると激しいケンカになることも珍しくありません。

繁殖形態

生物は自分の子孫をできるだけ多く残す、つまり繁殖を成功させることに全力を尽くしています。鳥の場合、飼養下でも適切な管理によってこの本能を満たすことができます。

特に飼い鳥化された鳥は、鳥籠や禽舎での繁殖が容易に行われる種が多く、また野生鳥でも彼らの要求をある程度満たすと繁殖します。

ただそれぞれの種がどういった繁殖方法なのか、克服すべき条件は何なのか、自分の飼養環境で可能なのか等、事前に知っておくべきことは多々あります。

基本的にはオスとメス一羽ずつの同居、つまりペア飼養が繁殖単位であり、飼い鳥化され普及している種の多くに当てはまります。またペア飼養より成功率が高い繁殖方法も少なからずあります。

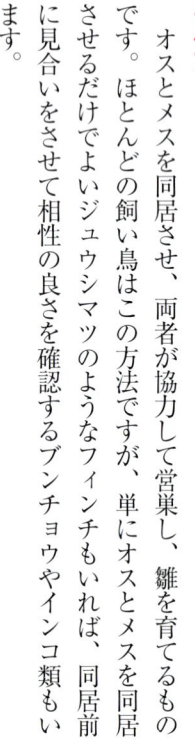

繁殖方法

◆ペア

オスとメスを同居させ、両者が協力して営巣し、雛を育てるものです。ほとんどの飼い鳥はこの方法ですが、単にオスとメスを同居させるだけでよいジュウシマツのようなフィンチもいれば、同居前に見合いをさせて相性の良さを確認するブンチョウやインコ類もあります。

一度ペアになると一生その縁は続くものだと思われるかもしれません。たしかに相性がよく、引き離すとお互いを呼び合う種は多いのですが、一シーズン限りでペアを解消して次のシーズンには別の相手を見つけてペアになる種もいます。

絆が強く一生添い遂げるのはインコ類やフィンチに多くみられます。逆にシーズンごとに相手を代えるのがコキンチョウやカナリアです。もちろん同じペアで一生続けることも可能ですし、飼養下では特に目的がない限り、繁殖に成功したペアは代えないほうがよいでしょう。

フィンチやインコでは常にペアを同居させておきます。もともと一羽飼いには不向きですし、彼らの絆も強まります。

一方、カナリアは繁殖期だけ同居させてもかまいません。特に鳴き声を楽しむためにはオス一羽のほうがよく鳴くからです。メスは数羽同居させてもよいでしょう。

◆一夫多妻

一羽のオスと数羽のメスで繁殖するものです。ハタオリドリの仲間やウズラの仲間がこれに当てはまります。場合によってはカナリアもこの方法をとることもあります。

一夫多妻の特徴は卵や雛の世話はメスだけで行い、オスはメスが産卵した時点で役割を終えるという点です。そのため、数羽のメスが巣を守り、子育てをすることができる広さが必要となります。鳥籠では難しく禽舎での繁殖がほとんどです。

カナリアの場合は一つの籠にメスを一羽ずつ入れ、一羽のオスをメスが産卵するまで同居させ、次の籠に移すという方法がとられます。この繁殖方法をとる種はオスがメスに強く求愛行動をします。メスが一羽だけの場合には卵を抱いていても交尾を迫り、まとわりついたりしてときには傷つけてしまうこともあるので、複数のメスがいなければ成功は難しいようです。

◆コロニー

ペアがいくつか集まって集団営巣して繁殖するものです。ハタオリドリやカエデチョウ科フィンチ、オキナインコが代表的です。ハタオリドリは一カ所に大集団で営巣するのでよく知られています。飼養下では大きな禽舎が必要で、同時に営巣場所となる樹木や草、遮蔽物もあるとよいでしょう。彼らは単独のペアより集団を組むことで繁殖行動を促進させていると考えられます。そのため単独ペアの繁殖はできなくはありませんが難しいでしょう。

◆托卵

自分では巣作りせず、他の鳥の巣に産卵し、子育てしてもらう方法です。カッコウやホトトギスがよく知られていますが、尾の長いテンニンチョウやホウオウジャクの仲間も托卵性です。この仲間は一夫多妻であり、卵を托す相手も種が限られているので、飼養下での繁殖は困難ですが、広い空間のある禽舎で草や木を多く植えた環境では成功例があります。人気のある種なので多く繁殖させたいものです。

◆仮母

飼養下では産卵はしても条件によっては抱卵も育雛もしないこともあります。そのため、産んだ卵を他の鳥に預けて育ててもらう人工的な方法です。飼い鳥化された繁殖の容易な種が仮母として使われます。ウズラ・シャコ類にはチャボやウコッケイ、カエデチョウ科フィ

繁殖形態

ジュウシマツやキンカチョウを母体とした雑種は繁殖能力がないにもかかわらず、繁殖行動をするものがいます。体力を消耗するだけのことなのですが鳥には理解できません。
また雑種を交配した結果生じた不妊鳥を野外に放してしまう無責任な飼い主もいます。悲しいことに、放された鳥はほとんど自活できず餓死するかカラスやネコの餌食になってしまいます。
このように雑種をつくるという行為は、不妊鳥を生み出したり無責任な行為を招くことにもなります。

美しさのためにつくられることもある雑種
（左：ミュール＝ゴシキヒワ×カナリア）
（右：ニッセイチョウ＝ヒノマルチョウ×ナンヨウセイコウチョウ）

ンチの虫食に頼らない種にはジュウシマツ、アトリ科やホオジロ科フィンチにはカナリア、小型のインコにはセキセイインコがそれぞれ代表的な仮母です。もちろん、同じ種で仮母に預ける場合もあります。しかし、仮母とあまりにも外見や習性の異なる種の場合は、仮母が雛を育てないこともあります。

通常、同時期に産卵した仮母に預けますが、ジュウシマツの場合は産卵していないペア、同性ペア、一羽だけでも可能で、なかにはの卵だけでなく、雛でも巣の中に入れると育ててくれる鳥もいて重宝されます。基本的には自ら抱卵・育雛しようとしない場合に仮母に預けるほうがよく、最初から仮母による繁殖を目指すのは望ましくありません。

雑種

鳥を飼うことに慣れ、繁殖も順調に進むと、種類の異なる鳥同士の交配、雑種づくりに興味をもつ人が出てきます。品種間交配と異なり、種間交配では雛は得られても色彩や模様は一定せず、成長しても繁殖能力を欠く場合が多くなるので行われないようにします。

長い飼い鳥の歴史のなかで種間交配に成功した例は、ほんのわずかです。雑種作出例は多いのですが、ほとんど繁殖能力をもたない（不妊性）もので、珍しさだけに価値があったのです。現在ではこの種間交配は批判の対象とされることが多いようです。

代表的な成功例は赤カナリアの作出です。カナリアには赤い色素がなく、再びカナリアのメスと交配してやっと赤いカナリアになったのです。ところが赤いカナリアをつくるために大量のショウジョウヒワが捕獲され、現在、野生のショウジョウヒワは絶滅寸前になるまでに減っています。

しかし、雑種第一世代はオスにしか繁殖能力がなく、それをカナリアのメスと交配して得た第二世代もやはりオスにしか繁殖能力がなく、再びカナリアのメスと交配してやっと赤いカナリアになったのです。ところが赤いカナリアをつくるために大量のショウジョウヒワが捕獲され、現在、野生のショウジョウヒワは絶滅寸前になるまでに減っています。

同じようにジュウシマツの改良のためにキンパラ類とジュウシマツの交配もされました。やはり得られた雑種にはオスにだけ繁殖能力があり、多くの不妊鳥をつくってしまいましたが、このジュウシマツとキンパラ類の交配は新しいジュウシマツの品種ができた現在では行われていません。

こうした目的をもった雑種づくりではなく、カエデチョウ科の鳥は協調性があるため、雑居させているうちに雑種ができてしまうことがよくあります。また繁殖期がなく条件さえ合えば繁殖可能になる種が多いのも、雑種が生まれやすい理由のひとつでしょう。

近縁種、特に同属内の雑種はオスかメスのどちらか（多くはオス）に繁殖能力があるので、新品種づくりをしてみようと思われるかもしれません。ただ前記のように繁殖能力のない多くの鳥を生み出すことになり、場合によっては純粋種を雑種化させてしまうこともあります。キエリクロボタンインコには多くの色変わりがあり、ルリゴシボタンインコとの交雑もあるため、現在、純粋の原種をみることが困難な状況です。

自然に、あるいは偶然に雑種ができてしまうのは雑居のためです。同種のオスとメスの数が一緒だからと安心していても、鳥は限られた空間では、他種であっても交尾しようとします。

特に発情したオスはその傾向が強く、禽舎に入れたキンカチョウとカノコスズメの1ペアずつがお互いに繁殖していながら、もう一方のメスに交尾をするという例もあります。繁殖可能な条件下ではなるべく近縁種との雑居は避けるほうがよいでしょう。

雑種のなかには美しい鳥もいて小鳥店で売られていることもあります。ヒノマルチョウとナンヨウセイコウチョウの交配では頭部が赤と青で彩られた鳥が産まれ、ニッセイチョウ（日青鳥）と呼ばれています（囲み枠写真参照）。キンカチョウとカノコスズメの交配ではモノトーンですが模様の美しい鳥が生まれます。前者はオスに繁殖能力がありますが、後者はどちらも不妊性です。

カナリアとヒワ類の雑種もときどき輸入されています。通常、雑種はハイブリッド「Hybrid」と呼ばれますが、カナリアの雑種だけはミュール「Mule」といわれます。

いずれも鑑賞目的で飼うのならよいのですが、繁殖は雑種同士では不可能に近く、一元の種との戻し交配で可能性が出てくる程度です。また色彩や模様も、世代が進むにつれて薄くなります。ヨーロッパでは、ミュールは美しく鑑賞性も高いのでつくられることがあります。

繁 殖

> コキンチョウ等のフィンチを繁殖させる際、あるいは単に飼養するだけにしても、寒い時期には保温が必要という人と日本の気候に慣らす意味でも不要という人に分かれます。
> どちらが正しいというのではなく、より良い方法を探る必要があります。保温をすると安全に繁殖ができます。保温なしで何世代も経た鳥はたしかに丈夫です。要は自分の飼い方に適した方法をとればよいのです。

設備の確認

繁殖をさせたいと思う場合、事前に設備が整っているか確認する必要があります。日本の野鳥のほとんどが、暖かくなった春に繁殖を始めます。餌となる昆虫や植物が成長・増加する時期だからです。ところが飼養される鳥のほとんどは外国産で、熱帯や亜熱帯原産です。日本とは季節のありかたも異なります。そこで彼らの繁殖に適した条件を整えるために準備しなければならないことが多々あります。

最初は温度管理です。カエデチョウ科フィンチの多くは、日本の秋から冬にかけて繁殖します。寒い時期の産卵は気候に慣れない鳥にとって大きな負担となり、死なせてしまうこともあります。日本で鳥化されたジュウシマツやブンチョウはそれほど神経質になる必要はありませんが、コキンチョウに代表されるような寒さを苦手とする種は最低温度を設定し、適温を維持できるようにしましょう。

繁殖が始まってからではなく、事前に温度管理設備（ヒーター等）を準備しておきます。インコ類やソフトビルの繁殖は春まで待つようにします。春から繁殖期になる種が多いからです。

次に繁殖に欠かせない巣の設置です。フィンチでは夜間寝るためにも使っている巣をそのまま繁殖用に使えます。最初は巣を警戒しますが、すぐに慣れて入るようになるはずです。それには設置場所を選ばなければなりません。通常、巣は籠の中の奥最上部に設置しますが、上部に隙間があるとそこに営巣しようとする鳥もいます。

またフィンチにツボ巣と決めつけないほうがよいでしょう。ツボ巣より皿巣や半開箱巣を好む種も多くいます。ツボ巣では彼らの営巣行動を満足させられないからだと思われます。特に野生フィンチやヨーロッパからの輸入鳥にその傾向があります。

繁殖をする前にしっかりと設備の確認をしますが、あわせて消毒を行い、繁殖中の無用な事故を防ぐようにします。害虫の発生防止や駆除には薬剤散布や吊り下げ等があります。繁殖用の籠とその周囲消毒には鳥を別の籠に移し、繁殖用の籠とその周囲、できれば室内全体（バードルームも同様）を徹底的に消毒しましょう。真夏に鳥籠を洗い、直射日光で完全に乾燥させるのもひとつの方法です。目立って害虫もいないという場合は何事もなかったのに、最カナリアの繁殖では開始時期の３月頃には消毒は必要です。盛期の５月頃にはワクモが発生するということがあります。繁殖前に消毒し、その後も適切な薬剤を散布しておけば安心です。

ソフトビルの籠での繁殖は非常に困難です。彼らはすべて野生の鳥を捕獲して輸入しているからで、人によく馴れていても繁殖習性は野生のままです。つまり、樹木の枝や茂みの中に自分で巣を作り、繁殖するのです。そんな彼らを繁殖させるには生きた木や草を植えた禽舎が必要となります。鳥の飼養と同様に植物の管理をする必要があります。

禽舎内に直接植えるより鉢植えを用意したほうが世話は容易です。枯れたときや弱ったときに同種の鉢植えと交換できるからです。鳥が営巣を始めたら鉢植えを動かしたりしてはいけません。枯れてもそのままにしておかないと途中で繁殖を中止してしまうことがよくあります。

繁殖開始後は籠の移動も禁物です。ジュウシマツやセキセイインコのなかには籠を移動しても平然と子育てを続ける鳥もいますが、彼らは完全な飼い鳥でそうしたことに慣れているのです。野生鳥や野性味の強い鳥は翌年までまったく繁殖しなくなるものもいます。

この籠の移動も繁殖前に考えておかなくてはなりません。それは冬の間、日光浴させるのに良い場所だと決めていても、春から夏にかけては直射日光が強すぎることがあるからです。繁殖期に鳥が過ごしやすい場所であることも大切なのです。

繁殖

ペアリング
左：セキセイインコ　右：ブンチョウ

> 何羽も雑居させているジュウシマツやブンチョウのなかからこれはと思った二羽を繁殖用の籠に移したとき、残された雑居籠にいる鳥と鳴き交わすことがあります。
> これは雑居籠のなかですでに仲良くなっていた場合が多いようです。このまま無視して繁殖をすることも可能ですが、鳴き交わしている鳥とペアにする方がより確実です。模様や色彩等、選択繁殖を考えている場合には雑居はしない方がよく、若鳥のうちからペア組みしておくとよいでしょう。

雌雄判別

オスとメスを同居させたのに産卵もせずに喧嘩ばかりしているということもあります。本当にオスとメスなのでしょうか。外見でオスとメスが異なる鳥なら間違いないでしょうが、同色の鳥も少なくありません。また季節によってオスの色彩が変わる種もいます。確実に判別したうえでペアを組みましょう。

小型のフィンチ、カエデチョウやキンパラ類は雌雄同色で判別の難しい種が多くいます。彼らを判別するには一羽ずつを見分ける必要があります。

雌雄どころか個体の判別など素人にできるものではないと思われるでしょう。そこで一羽ずつ脚にセルロイド製のカラーリングを入れるのです。全部を異なる色や柄のカラーリングにすると、一目でどの鳥か判別することができます。

フィンチのオスは環境に慣れるとすぐに囀りだします。首を伸ばした独特の姿勢ですが、声は小さくて聞き取りにくい場合もあります。このときにどの色の鳥が囀っているか脚のリングで区別できます。オスはこれで確実に判別できますが、なかには囀らないオスもいます。

そのときにはそれまで囀って判別できた鳥を別の籠に移します。そうすると今まで囀らなかったオスは囀るようになります。これは強いオスの前では弱いオスは囀らないので別々にして判別するのです。安価で何羽も購入できるフィンチならできる方法です。高価で雌雄判別の難しい種では購入先や専門家に判別してもらうほうが確実です。有料で羽毛による科学判定も行われています。

ペアリング

性別の判定が終わるといよいよオスとメスを同居させてペアリング、繁殖の開始です。常にペアで飼っている場合、ジュウシマツやセキセイインコのように自然に繁殖する飼い鳥もいますが、新規に入手した鳥や野性味の強い鳥ではいきなり同居させないほうがよく、見合いをして相性を確認してから同居させるようにします。フィンチはオスとメスなら仲良くなるのが普通ですが、ブンチョウのようにいきなり同居させると激しく争うもの、ヒノマルチョウのように一方が攻撃する場合もあります。

見合いは繁殖用の籠にメスを入れ、その前や隣にオスを入れた籠を置きます。相性が良ければすぐに鳴き交わし、お互い金網越しに相手をよく見ようとします。反対に相性が悪いと相手を脅すような声で攻撃姿勢をとることもあります。

見合い期間は早ければ三日、長くても一週間です。初めから相性が良いものや徐々に慣れて親しくなることが多く、一週間も見合いをすればお互い慣れてくることが多いようです。

ペアリングが難しいのは人によく馴れたオウムやインコです。特に手乗りで一羽飼いの期間が長かった鳥は同種でも怯えたり攻撃したりすることがあり、無理に近づけるとパニック状態になってしまいます。時間をかけてじっくり見合いさせるようにしましょう。ソフトビルでも小型のメジロやソウシチョウはすぐ仲良くなりますが、中型以上のガビチョウやコノハドリは殺傷力をもち、しかもオスは攻撃性が強いのでこの見合いは欠かせません。

営巣

ペアリングに成功するといよいよ繁殖が始まります。繁殖の容易な飼い鳥は特に問題ないのですが、彼らの行動には色々と注目すべき点がみられます。

繁殖期になるとオスは囀り、営巣場所を選ぼうとします。飼養下ではすでにツボ巣や皿巣、箱巣、あるいは植え込み等が与えられています。オスはそこにメスを導き、メスが気に入れば営巣が始まります。このとき、オスとメスが同時に発情していなければ成功しません。

オスは発情が早く、メスと同居させるとすぐにメスに向かって囀り交尾をしようとするものがいます。これに対してメスは繁殖環境が整ってから発情するのでオスより遅れるようになります。常にペアで飼っていればお互い同時に発情するようになりますが、新たなペアでは両者の発情を合わせる必要があります。そのために事前の見合い段階でメスを繁殖用の籠に入れて慣らすのです。さらに発情を促す発情飼料も与えます。多くの鳥は繁殖期になる

49　鳥の飼育大図鑑

繁殖

擬卵：左の3個はセキセイインコ用
真ん中の2個はカナリア用
右はチャボ用

検卵

検卵とは生まれた卵が雛になる受精卵かどうかを確認する作業です。抱卵開始後5日程度が適しています。

卵を日光や照明にかざして見ると内側に血管が走っているのを確認できます。これが有精卵（受精卵）です。まったく何もないか卵の黄身が透けて見えるのは無精卵です。抱卵しても雛にはなりません。

この検卵は専門的なブリーダーが雛数を多く取るために必要としますが、趣味で飼う場合には必要ないでしょう。

明らかに交尾して雌雄の仲も良いときにはほとんど有精卵が得られます。無精卵ばかりのときには原因をみつけて対策を立てましょう。

とそれまでより多種類の食料を要求し、特に昆虫等の動物性たんぱく質、発芽種子や新芽等の植物性たんぱく質を好んで食べます。こうして繁殖に向けて体調を整えるのです。日本では古くから同様に栄養価の高い飼料を別に与えます。フィンチにはアワ玉、カナリアにはゆで卵の黄身とパン粉を混ぜたものを使用してきました。

現在では両者ともエッグフードを与える人が増えています。インコやソフトビル、ハト、ウズラ類等ほとんどの鳥が食べるので利用価値は高く、栄養的にも優れています。

雌雄揃って発情すると営巣が始まります。フィンチやソフトビル、ハト類では両者が一緒に、カナリア等アトリ科ではメスだけで営巣します。

営巣行動で最も分かりやすいのが巣材はもちろん、籠の中にある紙くずや羽毛、草等を嘴にくわえて巣に運ぶことです。特にカナリアのメスに目立つ行動です。

カエデチョウ類ではオスが巣材をくわえてメスの周囲をチョウのようにヒラヒラ飛んだり、丸くボールのようになって飛んだりする華麗なディスプレイもみられます。

インコ類ではオスがメスに口移しで餌を与える行動がみられるようになります。

一方、野生鳥であるソフトビルはオスが営巣してメスを迎えるもの、メスだけで営巣するもの、協力し合って営巣するもの、托卵するもの等幅広い習性の違いがみられます。

営巣は早いもので三日程度、多くは一週間位かけて仕上げます。カエデチョウ類は毎日別の場所に営巣し、実際には一つしか使わないほかはダミー（擬似巣）であることが知られています。

ハト類は営巣というには粗末な、小枝を集めただけの下から空が見えるような巣ですが、それなりにこだわって作っています。

フィンチ、カナリア、ソフトビル等スズメ目の鳥の巣は二重構造です。外側は小枝や枯れ草等丈夫な材料を、内側は羽毛や獣毛、植物の繊維等細かく柔らかい材料と使い分けて営巣します。ツボ巣や皿巣は外側の巣材にあたり、パームや羽毛等で内側を仕上げます。メジロは乾いたミズゴケやパームをクモの巣を使って枝にぶら下げ、内側に羽毛や獣毛を使います。

産卵・抱卵

営巣が完了すると、巣の近くや巣の中で交尾が繰り返し行われます。メスは産卵前から長時間、巣の中で過ごすことが多くなります。ハトの仲間はペアで巣の中に並んでいるところが見られます。営巣完了してすぐ産卵する鳥もいれば、数日後に産卵する鳥もいます。産卵数の多い鳥は早く、少ない鳥は遅いようです。

産卵を確認したい気持ちは分かりますが、神経質になって、人に見られると繁殖を中止して巣を放棄することがあるので、巣を覗くのはやめましょう。

ただメスの様子には注意してください。特に寒い時期に初めて産卵する鳥は、卵詰まり（卵秘）といって卵が体内から出てこず、苦しんで死に至ることもあるからです。巣の外や縁、床で丸くなって苦しそうに目を閉じていればその可能性が高いと思われます。すぐ捕らえて小さな籠に移し30℃位に暖めます。籠の床にそれまでにない大きな糞が見られることもあります。これは産卵の証拠です。一日一卵ずつ産みます。

無事、卵が排出されるとすぐに元気を取り戻します。肛門から注入して卵を排出させる方法もありますが、慣れないと鳥体を傷つける可能性もあり、鳥専門の病院で診察してもらいましょう。

産卵は早朝が多く、ほとんど午前中ですが、人馴れした鳥は午後や夜間に産卵することもあります。

スズメ目、キジ目では毎日、大型では日をおいて2卵目を産みます。では小型のものも毎日、ハト類は一日おきに2卵、オウム目では小型のものは毎日、大型では日をおいて2卵目を産みます。産卵してもメスが巣に入らず外で遊んでいるので心配になるかもしれません。インコ類は最初の卵から抱卵するものがいますが、多くの鳥は一腹産み終わってから抱卵に入ります。

ハト類は卵を抱いて温めなければなりません。卵を抱いても安心はできません。この抱卵は条件が悪ければ放棄する鳥が多くいるのです。その条件とは静かで安心して抱卵に専念できるかどうかです。

第二章●飼養 50

繁殖

オカメインコの雛

> 🐦 無精卵の原因は雌雄の仲、止まり木や巣の位置、栄養状態、発情等さまざまです。雌雄が仲良くなければ交尾もなく受精することは不可能です。ときにはむりやり交尾をするオスもいます。
> 止まり木が不安定というのはカナリアの交尾がうまくいかない理由のひとつです。インコやフィンチでは問題ありません。産卵はするものの巣が気に入らないということで繁殖しないこともあります。
> 栄養不良は問題外、脂肪過多では交尾しても受精しないことがあります。

ジュウシマツ、セキセイインコ、ブンチョウ、カナリア、キンカチョウ等、飼い鳥は条件に関係なく抱卵する鳥が多いのですが、野性味の残る鳥や野生鳥は神経質なので抱卵する鳥は条件に気をつけましょう。安心して抱卵できる条件とは巣の中が見え外が見えないことです。ツボ巣の入り口が人から見えない、また巣の中から見える、抱卵中の鳥から籠の外が丸見え、皿巣が上から見える、抱卵中の鳥から籠の外が見える等によって、抱卵中止をしたり初めから抱卵しない鳥もいます。

コキンチョウのメスは、抱卵中にオスの姿が見えると巣から出て攻撃するものもいます。ハトやウズラの巣は丸見えですが、木の枝や草で少しでも隠れるような環境が必要です。

また巣の安定性も重要です。巣は鳥が止まった振動で揺れる程度ならよいのですが、中の卵が動くほどに不安定だと抱卵中止することも多く、卵を巣の外に放り出す鳥もいます。

抱卵はメスが中心です。カナリア等アトリ科フィンチやハタオリドリ類はメスだけで抱卵します。

ハト類は日中はオス、夜間はメスと役割分担するものもいますが、やはりメス中心です。ウズラはメスだけで抱卵して、オスは交尾後干渉しません。オスが熱心に抱卵するのはカエデチョウ科に多くみられます。

抱卵期間はフィンチの早いもので11日位、小型のハトも同様です。種によって異なりますがオウムでは28日位です。この間、オスの行動に注意してください。

抱卵中のメスにしつこく交尾を迫るものや、巣から追い立ててまで交尾しようとするオスがいます。カナリアやハタオリドリの仲間のようにオスが抱卵しない鳥に多くみられる行動で、発情が強いためです。本来なら多くのメスを相手にするところを一羽だけで欲求不満になっているのです。

メスだけで抱卵を続ける場合はオスを別居させますがメスも抱卵を中止するメスもいます。中止した場合はメスがいなくなると抱卵を中止するメスもいます。中止した場合はメスをやしてみるのもひとつの方法です。

抱卵中の野生鳥はエッグフードや昆虫がないと探し回り、自分の卵を食べてしまうこともあります。またジュウシマツ、ブンチョウ、カナリアを除いたコキンチョウやヒノマルチョウ等にはエッグフードを与えても悪影響はないようです。

孵化・育雛

順調に抱卵していればやがて孵化です。巣の中を見たいという気持ちはあるでしょうが見ないようにしましょう。ときに籠の床に卵の殻が落ちていて孵化を確認することができます。この卵殻の内側には血管が残っていることがあります。事故ではなく無事に孵化した証拠です。

抱卵日数によって孵化予定日は推測できます。ただ低温の日が続くと数日かかることもあります。

雛は一腹全部が同じ日に孵化する場合もありますが、産卵数が多いと数日かかることもあります。

インコやジュウシマツでは少々の孵化日の差なら難なく育てますが、カナリアは三日間の差ができると後から孵化した雛は育たなくなる可能性があります。そこで毎日産卵したら取り出し、擬卵と取り替え、最終卵を産んだ日にすべて元に戻して同日孵化させる方法をとる人もいます。

雛が孵化したときあるいはその予定日から養育飼料を与えます。フィンチやカナリアはエッグフード、アワ玉、ゆで卵とパン粉を混ぜたものと青菜が欠かせません。

フィンチでもカエデチョウやセイキチョウ等の野生鳥は小型の昆虫、アリマキや小さく柔らかな青虫、アリの卵や蛹、脱皮したばかりの白いミールワームが必要です。

色の濃いミールワームは皮が硬く好みません。バッタやコオロギ、カマキリの幼虫も良い飼料です。

ソフトビルは完全に昆虫だけで、孵化直後の雛を育てるものが少なくありません。

中型以上のものはカタツムリやナメクジといった軟体動物も好んで食べ、雛にも運びます。果物を好むものも多いので、やはり欠かさず与えるとよいでしょう。

インコは脂肪分の多いヒマワリや麻の実等を増量し、エッグフードはもちろん、果物やカステラ、ビスケット、牛乳に浸したパンもよい養育飼料になります。

ヒインコ類には果物、牛乳や蜂蜜に浸したパン、カステラ、昆虫が適しています。

※ 孵化した雛の成長は早く、鳴き声も初めは気づかないほど小さかったものが日に日に大きくなり、やがてけたたましいと感じるほどになります。
　オープンな巣のカナリアは観察が楽で、人目を気にしない親鳥が多く、成長を楽しみながら観察ができます。
　ジュウシマツとセキセイインコを除く箱巣やツボ巣のインコやフィンチでは、雛の観察はほとんど不可能で、子育ての邪魔にしかなりません。

ウズラ類はヒヨコ用の配合飼料を与えますが、小さな昆虫やエッグフードも効果的な養育飼料です。

特にイネ科の野草、その生穂はフィンチやインコが好み、栄養価も高いので、できる限り与えたいものです。穀物食の鳥は青菜が欠かせません。毎日与えるようにしましょう。

雌雄共同で育雛する種では雛の孵化と同時にオスは忙しくなります。親鳥は口移しで雛に餌を与えますが、一度自分で食べたものを吐き戻して与えるものと、捕らえた昆虫や果物をそのまま雛に与えるものがいます。フィンチやインコ、ハトが前者、多くのソフトビルが後者です。

昆虫を与える鳥のオスは孵化直後には、アリマキや5mmに満たない幼虫、クモ等の小さな昆虫を運び、徐々に雛が大きくなると大きな昆虫を与えるようになります。

また飼養下であまりに簡単に昆虫が得られると、捕食本能が小さな雛に向けられてしまい、雛を食べたり嘴にくわえてあちこち移動する親鳥もいます。

昆虫はただ与えるのではなく、探して見つけて捕らえるという経過が必要なのです。そのために草の束の中に半分隠すようにする、アリマキのついている草とついていない草を混ぜる、昆虫を入れる容器に草や土も混ぜる等の工夫もしてみましょう。

孵化してしばらくはメスが雛を抱き、オスが餌を運びます。その後メスも餌を運ぶようになります。雛が大きくなり、温め続ける必要がなくなるからです。

ただ季節によっては注意してください。冬の繁殖はメスが巣を離れる時間が長いと、雛が凍死することがあるからです。保温しない場合は、特にこの時期は要注意です。

巣の中の雛に羽毛が生え始めるとにぎやかになってきます。口を大きく開けて餌をねだるとき、種ごとに独特の声を出します。

それまで昆虫を多く与えていたフィンチでも、雛に羽毛が生え出すとあまり与えなくなります。虫食性のあるフィンチでは、雛は動物質飼料で基礎体力をつくり、植物質飼料を取り入れることによってさらに成長を続けます。

人工孵化・人工育雛

親鳥の産んだ卵を取り出して孵卵器に入れて孵化させ、その雛を人工的に育てる方法です。産業動物であるニワトリやウズラで行われてきた方法ですが、近年ペットの鳥でも行われ、特に産卵数の少ない方法では初めに産んだ一腹は人工孵化、二腹目は自育というように行われます。

増産するには良い方法ですが、産卵したものすべてを人工孵化にすると鳥自身で抱卵しなくなってしまいます。また雛の育て方も知らない鳥をつくり出すことにもつながります。ペットとして販売されるオウムの多くはこの人工孵化や人工育雛によるものです。

市販されている孵卵器にはニワトリ用が多く、ペット用はほとんどみかけません。原理は同じなので、温度、湿度、転卵装置等を確認して購入したほうがよいでしょう。

孵卵器を使う際はオウムであればウズラやキジの抱卵日数、適切な温度・湿度、転卵回数・頻度等をよく確認しておきます。またインコ、ハト、ソフトビル等にも孵卵器を使えます。もちろん小型のフィンチでも使用可能ですが、人工孵化させるならジュウシマツ仮母に預けるほうがよいでしょう。

孵化した雛は育雛器に入れます。ウズラやシャコのように、孵化後すぐに眼が開いて走り出す雛は、育雛器よりペットヒーターを使用するほうがよいでしょう。

現在、育雛用飼料が雛の成長段階に合わせて市販されています。必ず適合するものを与えましょう。

ソフトビルの雛は人工飼料だけで育てるのは困難です。孵化直後はゆで卵の黄身と小さな昆虫を与えます。羽毛が生えてきたら擂餌やペレットも一緒に与えますが、飛べるようになるまで、卵黄と昆虫は欠かせません。

人工育雛された雛は、なかなか自分で餌を食べようとしないことがあります。親鳥に育てられた同日齢の雛が自分で餌を食べているのに対して、人工育雛された雛は人に甘えて餌を食べさせてもらいたがり、飛ぼうとしないことがよくあります。これは巣立ちに相当する時期で、親鳥は雛に餌を与えず、巣から出てくるよう促し

繁殖

オオハナインコに人工給餌をする

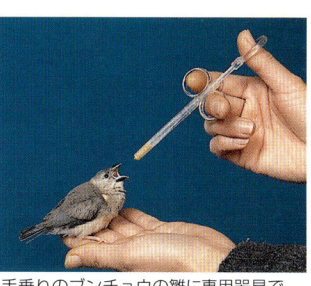

手乗りのブンチョウの雛に専用器具で餌を与える

巣立ちという言葉には2つの意味があります。1つは単に巣から飛び立つことを意味し、もう1つは親からの独立です。
　実は鳥のほとんどが前者です。巣立った後もしばらくは親から餌をもらうか庇護を受けているからです。孵化して親鳥の顔も見ずに自活できるのはキジ目ツカツクリ科の鳥だけです。

巣立ち

　雛が順調に育つといよいよ巣から出てくる巣立ちの時期です。ところがまだ飛べない状態で巣から出てしまうことがあります。野生では木や草の陰で親鳥から餌をもらいます。翼は成長していなくても、脚はすっかり丈夫になっている巣立ち前には、何かに驚いて巣から出てしまうことが自然界でもあります。この時期は巣に戻ることはできなくても、本能的に身を隠すことができます。
　ところが飼養下の狭い籠の中では、身を隠す場所がありません。容器に入り、出られなくなって死んでしまうこともあります。また夜間の冷え込みも巣に戻れない雛には致命的です。巣立ち前に出てしまった雛は必ず巣に戻しましょう。カナリアや近縁のヒワ類、ソフトビルのように皿巣型の巣で繁殖する種にこの巣立ち前の行動がみられます。
　一方、箱巣やツボ巣といった比較的安全な巣で育つインコやフィンチは、巣立ちと同時に相当飛ぶことができます。そのなかでもジュウシマツを除くキンパラ類は飛べない状態でも巣立ちます。彼らは脚の力がとても強く、垂直な植物の茎を伝って移動するのです。籠の中でも金網を上手に上り下りしている姿が見られます。雛が巣立ったときはうれしいものですが安心はできません。巣から飛び出したものの、まだ方向を定めて飛ぶということを知りません。金網や壁にぶつかって落ちてしまうことがよくあります。夕方、暗くなっても雛が戻って

いないときはそっと捕まえて巣に戻しましょう。一度戻してもすぐに飛び出すものと、別の雛が飛び出すこともあります。自力で戻れる雛はそっとしておき、戻れない雛だけ巣に戻して入り口を塞いで落ち着かせましょう。
　巣に戻れるかどうかの心配は巣立ち当日だけです。翌日には早くも自分で出たり入ったりできるほど活動的になります。しかし活動的といっても餌や水を理解することはできません。餌入れの中に入って座り込むものや、水浴び容器の中に入って冷えてしまうこともあるので要注意です。
　餌は相変わらず親鳥から口移しでもらい、巣立ち後一週間位から青菜をついばみ、アワやヒエも食べるようになります。
　ソフトビルは親鳥から昆虫を与えられますが、雛がよく止まる位置に擂餌、ペレット、エッグフードを置いてみましょう。少しずつ自分で食べるようになります。昆虫を食べるのは本能なので特に多く与える必要はありません。
　自分で餌を食べ、親鳥からは餌をもらわなくなるといよいよ独立の準備です。フィンチやインコ、ハト類ではこの時期に親鳥が雛を攻撃して追い出そうとします。籠の中から出ることができない雛は殺されてしまうこともあります。親鳥は二度目の繁殖のため、雛が邪魔になるのです。
　ジュウシマツやカナリアでは雛が巣立つと、すぐに次の産卵をする鳥もいます。巣立った雛をそのまま同居させておくと新たに産んだ卵を割ってしまったり糞で汚して、次の雛を育たなくしてしまうということもあります。
　雛が完全に自力で生活できるようになったら親鳥から分ける時期です。巣立ち時期の対策として行われるのが水入れの変更です。水浴び容器は日に一度水浴びをした後取り出しておきます。すると巣立ちした雛が水入れの中で出られなくなるという事故は防ぐことができます。
　飲み水は普段から小型の前掛け型の水入れに慣れていることが前提です。もちろんこの前掛け型の水入れは普段から使って鳥が慣れていることが前提です。雛が巣立つときに止まり木を増やすことは逆効果になります。方向性もない飛び方の雛には邪魔になるだけなので、止まり木の位置は今まで通りにしておきます。

繁殖

換羽期を迎えたコキンチョウの若鳥

若鳥の定義

若鳥の定義にはこれといったものはありません。羽毛の模様や色彩が親鳥と異なるものもいれば、まったく同じというものもいます。

いってみれば雛から成鳥になるまでの段階で、鳥が自活できるようになってから、成鳥羽になって繁殖可能になるまでということになるのでしょう。

しかしこの時期が重要なのはいうまでもなく、体力作り、種特有の行動の習得、警戒や威嚇行動等、覚えなくてはならないことがたくさんあるのです。

親分け

雛が成長し、親鳥の次の繁殖が始まる頃には別の籠に移しましょう。親子で仲良く生活するジュウシマツやセキセイインコではそのまま大家族で飼うこともできますが、多くの鳥は成長した雛を邪魔者扱いします。

雛を親鳥から分けるときにはまず自力で餌を食べることができ、餌入れや水入れを理解できていることを確認しましょう。そしてできれば親鳥に育てられた籠と同じものに移し、止まり木や餌入れ等も同じ配置にします。雛は環境が急変すると驚いて餌を食べなくなる場合があるからです。そこで育った籠と同じような環境を演出するのです。

逆に親鳥を別の籠に移す方法もありますが、これは飼い鳥化された鳥や順応性の高い鳥には可能ですが、それ以外の鳥では繁殖を終了させてしまいます。つづけて繁殖させる場合は雛を移動させることもあります。

親分けする際、雛の数によっては別の方法をとることもあります。雛が一羽だけのときには親鳥の籠と隣り合わせにしてお互いの姿が見えるようにし、同じ時期の同種の雛がいれば同居させるのです。元来、群居性なので単独にすると成長に悪影響が出ることもあるからです。

これはフィンチで効果のある方法です。

親分けした雛（若鳥）には親鳥に与えているのと同じものを与えます。フィンチやカナリア、インコ類なら配合飼料、エッグフード（アワ玉・ゆで卵）、青菜、ミネラル、野草の生穂、昆虫等です。この間に雛は十分な栄養を摂取して体ができあがり、若鳥へと成長します。

親分けをして次の若鳥の段階に入るまでの期間は短く、カナリアやフィンチでは一カ月程度です。これはいきなり大型籠や禽舎に移すより飼料に慣れ、よく食べて基礎体力がつくまでの間です。この間、雛に強弱ができ、体力に差ができることもあります。しかし若鳥段階で挽回可能なので、この時期は親の庇護なしで生きていくことに専念させましょう。徐々に尾が伸び体形も引き締まってきます。動作は機敏になり早いものはグゼリ（囀りの練習）を始めるものもいます。この時期で一番気をつけなくてはならないのが逃亡です。餌や水の交換時に素早く逃げ出すことがあります。

若鳥から成鳥へ

若鳥といっても、まだ巣立った頃と比較しても尾が長くなり動作が素早くなる程度で、羽毛は変わりません。

自然界では親鳥から独立した若鳥は集団で行動するものが多く、行動範囲も広く最も活発な時期です。つまり基礎体力作りの時期にあたり、飛翔力をつけ、俊敏さも身につけることで成鳥の体になるこの若鳥をできればさらに広い大型籠や禽舎に放して十分に運動させることが大切です。

特に野生鳥の繁殖の場合には、若鳥の時期に体力作りのための運動ができた鳥とできなかった鳥では、その後の繁殖成績にも大きく影響します。

広い籠や禽舎での若鳥たちの行動は興味深いものです。成鳥にはみられないような飛翔や遊びが多くみられます。ジュウシマツやコキンチョウのようにおとなしく感じるフィンチでも、この時期の若鳥は活発に動き回ります。空中での宙返り、止まり木から片脚だけで止まる、野草の穂を飛びながら食べる等、野鳥のような行動が多くみられるのです。

こうした活発な時期はとても生意気な時期でもあり、危険に対する警戒心が乏しいのも特徴です。ネコや大きな鳥を見ると一度は逃げますが、相手が何もしないと近くに寄っていったりします。とても好奇心の旺盛な時期であり、間近で何が危険かを知る頃といってもよいでしょう。飼養下でもそうした危険がないわけではなく、金網越しにネコの毛を引っ張り、逆に爪で捕らえられるようなことも起こります。

この若鳥を広い場所で運動させる期間は、彼らが繁殖期を迎えるまでとします。もちろんそのまま飼養していてもよく、その後は飼い主の目的によって対応します。

種によっては生後二カ月位から羽毛が生え変わり、成鳥羽へと換羽します。なかには二年以上経ってから成鳥羽になるものもいます。成鳥羽になってもすぐに繁殖させるのではなく、適する時期がくるまでは十分に運動させておいたほうが良い結果が得られます。

繁殖

繁殖

キンカチョウやセキセイインコは何回でも続けて繁殖します。その理由は原産地での原種の行動から推測できます。彼らは繁殖可能な環境、つまり水と食物が確保できれば繁殖します。繁殖ができない状況とは水が枯れたり、餌となる種子がなくなることを意味します。

乾燥と気まぐれな雨が交互に訪れるオーストラリア内陸部では決まった季節など存在せず、条件さえ合えば繁殖を始めます。

その習性が飼養下でも残り、常に餌と水のある繁殖可能な条件で飼われているため、年中繁殖するのです。

繁殖回数と条件

小型のフィンチ、カエデチョウ類は換羽期以外、年中繁殖しようとします。特にキンカチョウは換羽期以外、年中繁殖しようとします。逆にオウムや中型以上のソフトビルは、年に一回しか繁殖しない種が多くみられます。

多くの雛を得るのが目的のブリーダーなら、可能な範囲でできるだけ何度も繁殖させようとします。それには産卵したら取り出して通常より多く産卵させ、雛数の少ない巣は一緒にして、片方の巣で次の繁殖をさせるのです。

しかし本書では自然に繁殖することを前提としているので、親鳥自身に無理のない繁殖回数をお勧めします。

ジュウシマツ、キンカチョウ、セキセイインコ、ブンチョウ等は換羽期を除いて、年中いつでも繁殖可能です。そこで親鳥が産卵したら一回目の始まりとして何回までさせるかが問題となります。多くの雛を得ようとは思わない、一度繁殖すればよいというのなら、最初の雛の親分けをせず同居を続けるのもひとつの方法です。

ただジュウシマツ以外は雛を激しく攻撃して殺してしまうこともあります。それを防ぐには巣を撤去することです。

それでもキンカチョウとブンチョウは次の繁殖をしようと雛を攻撃するので親分けをしますが、環境の異なる籠に親鳥を移します。また温和なハト類（ウスユキバト、ジュズカケバト等）と同居させる方法もあります。仲良く生活し繁殖はしなくなります。

親分けする前に産卵していたという場合は対応が大きく異なります。繁殖を続ける場合とと中止したい場合では対応が大きく異なります。産卵が始まったばかりで一卵か二卵だけならそのままにしておいてもよいでしょう。抱卵開始してしばらくすると、親鳥が抱卵しているときはなるべく早く親分けする必要があります。また5個位の卵があり、親鳥が抱卵しているときはなるべく早く親分けする必要があります。

雛が自分で餌を食べることができていれば思い切って親分けしてみましょう。そのとき、オス親も一緒に移します。日中は雛とオス親を同居させ、夕方にオス親を元の籠に戻すのです。雛は三日程度で完全に独立できるようになり、オス親を毎日移動

させる必要はなくなります。

抱卵中に親分けをするのは雛が卵を糞で汚し、ときには割ってしまい孵化しなくなるからです。親分け前に巣を新しいものと交換する方法もあります。親鳥は巣作りから繁殖を始めるので、雛が独立するのと産卵がほぼ同時になるため好都合です。

親分けを中止する場合は環境を変化させることが効果的です。親分けで親鳥を別の籠に移すか、親子同居の家族群にするとジュウシマツ等の温和なフィンチは、親子同居の家族群にすると繁殖しなくなります。キンカチョウやブンチョウのように狭い籠での同居が困難な種は、親鳥を別の籠に移すほうがよいでしょう。繁殖を中止したいのに産卵していたとき、思い切って卵も捨ててしまうことができれば簡単です。抱卵が始まっていて有精卵であるときに捨てることができるかどうかは飼い主次第です。

年中繁殖する種は限られていて、多くの鳥には繁殖期があります。カナリアやソフトビルは春から初夏、インコやオウムも同時期です。体の小さな鳥はこの期間中に2〜3回、オウム等の大きな鳥は1回繁殖します。

繁殖は体力をかなり消耗します。親鳥の体力を考えて繁殖回数を制限する必要がある鳥は、年中繁殖する小型のフィンチやインコ、ハト、ウズラ類です。

また健康でない親鳥に無理に繁殖させると、得られた雛も健康でない場合があります。適正な繁殖回数というものを知っておく必要があります。

連続して繁殖する種で産卵数の多いフィンチやインコは、3回程度で中止して休ませるほうがよいと思われます。温暖な春と秋に3回ずつ繁殖しても年6回です。これでは多すぎるといわざるを得ません。春か秋、どちらかを休ませるべきでしょう。

カナリアやヒワ類でも早春から夏までの半年間で4回は可能ですが、3回以内にしておくほうが長生きします。

キンカチョウやカナリアでは一度繁殖を始めると何度も繰り返す鳥がいます。鳥の好きなようにさせたほうがよいと思われるかもしれませんが、4回目以降に体力が落ちて卵や雛を抱いたまま死んでしまうことも珍しくありません。健康でいる間に中止させる決断が必要になります。

第三章 種別解説

主な鳥の分布図

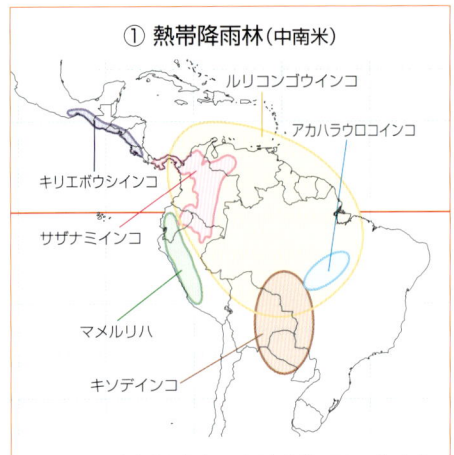

① 熱帯降雨林（中南米）

- ルリコンゴウインコ
- アカハラウロコインコ
- キリエボウシインコ
- サザナミインコ
- マメルリハ
- キソデインコ

メキシコ中東部から南アメリカ北部、アマゾンにかけて広く降雨林が続き、高木の樹冠部にはさまざまなインコ・オウム類が生息します。コンゴウインコ類は中央アメリカからアンデス山脈東部（アマゾン）にかけて広い分布域をもち、数種が同じ範囲に生息します。またアマゾン川の南北でも環境が異なるため生息する種は変わります。アンデス山脈西部は太平洋に面しているため厳しい環境になります。

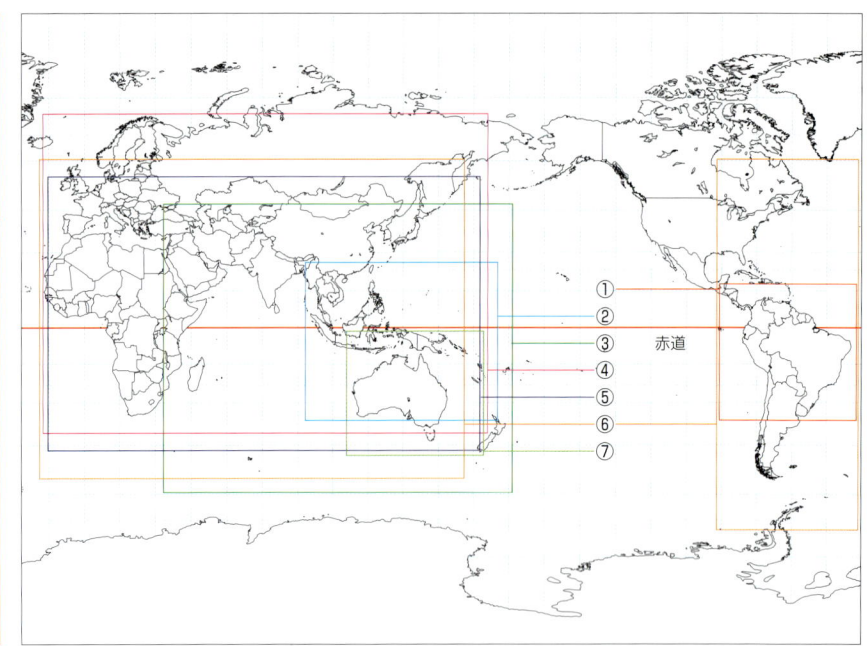

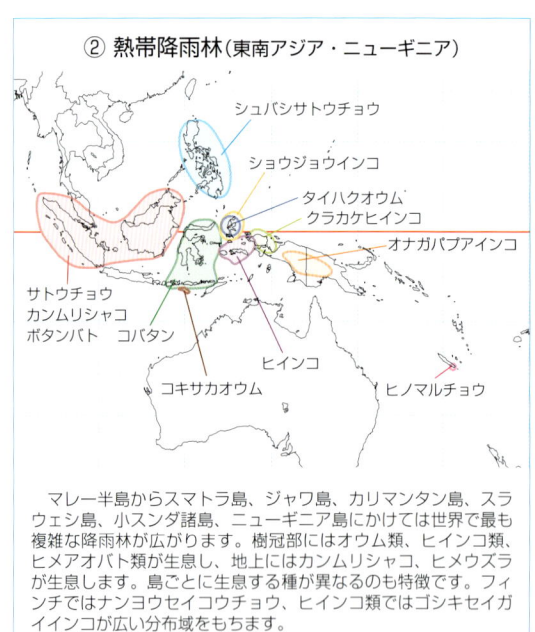

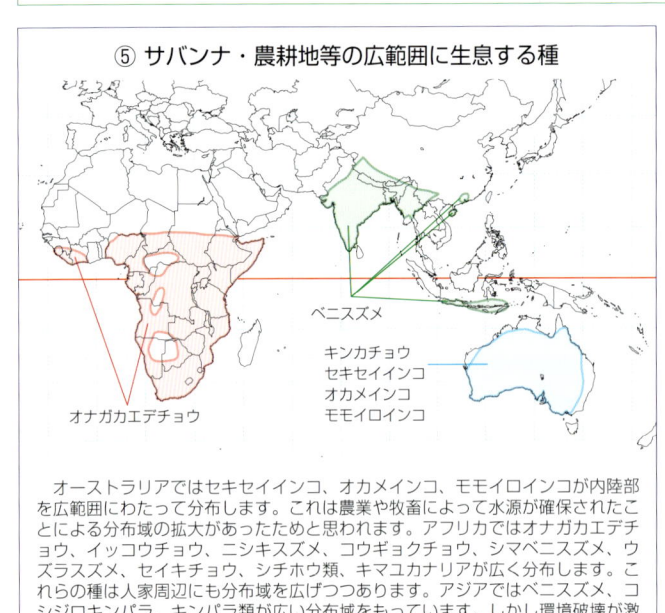

（世界地図に①～⑦の分布範囲、赤道）

③ 常緑広葉樹林

- ソウシチョウ
- ズグロウタイチメドリ
- アカオガビチョウ
- カンムリチメドリ
- キムネムクドリ
- キュウカンチョウ
- キクユメジロ
- キガシラアオハシインコ

熱帯から温帯にかけて広がります。アジアではチメドリ類、ムクドリ類、ガビチョウ類がヒマラヤ周辺からインドシナにかけて多く分布し、アフリカでは山岳部にメジロ類が分布します。ハイバラメジロはインドから東南アジアまで広く分布します。

② 熱帯降雨林（東南アジア・ニューギニア）

- シュバシサトウチョウ
- ショウジョウインコ
- タイハクオウム
- クラカケヒインコ
- オナガバタアインコ
- サトウチョウ
- カンムリシャコ
- ボタンバト
- コバタン
- ヒインコ
- コキサカオウム
- ヒノマルチョウ

マレー半島からスマトラ島、ジャワ島、カリマンタン島、スラウェシ島、小スンダ諸島、ニューギニア島にかけては世界で最も複雑な降雨林が広がります。樹冠部にはオウム類、ヒインコ類、ヒメアオバト類が生息し、地上にはカンムリシャコ、ヒメウズラが生息します。島ごとに生息する種が異なるのも特徴です。フィンチではナンヨウセイコウチョウ、ヒインコ類ではゴシキセイガイインコが広い分布域をもちます。

⑤ サバンナ・農耕地等の広範囲に生息する種

- イッコウチョウ
- ニシキスズメ
- コウギョクチョウ
- シマベニスズメ
- ウズラスズメ
- セイキチョウ
- シチホウ類
- キマユカナリア
- ベニスズメ
- キンカチョウ
- セキセイインコ
- オカメインコ
- モモイロインコ
- オナガカエデチョウ

オーストラリアではセキセイインコ、オカメインコ、モモイロインコが内陸部を広範囲にわたって分布します。これは農業や牧畜によって水源が確保されたことによる分布域の拡大があったためと思われます。アフリカではオナガカエデチョウ、イッコウチョウ、ニシキスズメ、コウギョクチョウ、シマベニスズメ、ウズラスズメ、セイキチョウ、シチホウ類、キマユカナリアが広く分布します。これらの種は人家周辺にも分布域を広げつつあります。アジアではベニスズメ、コシジロキンパラ、キンパラ類が広い分布域をもっています。しかし環境破壊が激しいため生息範囲は狭まりつつあります。

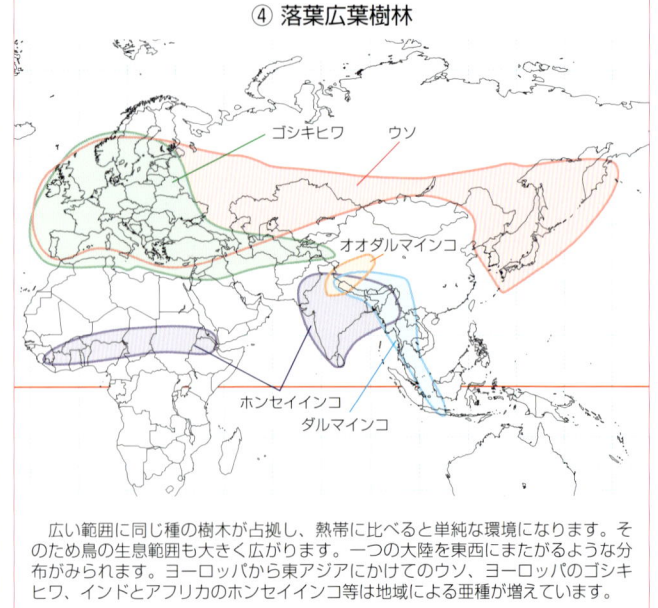

④ 落葉広葉樹林

- ゴシキヒワ
- ウソ
- オオダルマインコ
- ホンセイインコ
- ダルマインコ

広い範囲に同じ種の樹木が占拠し、熱帯に比べると単純な環境になります。そのため鳥の生息範囲も大きく広がります。一つの大陸を東西にまたがるような分布がみられます。ヨーロッパから東アジアにかけてのウソ、ヨーロッパのゴシキヒワ、インドとアフリカのホンセイインコ等は地域による亜種が増えています。

第三章●種別解説

主な鳥の分布図 / 鳥の部位の名称

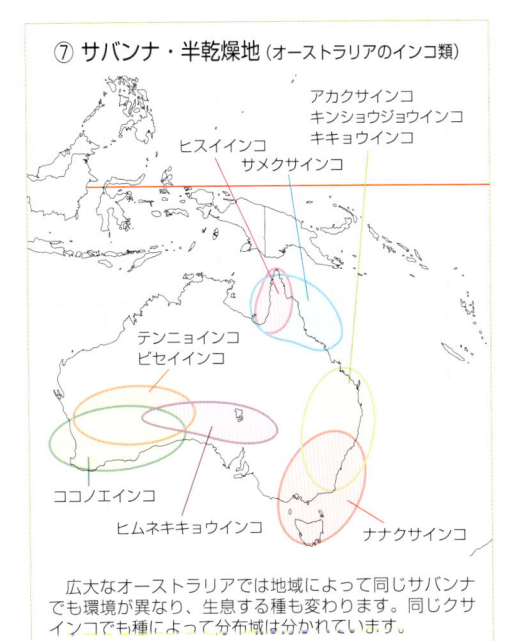

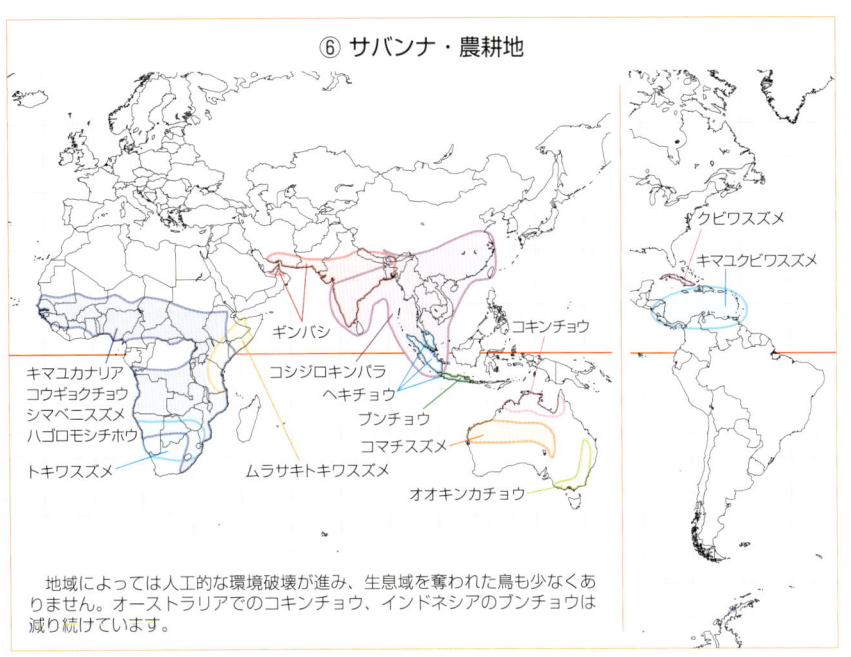

⑦ サバンナ・半乾燥地（オーストラリアのインコ類）

アカクサインコ
キンショウジョウインコ
キキョウインコ
ヒスイインコ
サメクサインコ
テンニョインコ
ビセイインコ
ココノエインコ
ヒムネキキョウインコ
ナナクサインコ

広大なオーストラリアでは地域によって同じサバンナでも環境が異なり、生息する種も変わります。同じクサインコでも種によって分布域は分かれています。

⑥ サバンナ・農耕地

キマユカナリア
コウギョクチョウ
シマペニスズメ
ハゴロモシチホウ
トキワスズメ
ギンパシ
コシジロキンパラ
ヘキチョウ
ブンチョウ
コマチスズメ
ムラサキトキワスズメ
オオキンカチョウ
コキンチョウ
クビワスズメ
キマユクビワスズメ

地域によっては人工的な環境破壊が進み、生息域を奪われた鳥も少なくありません。オーストラリアでのコキンチョウ、インドネシアのブンチョウは減り続けています。

鳥の部位の名称

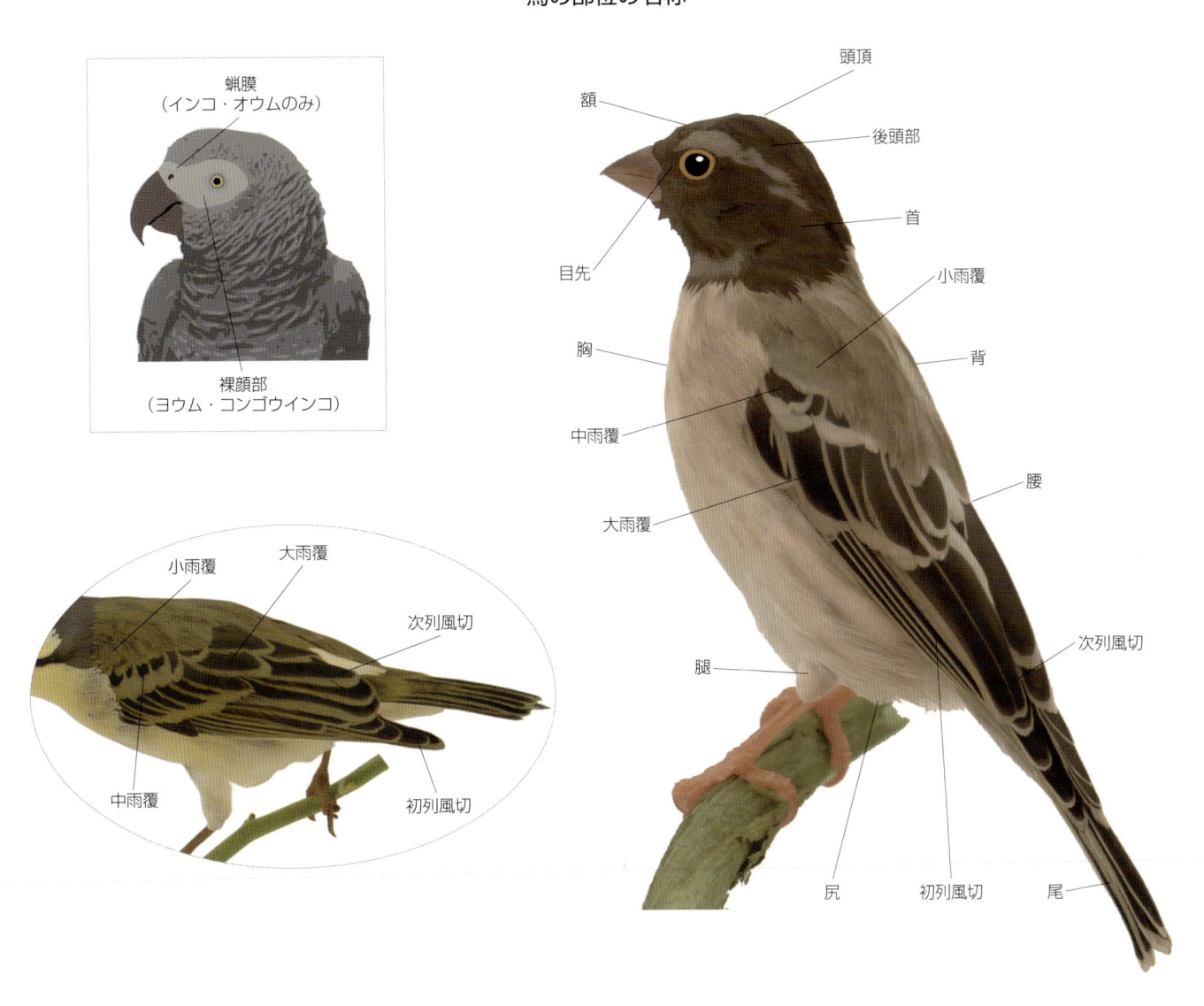

蝋膜（インコ・オウムのみ）
裸顔部（ヨウム・コンゴウインコ）

額
頭頂
後頭部
目先
首
胸
小雨覆
中雨覆
背
大雨覆
腰
腿
次列風切
尻
初列風切
尾

小雨覆
大雨覆
次列風切
中雨覆
初列風切

59　鳥の飼育大図鑑

ジュウシマツ　Finch

ジュウシマツ
十姉妹
Bengalese Finch

Lonchura striata var. *domestica*　スズメ目カエデチョウ科キンパラ亜科キンパラ属コシジロキンパラ亜属

原産地：中国南部原産のコシジロキンパラ（*Lonchura striata swinhoei*）から日本で改良
住環境：原種は開けた草原や林縁部に群れで生息（一羽飼いよりペアか家族群で飼う方がよい）
大きさ：11cm（品評会用は13cm）
飼　料：フィンチ用配合、青菜、ミネラル
性　別：外見での判別困難。オスは囀る
籠　　：35cm角以上。ツボ巣を常備

▲1990年代にヨーロッパから輸入されているハイブリッド系ジュウシマツ（ヨーロッパジュウシマツ）

　日本では最も親しみのある飼い鳥です。1700年代初頭に中国を経て輸入された原種、あるいは飼い鳥化された原種を改良したわが国の誇る飼い鳥です。ただ原種とされるコシジロキンパラだけでなく、別亜種や近縁の鳥との交配もあったと思われます。つまり野生にはジュウシマツという種は存在しないということです。
　近年はヨーロッパで品評会用の大型ジュウシマツも作出されています。日本で作出された飼い鳥なので一般家庭での飼養に適していて、最も繁殖の容易な鳥です。

▲全身が白い白ジュウシマツ。清楚な感じで高評価をされている

第三章●種別解説

Finch　ジュウシマツ

●品種●

　原種と同じ模様のものをセルフと呼びます。黒系、茶系、薄茶系等の色変わりがあります。

　セルフに白い羽毛が混じったものを並、並からさらに白い羽毛が増え、頭や背中の一部に模様が残ったものを小斑と呼び、頭部や背中、胸の羽毛が逆立ったものを芸物と総称します。

　頭頂が逆立ったものは梵天、胸が逆立ったものは千代田、梵天で首の周囲が逆立ったものは大納言と呼びます。大納言の腹部が逆立ったものはキングと呼ばれます。

　近年、ヨーロッパでジュウシマツにキンパラ類を交配し新しい模様で大型のジュウシマツが作出されました。胸から腹にかけての模様がくっきりとしてV字形になりみごとです。わが国でも全身銀灰色で、胸に水玉模様のあるパールという品種が作出されました。

▲頭部の羽毛が花びらのようになった梵天

▲頭部、首、胸の羽毛が逆立った大納言

▶胸の羽毛が逆立った千代田

ジュウシマツ　Finch

▲ セルフブラックグレー

▲ アルビノ

▲ 日本で作出されたパール

▲ イノー

▲ 小斑

▲ フォーン系

▲ 手乗りジュウシマツ

▲ 白大納言

第三章●種別解説　62

Finch ジュウシマツ

◀ハイブリッド系　大型（13cm）で腹部の模様が鮮明

▶イノー　目は色素を失い赤くなる。特徴的な淡い褐色をしている

繁殖

籠にペアを入れ、ツボ巣を設置するだけで繁殖可能です。パーム等巣材と発情飼料を与えると営巣を始めます。4～6卵産み、13日の抱卵後孵化、23～25日で巣立ち、その後10日位で独立可能です。エッグフードやアワ玉、青菜は欠かせません。

季節に関係なく繁殖しますが、春と秋に限定した方がよいでしょう。1つの籠に多数飼っても争うことなく温和に生活します。ただ広い禽舎に放しても同じ巣に多数が入り、繁殖はなかなか思うようにはなりません。繁殖はペア単位にすると確実です。

① ジュウシマツの巣と卵

② 孵化二日目の雛。目は開いていないが、赤目はこの時点で判明する

③ 孵化15～16日目の雛。巣の中や入口に向けて糞をするので汚れる

④ 親鳥と孵化20日目の雛。巣は雛が巣立つと同時に交換する

ブンチョウ Finch

ブンチョウ
文 鳥
Java Sparrow

Lonchura oryzivora カエデチョウ科キンパラ亜科キンパラ属ブンチョウ亜属
*Padda oryzivora*はブンチョウ属とした場合（現在はキンパラ属に分類されている）

▲ 左から　白、アルビノ、サクラ、シナモン

原産地：インドネシア（ジャワ・バリ島）。世界各地に移入されているが、原産地では減少している
住環境：開けた土地や生息耕地、水田周辺に多い（米の害鳥であり、学名、英名ともに米に由来する）
大きさ：14cm
飼　料：フィンチ用配合、青菜、ミネラル、青米を少量与えるのもよい
性　別：雌雄同色で判別困難。オスは囀る。嘴の盛り上がりはオスが大きく、目の周囲の色もオスは濃いが慣れないと難しい
籠　　：45cm角以上。ツボ巣、箱巣どちらかを入れておく

カエデチョウ科のフィンチとして最大級の大きさです。他の鳥に対してやや攻撃的なので、狭い籠での多数飼養や雑居は不向きです。江戸時代初期にはすでに輸入されて、後に繁殖もされるようになったフィンチとして最も古い歴史をもつ飼い鳥です。

日本で飼い鳥化されただけに無理なく飼える代表種です。手乗りブンチョウは高い人気を維持していて家族の一員になってくれます。ときどき狭い籠で飼われているのを見かけますが、鳥体が大きいので、できるだけ広い籠で飼うようにしましょう。

●品種●

羽彩のはっきりした原種、純白、原種に白い羽毛が散るサクラが有名です。最近は全身に白い羽毛が散ったパイドも見かけるようになりました。茶系にはフォーンがありますが、シナモン、イザベル等呼び名がいくつかあります。パステル系では銀灰色のシルバーが人気です。色彩に濃淡があります。クリーム系は茶色が薄く白い胸が特徴的です。ノーマル系ではアゲイト、ブルー等がヨーロッパで作出されています。

▲ 原種（ノーマル）

第三章●種別解説　64

Finch　ブンチョウ／チモールブンチョウ

繁殖　夏と換羽期以外可能です。生後6ヵ月以上の換羽終了した若鳥が理想的です。ときに相性の悪い鳥がいるので見合をさせます。相性が合えば籠に同居させます。このとき、ツボ巣育ちか箱巣育ちか確認します。自分の育った巣にこだわる鳥がいるからです。ツボ巣は大型のものを使います。鳥体が大きいというだけでなく産卵数も多いからです。

簡単に繁殖するペアもいれば、神経質で途中で失敗するペアもいるので、最初は慎重に対応しましょう。5～8卵産み、16日で孵化、25日位で巣立ちます。ボレー粉等ミネラルを切らさないことが大切です。

手乗り：孵化後15日位の雛を巣から取り出して人工給餌で育てましょう。このときはまだ籠ではなく小さなプラケースか枡籠に入れ、千切った新聞紙やペット用床材を敷きます。寒い時期は保温が必要で、25～30℃に保ちます。また乾燥しすぎないように湿度も75%程度を保ちます。

2～3時間おきに給餌しますが、雛を手の平に乗せて餌を与えるとより馴れます。栄養バランスを考えて雛用の餌を与えます。飛べるようになり自分で餌を食べるようになったら籠に移動します。毎日遊ぶ時間を決めておきましょう。鳥の好きなようにさせると籠に入らなくなることもあります。

① 抱卵中の白ブンチョウ（オス）
② 孵化5日目の白ブンチョウの雛 
③ 抱卵しているのはオス。巣の外にいるのはメス 
④ 雌雄一緒に巣の中にいても抱卵するのは一羽のみ（左がオス） 

チモールブンチョウ
チモール文鳥
Timor Dusky Sparrow

Lonchura fuscata　カエデチョウ科キンパラ属ブンチョウ亜属
Padda fuscata　ブンチョウ属とする場合の学名

原産地：インドネシア（チモール島と属島）
住環境：低地の茂み、草原、塩層地、水田周辺には特に多く、単独あるいはペアか家族群で行動　ときにベニスズメと混群をつくり、主に小粒の種子を好む。米やアザミの種子も食べる
大きさ：13cm
飼料：フィンチ用配合にアワ、パニカムを加えたもの　青菜、ミネラル
性別：雌雄同色。科学判定が確実
籠：ペアで35cm角

繁殖　順化すれば上記の籠で繁殖可能です。できれば60cm角以上にします。ツボ巣、箱巣どちらでもかまいません。エッグフードやアワ玉も効果的です。イネ科の穂の完熟前のものも良い養育飼料です。

ブンチョウとは別種でありながら名前ゆえにブンチョウ扱いされている種です。たしかに同じ属で配色も似ていますが、原産地も異なり習性にも違いがあります。

初めて野生の鳥が輸入された1980年代には高価ながら愛好家が買い求めましたが、そのあまりに野性的な性質に戸惑い、飼養の基本である順化がうまくいかず、人馴れしない鳥として一気に人気は下降しました。このことはブンチョウ扱いされたがために起こった不幸です。

人馴れすると落着いた温和な性質で繁殖も難しくありません。

順化は人馴れさせることが重要ですが、常に人が視野に入っている程度で十分です。あまりに近づきすぎるとストレスで弱ってしまう鳥もいます。静かに見守るように飼うと順化には時間がかかりますが、鳥には負担がありません。

順化には最低2年はかかります。またブンチョウと交配可能ですが、雑種はメスに妊性がなく、交雑させないよう注意しましょう。

コキンチョウ
胡錦鳥
Gouldian Finch
Chloebia gouldiae　スズメ目カエデチョウ科カエデチョウ亜科コキンチョウ属

●品種●

色変わりは黄色系と青系とがあります。背部の緑色から青色色素が欠けると黄色になり、黄色色素が欠けると青色になります。胸の色も原種の紫のほかに白、青、藤色等があります。頭、背、胸の色の組み合わせが美しく、淡色化（パステル）したものも人気があります。

品評会目的であればペア単位の繁殖で色彩系統を重視しますが、品種にとらわれない禽舎でのコロニー繁殖もおもしろいでしょう。

繁殖

一般に秋から春までですが、夏前に入手し、広い籠か禽舎で十分運動させてから繁殖させます。ペアを繁殖用の籠に入れ、ツボ巣か箱巣を設置します。抱卵中のメスは神経質で、巣の中から外のオスが見えると激しく攻撃するものがいるので、巣の中から外が見えないように工夫します。巣材と発情飼料を与えましょう。

発情したメスは嘴が黒くなります。通常だと5卵程産み、13日の抱卵期間で孵化します。雛の嘴の基部にはダイヤと呼ばれる光る突起があり、暗い巣の中での給餌を助ける役割があるといわれています。ダイヤはカエデチョウ科カエデチョウ亜科の一部グループの特徴です。25日位で巣立ち、後15日程で親分け可能になります。親鳥がエッグフードやアワ玉をよく食べると育ちもよくなります。

飼養下では昆虫を与えても食べない鳥が多く、動物性たんぱく質にはこれらの養育飼料が必要です。孵化後3〜6ヵ月で成鳥羽に換羽します。自分で抱卵・育雛しない場合はジュウシマツ仮母に預けます。また地震があると抱卵・育雛を放棄することもあり、そのときもジュウシマツに預けます。

原産地：オーストラリア北部の亜熱帯地域
住環境：草原と疎林が混在した水辺に生息
　　　　原産地では生息域が牧場に開発され減少している。またその減少の一因は喉から肺に影響を与えるダニのせいではないかといわれている。現在は野生のコキンチョウを輸入することはできない。高温多湿を好む
大きさ：10cm。中央尾羽が長くなる
飼　料：フィンチ用配合、青菜、ミネラル、アワ穂
性　別：オスは派手な原色、メスは同色だが鈍い色彩
籠　　：鑑賞用でも45cm角は必要。繁殖用には同じものか60cm幅あるとよい。繁殖以外は巣を必要としない

飼い鳥のなかでも最も美しいといわれている鳥です。以前は弱い鳥の代表でしたが、現在では丈夫になり、室内であれば無加温でも越冬可能です。しかし保温設備があればより安心して飼うことができます。

またジュウシマツ仮母に預けなくても自ら抱卵・育雛する鳥が増えてきたので、大変飼いやすくなったといえます。

品評会に出品する楽しみもある鳥で、マニアに人気の高いのも納得できるでしょう。この鳥は色彩のはっきりした活発で尾の長いオス、やはり活発で体が大きく締まっているメスを選ぶことです。

頭の色が黒、赤、橙色の三色に分かれています。野生では黒75%赤25%で、橙色は0.1%に満たないのですが、飼養下では大差ありません。雑居には不向きで、コキンチョウだけを大型籠や禽舎に放して飼うととてもきれいです。

Finch　コキンチョウ

▶原種（ノーマル）　上から黒頭（オス）、赤頭（オス）、橙色頭（オス）、黒頭（メス）

▲黒頭シングルファクター（オス）。後頭部から喉にかけての黒い環が淡い色変わり

▲左から赤頭白胸（メス）、黒頭白胸（オス）、赤頭ノーマル（オス）、赤頭白胸（オス）

67　鳥の飼育大図鑑

コキンチョウ　Finch

▲ イエローパステル白胸

色変わり

　シングルファクターとダブルファクターをかけあわせて色変わりをつくるときには注意しましょう。この交配では一腹のヒナのうち25％に致死遺伝子が生じ、育たないことがわかっているからです。

　それを覚悟でより美しい色変わりをつくろうとするマニアもいますが、孵化直後あるいは10日前後で死んでしまうと他のヒナまで見捨てて子育てを中止する親鳥もいます。仮母ジュウシマツや他のコキンチョウがいればそうしたヒナを救うこともできますが必ず成功するとは限りません。

　色変わりのなかでも白胸とブルーはノーマルに対して劣性です。イエローは優性です。交配するとき、どのようなパターン（胸、背の色）のヒナを得られるのか予測することができます。

　たとえば、シングルファクターオスとノーマルメスではノーマル、シングルファクター、イエローの3通りのヒナが得られます。逆にブルーオスとノーマルメスの交配ではスプリット（外見はノーマル）とノーマルしか得られません。

　シングルファクターとは色変わりの因子を1つだけもつ鳥です。外見はノーマルに見えますが頸部の黒い輪が薄くなり（黒頭は黒褐色になる）、全体的な色彩がノーマルよりも淡い感じがします。

　ダブルファクターとは色変わり因子を2つもち、外見も完全に色変わりになっています。特に頸部の輪は消失し白くなります。

▲ イエローパステルダブルファクター（オス）

第三章●種別解説　68

色変わり

　原種は赤、青、黄、紫、緑の5原色に黒と白を加えた7色のカラフルな色彩です。色変わりは色素の欠乏が原因で現れます。最初の色変わりは1970年代に南アフリカで作出された、胸の紫が色素を失って白くなった白胸でした（日本でも単発的に出現したという人もいますが、固定化されませんでした）。

　その後、背の緑から青い色素が消滅して黄色になったイエローが出現（やはり日本でも1950年代に出現した記録がありますが固定されませんでした）、逆に緑から黄色い色素が消滅して青くなったブルーが現れました。これらに白胸が交配されてそれぞれイエロー白胸、ブルー白胸も出現しました。その後、全身が淡色のパステルも出ています。

　見た目が美しい色変わりも科学的に見ると単に色素欠乏の組み合わせなのです。

▲黒頭白胸（メス［左］とオス）

▲ブルー橙色（オス）

▶シルバーパステル

キンカチョウ
錦華鳥
Zebra Finch（古くはSpotted-sided Finch）
Poephila guttata castanotis　スズメ目カエデチョウ科キンパラ亜科キンセイチョウ属
Taeniopygia guttata castanotis　スズメ目カエデチョウ科キンパラ亜科キンカチョウ属とする場合にはこの学名が用いられる

原産地：	オーストラリアの海岸部を除くほぼ全土 インドネシアの小スンダ諸島には亜種のチモールキンカチョウが生息
住環境：	森林と砂漠地帯を除く開けた土地に生息 （水辺を好み水がなくなると大群で移動）
大きさ：	10cm
飼　料：	フィンチ用配合、青菜、ミネラル アワを好む鳥も多く、増量してもよい
性　別：	オスには頬、胸、脇腹に独特の模様がある 色変わりのなかにはこの模様を欠くものもいるが 嘴の色はオスが濃く判別可能
籠　：	35cm角以上。ツボ巣を常備。禽舎での群飼養も楽しめる

小型で活発、おもしろい模様と多くの色変わりをもつフィンチの代表格です。日本ではジュウシマツ仮母による増産で自ら抱卵・育雛する鳥が少なかったのですが、愛好家の努力により自育する鳥が増え、近年はジュウシマツ以上に繁殖の容易な鳥として人気も復活してきました。

やや寒さに弱い面がありますが、室内に入れ10℃以上を保てば心配ありません。繁殖を始めたペアは雛が巣立つとすぐに次の繁殖に入ります。あまり繰り返し繁殖させると鳥の健康を害する原因になるので3回位で中止するようにします。

オスのなかには攻撃的な鳥もいて、同種はもちろん他種にまで喧嘩をしかけるものもいます。広い籠や禽舎ではこの心配はありません。過密飼養にならないよう注意しましょう。

繁殖

籠にツボ巣を設置しペアを入れます。活動的なので、止まり木はあまり高い位置には取り付けないことです。

発情飼料と巣材を与えるとすぐに営巣を始めます。ツボ巣の位置が気に入らないと別の場所に営巣することもあります。5〜8卵産み、12日の抱卵で孵化します。自分では抱卵しない鳥もいます。その場合にはジュウシマツ仮母に預けます。20日前後で巣立ち、10日後には独立できるようになります。

雛の同居期間が長いとオス親が攻撃することもあります。孵化後2ヵ月を過ぎると季節に関係なく換羽し成鳥羽となり、4ヵ月位から繁殖可能ですが、十分に体力がつく6ヵ月までは待つようにしましょう。

Finch　キンカチョウ／チモールキンカチョウ

▲ 原種（ノーマル）、パイド、白、フォーン（淡褐色）が一般的。頬の色変わりブラックチークト（頬黒）、ホワイトチークト（頬白）、顎から腹まで白く上品なペンギン、胸の色変わりオレンジブレスト（橙胸）、ブラックブレスト（黒胸）、二回り以上大きなジャンボ（ショーバード）等、さまざまな品種がある。異なる品種の交配はできるだけ避けること

▶ジャンボキンカチョウ　大型で12cmにもなる。十分な運動量とたんぱく質飼料が必要

チモールキンカチョウ
チモール錦華鳥
Spotted-sided Finch

Poephila guttata guttata　カエデチョウ科キンセイチョウ属
Taeniopygia guttata guttata　キンカチョウ属とする場合

原産地：	小スンダ諸島のロンボク島～コモド島、チモール島
住環境：	水辺の草原、耕作地周辺
大きさ：	10cm
飼　料：	キンカチョウと同じ
性　別：	メスには脇腹と頬の模様がない
籠　　：	ペアで35cm角

お馴染みのキンカチョウとの違いはオスの胸にゼブラ模様、つまり黒い横縞模様がないことです。それ以外はキンカチョウと同じで、地方変異（亜種）です。

学名、英名からも分かるとおり、実はこの鳥が最初にキンカチョウとして命名されたのですが、オーストラリア産のキンカチョウが世界中に飼い鳥として広まった結果、忘れ去られた鳥だったのです。

飼養・管理はキンカチョウと同じですが、純粋な亜種として残すためにはキンカチョウとの交雑は絶対に避けることです。

繁　殖　キンカチョウ同様に容易に繁殖します。ただ飼い鳥化されていないため途中放棄もあります。慎重に静かに管理しましょう。

フヨウチョウ　アサヒスズメ　**Finch**

アサヒスズメ
旭　雀
Crimson Finch

Neochmia phaeton　カエデチョウ科アサヒスズメ属

原産地：オーストラリア北部
住環境：熱帯湿地、川辺の背丈のある草原、耕作地周辺等。灌漑用の水によって生息地を広げた結果、近年は農場、公園、道路端でも見かける
大きさ：13～14cm
飼　料：フィンチ用配合、青菜、ミネラル
性　別：オスはほぼ全身赤く、メスは胸腹部が灰褐色
籠　　：60cm角の籠（禽舎が最適）

真っ赤なフィンチで美しい鳥ですが、オスは気が荒くメスを殺してしまうこともあり、飼養の難しい鳥です。

広く植物が植えられた禽舎で飼養すればこのようなことは起こりませんが、狭い籠では往々にして不幸な結果になります。活動的ですが寒さには弱く、特にメスは越冬に保温が必要です。

原産地のオーストラリアでは増えつつありますが、わが国では希少なフィンチです。

▶ニューギニア南部に生息する亜種のシロハラアサヒスズメ（*N.p.evangelinae*）

繁　殖　上記の籠でも可能ですが禽舎が最適です。箱巣は大型がよく半開のものを、または大型のツボ巣も利用します。巣材は豊富に与えます。

パームや枯れ草のほかに白い羽毛（鶏）が欠かせません。産座用に使うからです。エッグフードやアワ玉は必ず与えます。営巣熱心であれば繁殖成功は高いでしょう。抱卵しない場合はジュウシマツ仮母に預けます。

フヨウチョウ
芙蓉鳥
Red-browed Waxbill

Aegintha temporalis　カエデチョウ科フヨウチョウ属

原産地：オーストラリア東～南海岸。南西部の一部
住環境：ユーカリ林、開けた林、マングローブ林、果樹園、公園等生息域は広く、都市部にも進出。ペアか小群で行動。冬はシマコキンと混群をつくることもある。種子や果実、ベリー類、昆虫を地上や草の茎に止まって採食
大きさ：11～12cm
飼　料：フィンチ用配合にアワを加えたもの、青菜、ミネラル
性　別：雌雄同色。科学判定が確実
籠　　：活動的なのでペアで60cm角（植生のある禽舎が最適）

シドニーワックスビルとも呼ばれ、原産地のオーストラリアでは都市部にまで生息します。残念ながら輸出禁止のため、わが国にはヨーロッパ産が輸入されるだけです。

一見、アフリカ産のカエデチョウ類に似ているため、あまり評価されなかったようです。類縁は遠くグラスフィンチと呼ばれるオーストラリア産のフィンチです。

本来は活発で丈夫ですが、ヨーロッパ産は保温飼養されているので冬はやはり保温を必要とします。

繁　殖　臆病で繁殖は困難です。ヨーロッパで飼い鳥化された鳥が輸入されていますが、庭箱や籠には慣れていないため繁殖は難しく、やはり禽舎でなければ可能性は低いでしょう。大型籠でも産卵だけで抱卵までするのは少ないようです。産卵をしたらジュウシマツ仮母に預けると育ててくれます。抱卵期間は13日、巣立ちまでは22日前後、5ヵ月で成鳥羽に変わります。

シュバシキンセイチョウ
朱嘴錦静鳥
Heck's Longtailed Grassfinch

Poephila acuticauda hecki スズメ目カエデチョウ科キンパラ亜科キンセイチョウ属

原産地	オーストラリア北西部の限られた地域（キンバリー〜ウィンダム）。基亜種は北西部に広く分布する
住環境	水辺を好み、ユーカリ林のある乾燥した草原、茂みや低木のあるサバンナ
大きさ	13cm（中央尾羽を除く）
飼料	フィンチ用配合、青菜、ミネラル、アワ穂
性別	雌雄同色。オスは中央尾羽が長くエプロンと脇腹後部の黒斑が大きいが、判別困難
籠	脂肪過多を防ぐために縦横どちらか45cm以上ある広い籠がよく、止まり木も低い位置が適している。繁殖期以外に巣は必要なし。金網籠より木製の庭箱がよい

喉の黒いエプロンと長い尾、鮮やかな朱色をした嘴と脚が特徴的です。嘴の黄色いオナガキンセイチョウ（尾長錦静鳥・Longtailed Grassfinch *Poephila a.acuticauda*）の地方変異（亜種）です。色彩の美しさからキンセイチョウ属の代表種でもあり、この亜種をキンセイチョウと勘違いしている人もいます。

活発で上品な感じのする鳥ですが、やや気の荒いオスもいて多数の同居や狭い籠での雑居は避けましょう。

丈夫ですが寒さに強い種ではないので、冬は15℃以上を保つようにします。

繁殖
庭箱にペアを入れ、ツボ巣、巣材、発情飼料を与えます。営巣せずに産卵する鳥もいますし、巣作りは上手ではありません。発情したオスはオルガンを弾くような囀りをします。4〜7卵産みますが、自分では抱卵・育雛しない鳥も多く、そのときはジュウシマツに預けます。

13〜15日で孵化し、25日位で巣立ちます。嘴は黒く尾も短い雛です。生後3ヵ月頃から嘴の色が変わり、尾も長くなります。狭い籠では産卵だけで抱卵・育雛しない場合が多いので広い籠で自育するようにしましょう。ジュウシマツ仮母に頼りすぎないことです。

●淡褐色のフォーン、全体が純白で目の赤いアルビノ、両者の中間で、体は白くエプロンと脇腹後部が淡褐色の鳥もいる。嘴の色でオナガキンセイチョウとシュバシキンセイチョウの区別は可能。両者の交雑鳥は嘴が薄い朱色をしている

キバシキンセイチョウ
黄嘴錦静鳥
Masked Finch

Poephila personata スズメ目カエデチョウ科キンパラ亜科キンセイチョウ属

原産地	オーストラリア北部
住環境	乾燥した開けた林、木のある草原
大きさ	12〜13cm
飼料	フィンチ用配合、青菜、ミネラル、アワ穂
性別	オスは脇腹後部の黒斑が大きいが、判別困難
籠	45cm角以上

キンセイチョウグループでも本種はエプロンではなく嘴の周囲が黒いため、マスクと呼ばれます。黄色い嘴が大きく目立つ鳥ですが、体色はくすんだ褐色をしているので地味にみえます。

やや神経質で、寒さに対しても弱い面があるので、冬は保温が必要です。亜種のホオジロキンセイチョウ（頬白錦静鳥・*P.p.leucotis*）は頬の部分が灰白色の地方変異です。

繁殖
繁殖はオナガキンセイチョウと同じですが、環境が適さないと産卵はもちろん、発情しないこともあります。安定した静かな場所で飼うようにします。

コシジロキンパラ
腰白金腹
White-rumped Munia

Lonchura striata スズメ目カエデチョウ科キンパラ亜科キンパラ属コシジロキンパラ亜属

　ジュウシマツの原種とされている鳥です。古くはダンドク（壇特）と呼ばれていました。ジュウシマツより若干小柄ですが、色彩はジュウシマツそのものです。野生鳥ですが、輸入されてすぐに順化するほど温和な性質です。特別な世話を必要とせず、ジュウシマツとまったく同じ管理で繁殖も可能です。

　この鳥には6亜種あり、インド〜インドシナ半島、マレー半島、スマトラ島、アンダマン諸島、ニコバル諸島、中国南部、台湾にかけて分布します。なかでも中国南部の亜種がジュウシマツの原種の母体になったと思われます。オスはしきりに囀りますが、ジュウシマツと比べると非常に小さな声です。

　わが国に輸入される亜種はマレー半島〜インドシナ半島産のインドシナダンドク（*L.s.subsquamicollis*）が多いようです。かつてはビルマダンドク（*L.s.acuticauda*）がこの種の代表のようにいわれましたが、原産地（ミャンマー〜バングラデシュ、インド北東部）を見ると輸入されたことがあるのか不明です。

　またインド〜スリランカ産の基亜種（*L.s.striata*）はムナグロダンドク（胸黒壇特）と呼ばれます。アンダマン諸島、ニコバル諸島産亜種は輸入はなかったものと思われます。スマトラ島産亜種の腹部はやや灰色で、中国南部産亜種（*L.s.swinhoei*）や台湾産亜種（*L.s.phaetontoptila*）は黄色や褐色の腹部をしています。

　亜種間の違いは容易に区別できるものではなく、ムナグロダンドクだけがその名の通り、胸が黒く腹部に模様がないので判別できる程度です。他の違いは腹部の色が白いものから黄色みを帯びたもの、汚白色、淡褐色まで幅広く、また胸の模様と色にもわずかな違いがありますが、並べて違いを探すようにしなければ判別困難です。

　性質はほとんど同じで飼養管理は容易です。小鳥店やペットショップでは亜種の産地までは把握していないことが多く、よく見て少しでも違いが判別できたら亜種同士の交配は避けるようにしましょう。

原産地：インド、スリランカ、バングラデシュ、ミャンマー、タイ、マレーシア、インドネシア、ベトナム、ラオス、カンボジア、中国南部、台湾
住環境：乾燥した茂み〜開けた林、草原、耕地や水田周辺、公園等
大きさ：11cm
飼　料：フィンチ用配合、青菜、ミネラル
性　別：雌雄同色で判別困難。オスは囀る
籠：35cm角以上

▲ ムナグロダンドク

繁　殖　ジュウシマツと同じですが、静かな環境を保つ方が成功率は高くなります。

オオキンカチョウ
大錦華鳥
Diamond Firetail

Emblema guttata スズメ目カエデチョウ科キンパラ亜科コマチスズメ属
Stagonopleura guttata オオキンカチョウ属とする場合の学名

原産地	オーストラリア東南部
住環境	開けたユーカリ林やアカシア林の草地
大きさ	13cm
飼料	フィンチ用配合、青菜、ミネラル、アワ穂
性別	雌雄同色だがメスは目先の黒い部分が淡く、胸の帯も狭い。慣れないと判別困難
籠	ペアで45cm角。ツボ巣を常備

和名よりダイヤモンドフィンチという英名で知られています。コマチスズメ属では落ち着いた色彩で、やや太目の体格ながら活動的で丈夫な鳥です。

水を飲むときに他のフィンチは嘴ですくい上げるような飲み方をしますが、本種は嘴を水に入れたままゴクゴクと飲みます。これはコマチスズメ属、キンセイチョウ属にみられる特徴です。

またコマチスズメ属の鳥は英名がFiretailというように腰（上尾筒）が鮮やかな赤で彩られています。近年は体色の淡いフォーン、嘴や腰が黄色いイエロービルといった品種も出現しています。冬は15℃以上に保ちます。

◀メス（左）とオス。胸の帯が濃く太いのがオスだが判別は困難

繁殖 庭箱にペアを入れ、ツボ巣、巣材、発情飼料を与えます。オスは発情するとしきりに囀ります。雌雄協力して営巣しますが、巣材を多く使って巣の入り口を筒状にするペアなら成功率は高いでしょう。産卵は3～5卵と多くなく、13～15日で孵化します。巣立つまでは25日位です。

巣の位置や籠の大きさ等、条件が合わないと抱卵はしても育雛しないことがあります。ジュウシマツを仮母として用意しておいた方が安心です。ただ仮母には3卵まで、雛も3羽以内にしないと発育不良になることがあります。親鳥自身による自育が望ましいのはいうまでもありません。

コマチスズメ
小町雀
Painted Firetail

Emblema picta スズメ目カエデチョウ科キンパラ亜科コマチスズメ属

原産地	オーストラリア中西部～西部
住環境	石や岩の多い半砂漠地帯～アカシアの疎林等の乾燥地
大きさ	11cm
飼料	フィンチ用配合、青菜、ミネラル、アワ穂
性別	オスは顔や腹の赤い部分が広く、よく囀る
籠	45cm角以上（床面積の広いものが適している）ツボ巣や皿巣、箱巣等の寝場所が必要

繁殖 季節は秋が最も適しています。できるだけ広い籠に砂を敷き、営巣場所として大型のツボ巣、箱巣、皿巣等を設置します。ペアは気に入ったところを巣にします。巣材には基礎材として小枝や小石、貝殻を床にまいておくとよいでしょう。これは成長しつつある植物に営巣する習性があり、重りの役目をすると考えられています。また、パームや枯れ草、ススキの穂も良い巣材です。

条件がよければ自ら抱卵・育雛します。しないときはジュウシマツ仮母に預けますが、成功率はあまり高くありません。自育する条件を与えるべきです。発情したペアは交尾を繰り返し、営巣を始めます。3～5卵産み13日で孵化、23日位で巣立ちます。嘴は太く黒い雛です。

オーストラリア産フィンチでは最高級といわれています。黒と赤の対比、白い斑点が美しく、細長い嘴も特徴的です。かつては入手困難なうえに、弱い鳥とされていましたが、現在では丈夫で飼いやすくなっています。それでも冬は15℃以上に保ちましょう。

行動が他のフィンチと異なり、地上性なので床での行動が多いため、床は常に清潔にし、床面積の広い籠で砂を敷いた乾燥状態を保つようにします。また夜間は巣の中で寝ますが、高い位置より中程が適しています。巣の位置が気に入らないと床や餌入れの中で寝ることもあります。

カノコスズメ　コモンチョウ　Finch

コモンチョウ
小紋鳥
Star Finch

Neochmia ruficauda　スズメ目カエデチョウ科キンパラ亜科アサヒスズメ属
Bathilda ruficauda　コモンチョウ属とする場合の学名

原産地：オーストラリア北部・北西部
住環境：水辺の草原等湿地帯
大きさ：10cm
飼　料：フィンチ用配合、青菜、ミネラル、アワ穂
性　別：オスは顔の赤い部分が大きいので判別可能
籠　　：45cm角または60cm幅

繁殖　庭箱にペアを入れ、ツボ巣、巣材、発情飼料を与えます。発情したオスはよく囀り、メスに交尾をしかけます。メスが発情しないと交尾には至らないことが多いようです。多産で5〜8卵産みます。
　抱卵しない鳥が多く、ジュウシマツ仮母に預けることもあります。12〜13日で孵化、23日位で巣立ちます。早めに巣から出て戻れなくなる雛もいるので夕方はよく見ておき、静かに戻しましょう。

●原種に黄色い羽毛が混じったパイド、全身黄色のイエロー、嘴と顔、腰が黄色いイエロービル等の色変わりがいる。基本的に顔と腰、尾の赤や白い斑点がはっきりした鳥を選ぶこと。これは近親交配による中途半端な色彩、模様の鳥もみられるからである

オーストラリア産のフィンチのなかではキンカチョウとともに親しまれてきた鳥です。色彩、模様に派手さがなく、飛びぬけた人気はありませんが、丈夫で飼いやすく繁殖も楽しめるという飼い鳥の要素を備えています。
　本来は活発でチョウのように舞う飛び方をしますが、狭い籠では脂肪過多が原因で動作の鈍い鳥になってしまい、繁殖率も下がってしまいます。多産ながら無精卵が多いといわれる原因は籠の狭さにあるようです。できるだけ広い籠で飼うようにしましょう。

カノコスズメ
鹿の子雀
Bicheno's Finch　Double-barred Finch

Poephila bichenovii　スズメ目カエデチョウ科キンパラ亜科キンセイチョウ属
Stizoptera bichenovii　カノコスズメ属とする場合の学名

原産地：オーストラリア北部〜東部
住環境：林縁部や開けた林、乾燥した草原（最近は生息域が広がり、人家周辺にも生息）
大きさ：10cm
飼　料：フィンチ用配合、青菜、ミネラル、アワ穂
性　別：雌雄同色で判別困難。オスは囀る
籠　　：45cm角（幅60cmあるとさらによい）。ツボ巣を常備

繁殖　庭箱にペアを収容し、発情飼料と巣材も与えます。発情するとオスはしきりに囀ります。ペアで協力して営巣します。巣作りの上手な鳥ほど繁殖成功率は高いようです。
　5卵程産み、12〜13日で孵化します。狭い籠や環境が落ち着かないと抱卵しないこともあります。ジュウシマツ仮母による繁殖は自育しない場合だけにして、できるだけ自育させましょう。22日位で巣立ちますが、ジュウシマツ仮母ではやや遅れ、羽毛の発達も自育に劣るようです。
　親鳥は雛が巣立つとすぐに次の産卵を始めることがあります。巣立ちと同時に新しいツボ巣と交換して産卵を遅らせる方がよいでしょう。続けて繁殖するペアもいますが、回数が多いと親鳥も生まれてくる雛も弱ることがあります。春と秋の2回程度が適しています。
　広い籠や禽舎では雛を同居させたまま次の繁殖も可能です。雛は3ヵ月程で換羽し、それまでのくすんだ色彩からはっきりした鹿の子模様になります。繁殖も可能ですが生後6ヵ月位まではできるだけ自由に運動させ、体力がついてから始めるようにします。季節に関係なく繁殖します。

地味な色彩ですが背から翼の鹿の子模様が美しい活発な小型フィンチです。とても飛翔力が強く、広い空間があればダイナミックな飛び方を見ることができます。
　温和で協調性のある鳥なので、雑居も可能です。子猫のようなかわいい声で鳴きます。小型ながら丈夫ですが、冬は10℃以上に保ちます。夜は巣の中で寝るのでツボ巣は常に入れておくようにします。

第三章●種別解説　76

Finch　シマコキン　サクラスズメ

シマコキン
縞胡錦
Chestnut-breasted Mannikin

Lonchura castaneothorax　スズメ目カエデチョウ科キンパラ亜科キンパラ属キンパラ亜属

原産地：オーストラリア北部〜東部、ニューギニア（太平洋諸島で野生化）
住環境：さまざまな環境に適応し現在も発展中
大きさ：10cm
飼　料：フィンチ用配合、青菜、ミネラル
性　別：雌雄同色で判別困難。オスは囀る
籠　　：35cm角以上。ツボ巣を常備

●垂直の枝に止まることが多く、飼養下でも爪の伸びすぎを防ぐことが必要

和名は縞模様のコキンチョウを連想させますが、英名・学名ともに栗色の胸のキンパラです。分類上はキンパラの仲間です。コキンチョウと同じような模様ですが、色彩が地味であまり飼われてはいません。

本来は丈夫で野性的なのですが、現在はヨーロッパで飼い鳥化された鳥が中心で、やや寒さに弱く温和な感じになっています。環境に慣れると活動的で荒さも見えるほどで、他のキンパラ属と似ています。キンパラ亜属では唯一籠の中で容易に繁殖する鳥です。

キンパラ亜属の特徴として、垂直な植物の多い環境に適応し、強力な脚指をもち、強く握るものがないと爪が非常に伸びやすくなる傾向があります。よって、止まり木は水平なものは低い位置に1本だけにして高いところは垂直なものを取り付けるようにします。巣立ったばかりの雛でも垂直な止まり木を敏速に移動します。

繁殖　十分飼い鳥化されているので、ジュウシマツやブンチョウと同様の飼養管理です。ただ冬の産卵は卵詰まりになることもあるので保温するようにします。

なかには神経質な鳥もいて産卵まで時間がかかることもあります。通常で5卵産み、13日で孵化、25日位で巣立ちます。3〜5ヵ月で成鳥羽になります。

サクラスズメ
桜　雀
Plum-headed Finch

Aidemosyne modesta　スズメ目カエデチョウ科キンパラ亜科サクラスズメ属

原産地：オーストラリア東部
住環境：開けた林、背丈のある草原、水辺等
大きさ：11cm
飼　料：フィンチ用配合、青菜、ミネラル
性　別：オスの頭頂には紫桃色、喉には黒い羽毛がある。メスにはない
籠　　：45cm角以上

桜の幹のような体色とオスの頭頂にある紫桃色の斑が特徴的な温和なフィンチです。地味な羽彩ながら落ち着いた性質で人気も安定しています。翼の白斑、胸や脇腹の模様のはっきりした鳥を選びましょう。また体格の大きな鳥が繁殖成功につながります。

止まり木が汚れていると爪が傷つき欠けてしまうことがあります。清掃は定期的に行い、常に清潔な環境を維持しましょう。

繁殖以外は巣に入らないのでツボ巣は不要です。保温しなくても越冬可能ですが、15℃以上に保つようにします。

繁殖　幅広の（45〜60cm）庭箱にペアを収容し、ツボ巣、巣材、発情飼料を与えます。夏以外繁殖可能ですが、春と秋が適しています。また発情まで時間がかかることもあります。繁殖予定の半年前位に入手し、環境に慣らしておけば早く発情します。

営巣はあまり熱心ではなく、巣作りの上手なペアは抱卵・育雛もしますが、簡単な巣作りしかしないようなペアは抱卵もしないことがあります。5卵位産み、13日で孵化します。抱卵しないペアも多く、ジュウシマツ仮母の準備をしておいた方がよいでしょう。23日位で巣立ちます。

一度繁殖に成功したペアを常に同居させておくと、繁殖上手なペアになります。雛は生後3ヵ月程で成鳥羽になりますが、半年以上は広い籠で運動させた方が繁殖成績もあがるようです。

鳥の飼育大図鑑

チャバラセイコウチョウ　セイコウチョウ　**Finch**

セイコウチョウ
青紅鳥
Pin-tailed Parrotfinch
Erythrura prasina　スズメ目カエデチョウ科カエデチョウ亜科セイコウチョウ属

原産地：インドシナ～マレー半島、スマトラ島、カリマンタン島
住環境：竹林や二次林、林縁部、水田周辺（高温多湿を好む）
大きさ：12cm
飼　料：フィンチ用配合、青米、青菜、ミネラル、イネ科の穂
性　別：オスは派手な色彩だが、メスは顔に青みがあるだけで腹部も淡褐色
籠　　：60cm幅以上

以前は大量に輸入された安価な鳥でしたが、現在では数が減りあまり見られなくなりました。色彩といい尾の長さといい、美しさでは他のセイコウチョウ属に負けませんが、野生鳥のために動作が荒く、飼いにくい、寒さに弱い、繁殖が難しい等の難点があるためだと思われます。

狭い籠では順化する前に弱ってしまうことが多いため、広い籠か禽舎でなければ健康を維持することも難しい鳥です。しかし、この鳥を繁殖させることができる飼養技術と知識をもつことも大切なことでしょう。

通常のフィンチ用配合飼料だけでは順化できない鳥もいるので、青米やイネ科の雑草の穂（完熟したものと半熟のもの）を与えるとよいでしょう。

オスのなかには赤い部分が消滅したものもいますが、これは自然の色変わりです。冬は20℃にします。保温なしでは弱ってしまい、特にメスは越冬できずに命を落とすものがいます。

繁殖　日当たりの良い、植物を植え込んだ保温設備のある禽舎では可能性があります。例外的に庭箱での成功例もあります。

抱卵・育雛しなければジュウシマツ仮母に預けます。2～5卵産み、13日で孵化、22日で巣立ちという記録があります。これは通年25℃を保った禽舎での例です。発情したオスは尾を左右に振りながらメスに囀りかけます。

チャバラセイコウチョウ
茶腹青紅鳥
Green-tailed Parrotfinch　Banboo Parrotfinch
Erythrura hyperythra　カエデチョウ科セイコウチョウ属チャバラセイコウチョウ亜属
Reichenowia hyperythra　チャバラセイコウチョウ属とする場合の学名

原産地：マレー半島、カリマンタン島、スラウェシ島、ジャワ島～ロンボク島、スンバワ島、フローレス島、フィリピン
住環境：森林、竹林、間伐林、林縁部、水田にも飛来する
　　　　1000～3000mまでの高地に生息するが、島部では低地にも分布。ペアか家族群をつくり、地上で竹の実、草の種子、米、小果実、昆虫を採食する
大きさ：10cm
飼　料：フィンチ用配合にアワを加えたもの、青菜、ミネラル、イネ科の穂
性　別：オスは額が黒く顔の色も濃いが判別困難（亜種によっては頭部に青い筋あり、メスにはない）
籠　　：野鳥なのでペアでも60cm角は必要

繁殖　植生の豊かな禽舎では可能性が高まり、飼い込むことで室内の大型籠でも産卵をするようになります。5～6卵産みます。ジュウシマツ仮母での報告例はありませんが、可能性は高いでしょう。産卵自体が非常にまれなので慎重に管理したいものです。

多くの羽数が1990年代に輸入されました。しかし、輸入したのが野性の鳥ということもありその性質や習性を理解されず、ほとんどが庭箱や籠での飼養で、繁殖には至りませんでした。

植物を多く植えた禽舎での飼養、籠で人馴れさせて落ち着かせてから繁殖に取りかかる等、順化させるためのさまざまな工夫や研究が進められています。臆病な野生鳥をいかにして慣らすかがポイントなのです。

Finch　ヒノマルチョウ　ナンヨウセイコウチョウ

ヒノマルチョウ
日の丸鳥
Red-throated Parrotfinch

Erythrura psittacea　カエデチョウ科カエデチョウ亜科セイコウチョウ属

●原種に黄色い羽毛が混じったパイドは黄色の羽毛が多いほど美しく価値が高いとされている。赤い羽毛がオレンジ色になり体色も青緑色になったものはブルーと呼ばれ、パイドもある。欧米ではseagreen海緑色と呼ばれる（上の写真はパイド）

▲フィジーヒノマルチョウ

原産地	ニューカレドニア
住環境	林縁部や耕地周辺（樹木があれば生息範囲は広い）
大きさ	11cm
飼料	フィンチ用配合、青菜、ミネラル（繁殖期には昆虫、果物）
性別	雌雄同色。オスは顔の赤い範囲が広く、よく囀る（慣れないと判別困難）
籠	60cm幅

緑色の体色と顔、腰の赤が美しい人気のフィンチです。大正時代から最高級のフィンチと呼ばれてきましたが、現在では繁殖も容易で入手しやすくなりました。野性味のある活動的な鳥です。できるだけ広い籠や禽舎で飼養するとよいでしょう。また物音に驚きやすいので静かな環境が適しています。屋外禽舎でも覆いがあるだけで越冬可能ですが、輸入鳥は寒さに弱い傾向があり、15℃以上の保温が必要です。直線的な飛翔より木の枝を伝う小刻みな動きが多いので、自然木を止まり木にしても面白いでしょう。

果物や昆虫も好んで食べますが、狭い籠では体調を崩すこともありほんの少量だけ与えましょう。性質は臆病ですが、赤い羽毛の鳥に対して攻撃的なオスもいます。同じ大きさのフィンチとの雑居はあまり好ましくありません。

繁殖　籠が広ければ難しくなく、良いペアなら多くの雛を得られます。特に植え込みのある禽舎での単独ペア飼養は手がかからず自由に繁殖します。若く健康なペアを入手できるかどうかが成功の決め手になります。

発情飼料によってオスは容易に発情し、メスを殺してしまうこともあり、できるだけ広い籠か禽舎にします。狭い籠では昆虫は与えない方がよく、果物も控えます。

巣材には20cm位のパームと白い鶏の羽毛を大量に使い、中が見えないほどの小さな入り口の巣を作ります。

4～5卵産み、雌雄協力して抱卵します。13日で孵化し、23日位で巣立ちます。巣作りの上手なペアなら安心ですが、環境がよくないと抱卵・育雛をしないペアもいます。

特に狭い籠、止まり木の多い籠などではこの傾向が強く、空間を広くする必要があります。ジュウシマツ仮母でも育ちますが、発育が遅れることもあります。

ナンヨウセイコウチョウ
南洋青紅鳥
Blue-faced Parrotfinch

Erythrura trichroa　スズメ目カエデチョウ科カエデチョウ亜科セイコウチョウ属

原産地	ヨーク岬半島(オーストラリア)、ニューギニア島、スラウェシ島、モルッカ諸島、西太平洋諸島
住環境	雨林、ユーカリ林、マングローブ林縁部等湿度の高い場所を好む
大きさ	12cm
飼料	フィンチ用配合、青菜、ミネラル（繁殖期には果物、昆虫）
性別	雌雄同色。オスの顔は青い色が鮮やかで範囲が広く、よく囀る（慣れないと判別困難）
籠	60cm幅

古くは大正時代に囀りのよい繁殖可能なフィンチとして人気を得た鳥です。ヒノマルチョウと同じ飼養管理です。

丈夫ですが動作が素早く、狭い籠では世話をするときに逃げられてしまうことがあるので注意しましょう。また、ヒノマルチョウと同居させると雑種が生まれてしまうので避けてください。

本種は高温多湿を好み、乾燥すると羽毛の艶がなくなり美しさが損なわれてしまいます。保温の必要はないともいわれますが、15℃以上は維持しましょう。

繁殖　ヒノマルチョウと同じです。

ベニスズメ
紅 雀
Red Avadavat　Red Munia　Strawberry Finch

Amandava amandava　スズメ目カエデチョウ科カエデチョウ亜科ベニスズメ属

原産地：パキスタン、インド、インドシナ、中国南部、
　　　　小スンダ諸島には小型亜種が生息
住環境：水辺の草原や茂み、耕地周辺
大きさ：10cm
飼　料：フィンチ用配合、青菜、ミネラル
　　　　（繁殖期には昆虫、イネ科の穂、発芽種子）
性　別：オスは赤く、非繁殖期でも白斑が多い
　　　　メスは翼にだけ白斑あり
籠　　：35cm角以上。ツボ巣を常備

繁　殖

野生の鳥なので飼養環境に慣らすことから始めます。45〜60cm幅以上の広い籠にペアを入れます。配合飼料のほかにイネ科の穂や発芽種子も与えます。二年目の生殖羽になり、オスがよく囀るようになると繁殖準備をします。

巣材（パームや枯れ草、ススキの穂、羽毛等）を与え、発情飼料、昆虫も与えます。大量の巣材を使うので、ツボ巣は大型のものが適しています。大量の巣材を使うので、営巣が始まったらそっとしておきます。巣の中を覗いたりすると中止してしまいます。

5卵位産み、12日で孵化、20日位で巣立ちます。アリマキや1cm位の青虫、1cm以下のミールワームを育雛餌として与えると、親鳥が雛に運びます。エッグフードやアワ玉、発芽種子、イネ科の穂も同時に与えます。昆虫は孵化予定日前から巣立ちまで与えます。

少量でも毎日欠かさず与えることが重要です。エッグフードやアワ玉をよく食べる親鳥なら昆虫なしでも雛は育ちます。こうした系統は大切にしたいものです。

▲ 繁殖期のオスは赤を基調とした鮮やかな色彩。非繁殖期には赤い色は徐々に消え、メスに似た地味な色調になるが、胸や脇腹に赤や黒い羽毛、白い斑点が残る。メスは常に同じ色彩

オスはその名の通り、ほぼ全身が赤く白斑が散らばっていて実に美しい鳥です。ただ非繁殖期はメス同様、地味な色彩になります。囀りもよく丈夫な鳥です。江戸時代にはすでに多数が輸入され繁殖にも成功した例があります。また逃げ出した鳥が河原や草地で繁殖している地域も多いので、屋外で観察することがあるかもしれません。

売られているのは原産地から輸入した野生鳥なので環境に適応するまでは臆病ですが、順応した鳥は丈夫なので繁殖も可能です。

保温の必要はないようにいわれますが、15℃以上に保つと順化も早く健康を維持できます。温和で雑居も楽しめます。カエデチョウ科で唯一生殖羽をもつ特別な存在です。

▲ 着色ベニスズメ　地味な時期には蛍光色に着色された鳥が輸入されたこともある

Finch　シマベニスズメ　／　シャコスズメ

シマベニスズメ
縞紅雀
Zebra Waxbill　Orange-breasted Waxbill
Amandava subflava　スズメ目カエデチョウ科カエデチョウ亜科ベニスズメ属
Sporaeginthus subflava　シマベニスズメ属とする場合の学名

原産地	アフリカ（サハラ砂漠以南カラハリ砂漠以北のコンゴ森林地帯を除く広範囲）
住環境	背丈のある草原、水辺周辺、葦原等
大きさ	9cm
飼料	フィンチ用配合1：アワ3の混合（アワ穂だけでもイネ科の穂があれば可）、青菜、ミネラル、イネ科の穂
性別	メスには過眼線と胸の赤い模様がなく、淡い色彩
籠	35cm角以上。ツボ巣を常備

▲オス

　カエデチョウ科最小のフィンチです。活発で丈夫、温和で雑居も楽しめます。小さいので飼料もアワ中心です。ヒエやカナリーシードはあまり食べません。昆虫が確保できればベニスズメ同様に繁殖も可能です。屋外禽舎で草が多いと自然に繁殖することもあります。
　囀りは単調で夜明け前から始めることもあります。野生鳥ですが飼養下での繁殖を進めたいフィンチです。鑑賞目的であれば保温なしでも飼養可能です。15℃以上を保てば室内の籠でも繁殖させることが可能です。

▲メス

繁殖　ベニスズメと同じです。

シャコスズメ
鷓鴣雀
African Quailfinch
Ortygospiza atricolis atricolis　スズメ目カエデチョウ科ウズラスズメ属

原産地	アフリカ（サハラ砂漠以南。西アフリカのセネガル～カメルーン）
住環境	乾いた土地や草地、湿地帯にも生息 小群で草の種子を採食
大きさ	9～10cm
飼料	フィンチ用配合（アワやパニカムを増量する）、イネ科の生穂、青菜、ミネラル。より健康を保つためにはエッグフードやアワ玉、昆虫
性別	オスの顔は黒く、メスは灰色
籠	1m角以上の大型籠か禽舎（市販の籠や庭箱での飼養は短命に終わる）

繁殖　屋外禽舎では可能です。2m角以上のイネ科植物を植え込んだ水はけの良い禽舎で、ペアのみの放飼では自然繁殖します。
　地面の草陰に、枯れ草やパーム、羽毛等で細長い巣を作り、2～3卵産み、14日で孵化、21～23日で巣立ちます。
　この間、養育飼料としてイネ科の生穂、昆虫（ミールワームか果物を置いてショウジョウバエを発生させる）が必要です。またエッグフードも効果的です。

　小さなフィンチで、地面をウズラのように歩き回り、止まり木を必要としません。そのため通常の鳥籠での飼養は不向きです。何かあると一直線に飛び上がり、すぐに近くへ飛び下りる性質です。
　その生態や繁殖を楽しむだけでなく、飼養そのものに砂を敷きイネ科植物を植えた禽舎が最適です。少なくとも1m角以上の禽舎で金網の代わりにプラスチックフォイル（魚網）を使うと、飛び上がって負傷するのを防ぐことができます。
　亜種が多く、目の周囲に白い羽毛があるウズラスズメ（South African Quailfinch *Ortygospiza a.muelleri*）が知られています。管理は同じで、低湿度に保つ必要があります。禽舎（屋内、屋外）の床面は乾いた川砂を敷き、水はけも良くします。植物を植える場合でも地面に起伏をつけ、湿気が滞留しないよう注意しましょう。

ギンパラ　キンパラ　Finch

キンパラ
金　腹
Black-headed Munia

Lonchura malacca atricapilla　スズメ目カエデチョウ科キンパラ属キンパラ亜属

原産地：インド北部〜ネパール、バングラデシュ、ミャンマー
住環境：林縁部、葦原、草原、水田周辺等
大きさ：11cm
飼　料：フィンチ用配合、青菜、ミネラル、イネ科の穂
性　別：雌雄同色で判別困難。オスは小声で囀る
籠　　：35cm角以上。ツボ巣を常備

▶シロガシラキンパラ　文字通り頭部が白くなったジャワ島産亜種。ムナグロヘキチョウとも呼ばれるがヘキチョウではない

▲チャガシラキンパラ　フィリピン〜カリマンタン島産亜種。頭部が黒褐色で体色もくすんでいる

江戸時代から輸入され、将軍家が江戸近郊に、徳川光圀が水戸近郊に放したという記録もあります。各地に野生化していて、体質は頑強で丈夫ですが、繁殖は難しい鳥です。

分類上、ギンパラの亜種でキンパラという種は存在しません。換羽前の若鳥から飼うと籠でも繁殖することがあります。爪の伸びすぎを防ぐためにはシマコキン同様、垂直な止まり木が必要です。

安価で大量に輸入されていますが、順化するまでは飼い鳥感覚で接しないようにします。冬は15℃以上に保つと順化も早く繁殖可能になります。

繁殖　雑草を生い茂らせた屋外禽舎の中にペアを入れると自然に繁殖します。籠では順化するまで時間がかかります。
　若鳥を入手してペアにし、静かな環境にすると産卵まではします。抱卵・育雛は確率が下がります。ジュウシマツ仮母で十分育ちますが、雛は大食なのでジュウシマツの給餌能力では3卵以内に抑えます。

ギンパラ
銀　腹
Chestnut Munia　Tri-coloured Mannikin

Lonchura malacca　スズメ目カエデチョウ科キンパラ属キンパラ亜属
Munia malacca　キンパラ亜属を独立属とする場合の学名

原産地：インド南部、スリランカ
住環境：葦原等水辺の背丈のある草原
大きさ：11cm
飼　料：フィンチ用配合、青菜、ミネラル、イネ科の穂
性　別：雌雄同色で判別困難。オスは囀る
籠　　：35cm角以上。ツボ巣を常備

キンパラの脇腹が白い亜種ですが、なかには薄い網目模様や淡褐色のものもみられます。この仲間は安価なため多数を同居させる傾向がありますが、オスは攻撃的で争うので注意が必要です。

広い屋外禽舎での小群飼養が最も適しています。ヒエとカナリーシードを好み、特に穂を与えるとそれ以外は食べないほどの偏食です。

各地で野生化していますが、飼養下では繁殖は難しく、野生鳥なので性質も荒く順化するまで約2年かかります。

若鳥が入手できれば籠での繁殖の可能性もあります。産卵後はジュウシマツに預けると難なく育ててくれます。

繁殖　キンパラと同じです。

第三章●種別解説　82

ヘキチョウ
碧 鳥
White-headed Munia

Lonchura maja　スズメ目カエデチョウ科キンパラ亜科キンパラ属キンパラ亜属
Munia maja　キンパラ亜属を独立させる場合の学名

原産地：マレー半島、スマトラ島、ジャワ島
住環境：湿地帯、草原、市街地にも生息
大きさ：11cm
飼　料：フィンチ用配合、青菜、ミネラル、イネ科の穂
性　別：雌雄同色で判別困難。オスの頭が白いといわれるが、原産地により異なり、外見だけでは判別できない。オスは小声でよく囀る
籠：35cm角以上。ツボ巣を常備

江戸時代から輸入されていてキンパラ同様に安価なので大量に出回り、放鳥されて野生化した鳥が都市近郊の河原に生息しています。とても丈夫で飼いやすいのですが、繁殖の難しさはフィンチのなかでも一番です。

ヘキチョウのオスとジュウシマツのメスをペアにして仮母にした後にヘキチョウ同士のペアにすると繁殖の可能性が高まるとされていますが、それにはメスを十分に順化させていなければ産卵さえ困難でしょう。

やはり止まり木は低い位置に水平なものを、高い位置に垂直なものを取り付けて爪の伸びすぎを防ぎます。

キンパラの仲間に限りませんが、野生鳥が青菜やミネラルを食べるようになると順化したといえ、繁殖の可能性もあります。

▲セレベスヘキチョウ
スラウェシ（セレベス）島産の別種。腹部は明褐色

繁殖　キンパラと同じです。籠では困難です。

ギンバシ
銀 嘴
Indian Silverbill

Lonchura malabarica　スズメ目カエデチョウ科キンパラ亜科キンパラ属
Euodice malabarica　ギンバシ属とする場合の学名

原産地：アラビア半島～パキスタン、インド
住環境：開けた草原～林縁部、サバンナ、人家周辺等生息域は広い
大きさ：11cm
飼　料：フィンチ用配合、青菜、ミネラル
性　別：雌雄同色で判別困難。オスはよく囀る
籠：35cm角以上。ツボ巣を常備

古くは水銀鳥と呼ばれていました。一見ひ弱そうですが丈夫で順化も早く、繁殖も容易な野生フィンチです。アフリカ産亜種はコシグロギンバシ（*L.m.cantans*）と呼ばれ、ヨーロッパでは色変わりもつくられているほど飼い鳥化されています。

温和で雑居も可能です。地味ながらスマートで活発、飼いやすくて手のかからない鳥です。野生鳥にありがちな神経質さも感じられず、籠にもすぐに慣れます。

繁殖は禽舎はもちろん、35cm角の籠でも入手直後から始められます。ピンクやグリーンに着色されたものもいますが、換羽で元通りになります。

繁殖　ペアが確保できれば容易です。ジュウシマツと同じ管理で静かに見守るようにします。

ムナジロシマコキン　ハゴロモシチホウ　**Finch**

ハゴロモシチホウ
羽衣七宝
Bronze Mannikin

Lonchura cucullata　スズメ目カエデチョウ科キンパラ亜科キンパラ属シチホウ亜属
Spermestes cucullata　キンパラ属からシチホウ属へ独立属とする場合の属名

原産地	アフリカ(サハラ砂漠以南の森林を除く広範囲)
住環境	林縁部～開けた草原、耕地、公園等さまざまな環境に適応
大きさ	10cm
飼料	フィンチ用配合、アワ穂、青菜、ミネラル
性別	雌雄同色で判別困難。オスは囀る
籠	35cm角以上。ツボ巣を常備

　一見、小さなジュウシマツのようですが、頭部や胸、肩、脇腹に光沢のある青銅色の羽毛をもち、英名の由来にもなっています。
　大正時代に輸入され、その後もときどき輸入されていますが、色彩が地味で繁殖も容易ではないことからあまり親しまれてはいません。しかし、環境に慣れて順化すると落ち着いて繁殖も可能になります。
　小柄な体をしていますが攻撃的な面があり、特に繁殖期のオス同士の同居や雑居は避けましょう。保温なしでも飼養できますが、15℃以上にすると順化はより早くなります。

繁殖　禽舎で単独ペアなら容易です。順化するとすぐに営巣に取りかかります。特別なものは必要とせず、籠では2年ほど飼うと安定して有精卵が得られますが、自育確率が低く、途中で中止することもあります。広い籠では成功率が高まり、巣材を大量に使って営巣するペアなら期待できます。
　ジュウシマツと同じ管理ですが野生鳥なので、慎重に扱いましょう。卵をジュウシマツに預けると難なく育ててくれます。昆虫よりエッグフードを食べさせるとよいでしょう。

ムナジロシマコキン
胸白縞胡錦
Pictorella Mannikin

Lonchura pectoralis　カエデチョウ科キンパラ属キンパラ亜属
Heteromunia pectoralis　ムナジロシマコキン属とする場合

原産地	オーストラリア北西部
住環境	緑地帯から内陸の半乾燥地帯まで分布する（繁殖は水辺に近い場所）
大きさ	11cm
飼料	他のキンパラ属と同じ
性別	オスは喉や胸の色彩、模様がはっきりしているがメスは不鮮明
籠	活動的なので、ペアでも45cm角以上

　非常に高価で、あまり見かけないフィンチです。独特の色彩、雌雄で異なる外見等から、キンパラ属ではなくムナジロシマコキン属として独立させるべきという研究者もいます。
　飼養・管理自体は容易ですが、少数なため繁殖相手を探すことが困難で、このことが殖えない要因になっています。

繁殖　上記の籠より大きな60cm角程度の庭箱にペアを収容し、環境に慣れてきたら繁殖促進用のエッグフードやアワ玉を与えます。巣材もパームを中心に小枝や枯れ草、ニワトリの羽毛も与えます。
　営巣が始まれば静かに見守ります。通常、低い位置に営巣するので、ツボ巣や箱巣は籠の中程度以下に設置します。
　5卵程度産み、13日で孵化、21日で巣立ちます。羽毛が生え揃わないうちに巣から出ることもあり、そのときは巣に戻します。雛は4ヵ月で成鳥羽になり、ジュウシマツ仮母も可能です。

第三章●種別解説　84

Finch　クロシチホウ　オキナチョウ

クロシチホウ
黒七宝
Black-and-White Mannikin

Lonchura bicolor　スズメ目カエデチョウ科キンパラ亜科キンパラ属シチホウ亜属
Spermestes bicolor　シチホウ属とする場合の学名

原産地	アフリカ（クロシチホウは西海岸、カノコシチホウは中部海岸、クラカケシチホウは東海岸に分布）
住環境	背丈のある草原、水辺、林縁部等
大きさ	10cm
飼料	フィンチ用配合、アワ穂、青菜、ミネラル
性別	雌雄同色で判別困難。オスは囀る
籠	35cm角以上。ツボ巣を常備

青みのある光沢の黒と、白い腹部が対照的な小型のフィンチです。

活発ですが攻撃的なので、多数の同居や他種との雑居は禽舎に限られます。やや寒さに弱く、冬は15℃以上に保つようにします。ハゴロモシチホウと同様の管理です。

亜種が多く、翼や腰に鹿の子模様のあるカノコシチホウ（鹿の子七宝・Fernando Po Mannikin *L.b.poensis*）、背と翼が赤褐色で鹿の子模様のあるクラカケシチホウ（鞍掛七宝・Rufous-backed Mannikin *L.b.nigriceps*）も輸入されることがあります。いずれも性質は荒く、順化させるまで時間がかかるかもしれません。しかしいったん落ち着くと非常に上品な感じがする鳥です。

▶換羽途中の若鳥には灰褐色の雛毛が残っていて、こうした若鳥を入手すると繁殖への早道になる

繁殖　ハゴロモシチホウと同じです。

オキナチョウ
翁　鳥
Pearl-headed Silverbill

Lonchura griseicapilla　スズメ目カエデチョウ科キンパラ亜科キンパラ属
Odontospiza caniceps　オキナチョウ属とする場合には種名も変わる

原産地	東アフリカ（スーダン～エチオピア、ケニア、タンザニア）
住環境	乾燥した茂みのある草原
大きさ	12cm
飼料	フィンチ用配合、青菜、ミネラル（繁殖期には昆虫）
性別	雌雄同色で判別困難。オスはよく囀る
籠	45cm角。ツボ巣を常備

繁殖　ペアができたら45cm角の庭箱に入れます。環境に慣れるとオスはしきりに囀ります。発情飼料はエッグフードですが食べなければ昆虫を与えます。青虫や小さなバッタ、アリを好みます。巣材にはパームや羽毛を大量に与えます。営巣は雌雄共同で行います。

5卵位産み、13日抱卵、雛は25日位で巣立ちます。孵化したばかりの雛はギンバシと異なり、ジュウシマツやキンパラに似ています。しかし巣の中を覗かないことです。卵や雛を放棄してしまうこともあります。

巣立ちした雛が3羽以上の場合、自分で餌を食べるようになったら親鳥と分けてもよいのですが、2羽以下の場合、拒食症になって餓死することがあります。無理に別居をさせないようにしましょう。

英名からギンバシの仲間のように思われますが、縁は遠いようです。落ち着いた色彩、温和な性質、独特な囀り、丈夫で繁殖も楽しめる等、飼い鳥しての価値は十分あります。

輸入数が少ないので、目にする機会は多くないかもしれませんが、飼いやすいフィンチです。多数飼養はもちろん、雑居も可能です。室内では保温なしでも飼養できますが、15℃以上に保ちましょう。

▶ホオグロカエデチョウ（頬黒楓鳥）　東アフリカと南アフリカに分布する独特の色彩をした別種

カエデチョウ
楓　鳥
Black-rumped Waxbill　Red-eared Waxbill
Estrilda troglodytes　スズメ目カエデチョウ科カエデチョウ亜科カエデチョウ属

原産地：アフリカ（サハラ砂漠以南赤道以北）　東アフリカには分布しない
住環境：茂みのある草原、やや乾燥した場所（地面で採食）
大きさ：10cm
飼　料：フィンチ用配合に同量のアワを加えたもの、アワ穂、青菜、ミネラル、繁殖期には昆虫、発芽種子、イネ科の穂
性　別：メスは胸腹部の淡紅色を欠く
籠　　：45cm角。ツボ巣を常備

繁　殖　　順化したペアなら初夏から秋まで草を植えた屋外禽舎では自然繁殖します。この場合、昆虫は与えなくても発生したものを捕食するのでエッグフードやアワ玉を与えます。1m角程度の禽舎でもよく、イネ科の草を多めに植え込むと成功します。
　籠では二年目から準備します。45cm角以上あれば可能です。ツボ巣を入れて止まり木は隅に数cmだけにし、空間と床を広く取ります。巣材はパームや枯れ草、青草を大量に与えます。
　エッグフードやアワ玉、アリマキ、1cm以下のミールワーム、青虫等も与えます。イネ科の穂は種子を食べるだけでなく穂を巣材にするので欠かさないようにします。
　3〜6卵産み、12日抱卵後孵化し、20日位で巣立ちます。嘴の黒い、赤い羽毛のない雛です。禽舎ではつづけて繁殖します。籠では雛を別居させても2回目の産卵はあまりしないようです。

　アフリカ産フィンチの代表格です。わが国では細かな連模様と繊細な色合いを楓に見立てて命名されました。小型で活発、温和なので同程度の大きさのフィンチとの雑居も可能です。
　また群居性であり、小群飼養が適しています。大型の籠や禽舎での数種雑居には最適の鳥といえるでしょう。環境に慣れるとすぐに営巣を始めるほど巣作りの好きな鳥です。

　寒さを迎える最初の冬は15℃以上に保ちましょう。一冬越えると丈夫になり、二年目からは室内であれば無加温で過ごします。屋外でも寒風が吹きつけないよう覆いをすると耐えられるようになります。
　東京周辺では逃げ出したカエデチョウが河原で繁殖しているところもあります。海外ではオナガカエデチョウ（次ページ参照）が一般的で、黒い腰が本腫の特徴です。

ホオコウチョウ
頬紅鳥
Orange-cheeked Waxbill
Estrilda melpoda　スズメ目カエデチョウ科カエデチョウ亜科カエデチョウ属

原産地：アフリカ中西部
住環境：草原〜林縁部、耕地までの広範囲
大きさ：10cm
飼　料：フィンチ用配合に同量のアワを加えたもの
　　　　アワ穂、青菜、ミネラル、イネ科の穂
性　別：雌雄同色。オスの頬のオレンジ色は濃く、範囲も広いので、よく見ると判別できる。また囀る
籠　　：45cm角。ツボ巣を常備

　カエデチョウとともにわが国では最も親しまれているアフリカ産のフィンチです。ホオアカカエデチョウ（頬赤楓鳥）と呼ばれることもあります。
　寒さには弱いので最初の冬は保温します。順化すると丈夫になり、東京では野生化して繁殖した例もあります。飼養管理、繁殖はカエデチョウと同じですが、神経質な面もあり、籠での繁殖は容易ではありません。
　温和で雑居を楽しむこともできますが、キンパラやブンチョウのような気性の荒い鳥、大型の鳥、攻撃的な鳥にはいじめられるので、同大か温和なフィンチとの雑居にします。

繁　殖　カエデチョウと同じです。

第三章●種別解説

オナガカエデチョウ
尾長楓鳥
Common Waxbill

Estrilda astrild　スズメ目カエデチョウ科カエデチョウ亜科カエデチョウ属

原産地	アフリカ（サハラ砂漠以南の森林と砂漠を除く広範囲）
住環境	水辺であれば特に選り好みはしない
大きさ	10cm
飼　料	フィンチ用配合に同量のアワを加えたもの、アワ穂、イネ科の穂、青菜、ミネラル（繁殖期には小さな昆虫、発芽種子）
性　別	雌雄同色。オスは巣材をくわえてメスの周囲を飛び回ってディスプレイをする
籠	45cm角。ツボ巣を常備

繁殖　1m幅2m高2m奥のイネ科の草を植えた禽舎なら容易に繁殖します。カエデチョウと同じ管理です（籠でも同様）。

英名通り、欧米では最も一般的なカエデチョウです。わが国ではカエデチョウが先に知られたためオナガと名づけられましたが、特に尾が長いわけではなく、腰が黒くないのでカエデチョウと区別できます。亜種が多く、色彩や模様の濃淡には差があります。

カエデチョウ類のなかでは最も飼いやすく比較的丈夫ですが、最初の冬は保温が必要で、冷えない程度の15℃にします。

禽舎では雑居はもちろん、本種を多数飼うこともできます。大型の籠でも同様で、小群飼養が適しています。

動作が機敏なので止まり木は最小限に抑え、空間を広く取るようにします。イネ科の草があると落ち着くようです。籠に植木鉢ごと入れて止まり木代わりにしてもよいでしょう。

単独のペアで禽舎に放すと、すぐに営巣するので繁殖も楽しめます。巣は複数作り、繁殖用のもの、オス用のもの、使わないダミー等さまざまなものがあります。管理はカエデチョウと同じです。

ミヤマカエデチョウ
深山楓鳥
Crimson-winged Waxbill　Crimson-rumped Waxbill

Estrilda rhodopyga　スズメ目カエデチョウ科カエデチョウ亜科カエデチョウ属

原産地	アフリカ東部
住環境	草原、サバンナ、林縁部等
大きさ	10cm
飼　料	フィンチ用配合に同量のアワを加えたもの、アワ穂、青菜、ミネラル、イネ科の穂
性　別	雌雄同色で判別困難。オスは囀り、発情するとディスプレイする
籠	45cm角。ツボ巣を常備

カエデチョウに似ていますが、尾、翼、腰に赤い羽毛が混じるので区別できます。そのため、アカバネカエデチョウ（赤羽楓鳥）ともいわれます。さらに嘴が黒いので間違えることはないでしょう。

飼養管理、繁殖はカエデチョウと同じですが、禽舎では成功しても籠では難しいでしょう。体質は丈夫で最初の冬だけ保温すれば翌年からは無加温で過ごします。健康維持には水平な止まり木より生きた草が効果的です。禽舎で飼いたいフィンチです。

▶深山といっても山にすむわけでなく草原にすむ

繁殖　カエデチョウと同じですが、イネ科植物を植え込んだ禽舎がよいでしょう。籠では産卵はしても抱卵するものは少なく、成功率は低くなります。ジュウシマツを仮母にしても動物質飼料の不足で生育しないこともあります。

▶フナシセイキチョウ
(Cordon-bleu *U. angolensis*) オスにも頬の赤い斑がない別種

セイキチョウ
青輝鳥
Red-cheeked Cordon-bleu

Uraeginthus bengalus　スズメ目カエデチョウ科カエデチョウ亜科セイキチョウ属

原産地	アフリカ（西部〜東部）
住環境	乾燥した草原、アカシア林、村落周辺等
大きさ	13cm
飼料	フィンチ用配合に同量のアワを加えたもの、アワ穂、青菜、ミネラル、イネ科の穂
性別	オスは頬に赤い斑があり、メスにはない。また青い羽毛の範囲もオスは広くメスは狭いので判別可能

繁殖　2ｍ角の禽舎にイネ科植物と葉の少ない低木も植えますが、雨を避けて乾燥に強いものを選びましょう。年間を通して温度管理できる禽舎でも同様に植物の種類と維持には注意しましょう。アワやヒエをまいて育てるのもよい方法です。

また草はアリマキが好むものを植えると自然に飛来します。アリやショウジョウバエが好む甘いものや果物を禽舎内に置くのもよいでしょう。植生と昆虫の確保が安定している環境を作ることが重要です。禽舎の上部は空間として、止まり木は必要ありません。巣材はパームと鶏羽を与えます。ツボ巣を利用しますが、木や草の間に自ら営巣することもあります。

オスは飛びながら体を丸めてメスの周囲を舞うディスプレイをします。4〜5卵産み、12日抱卵後孵化します。雛へは昆虫とイネ科の穂が給餌されます。アリマキやショウジョウバエのように自然発生的に得られるものも利用しましょう。青虫、シロアリやアリの卵・幼虫・蛹、補助的にエッグフードやアワ玉を与えるのもよく、植物質ではイネ科の穂が得られない時期には発芽種子も効果的です。

雛は23日位で巣立ちとなります。青みの少ない嘴が灰色の雛です。2週間位で親分け可能になり、動物質もエッグフードやアワ玉だけで十分になります。親鳥は次の繁殖に取りかかり、3回程度繁殖可能です。

青い鳥の代表格です。スマートな尾の長い体形、軽快な動作、意外に美しい囀り、そして透き通ったような水色等、魅力満点のフィンチです。残念なことにいまだにアフリカで捕獲した野生鳥の輸入に頼っていますが、飼養下での繁殖を確立し、殖やしたい鳥です。

学名はベンガル、つまりインド産の鳥という意味ですが、これは命名時の誤りです。寒さに弱く最初の冬は15℃以上に保ちましょう。

その美しさから観賞用に飼われることが多いのですが、禽舎では繁殖も可能です。また、優雅な空中停止飛翔ディスプレイを見せてくれますが、狭い籠では期待できません。できるだけ大型の籠、あるいは禽舎で飼うようにしましょう。乾燥地に生息する鳥なので湿度には注意が必要です。梅雨時が繁殖期にあたり、直接雨が当たると繁殖を中止することも多いので、禽舎の構造には一工夫必要です。

アフリカ産フィンチはアワを主食とする鳥が多いのですが、セイキチョウもアワとキビを好み、ヒエやカナリーシードはあまり食べません。そのためアワ穂を主食にすることもありますが、慣れるとフィンチ用配合も食べるようになります。

ルリガシラセイキチョウ
瑠璃頭青輝鳥
Blue-capped Cordon-bleu

Uraeginthus cyanocephalus　スズメ目カエデチョウ科カエデチョウ亜科セイキチョウ属

原産地	東アフリカ（赤道をはさんだ狭い範囲のみ）
住環境	アカシアのあるサバンナ、半砂漠地帯、乾燥した草原
大きさ	13cm
飼料	フィンチ用配合にアワとキビを同量加えたもの、青菜、ミネラル、イネ科の穂、アワ穂
性別	メスは頭部が灰褐色で青い範囲が狭く判別可能
籠	45cm角以上。ツボ巣を常備

頭も青く嘴がピンクの美しい鳥です。輸入羽数は少ないのですが比較的丈夫です。オス同士は争い、また同属の青い鳥に対しても攻撃的になりますが、他種に対しては温和です。尾が長く優美な飛翔をするので、広い籠か禽舎での飼養が適しています。

セイキチョウ以上に乾燥地に適応しているので湿気は大敵です。冬期の保温は必要で20℃以上は維持しましょう。ヒエやカナリーシードは好まず、アワとキビ中心に食べます。イネ科の完熟穂も良い飼料です。繁殖期にはシロアリやアリの卵、幼虫、蛹、アリマキ、イネ科の穂、発芽種子を与えると良い結果が得られるでしょう。

繁殖　セイキチョウと同じですが、禽舎内の草が枯れない程度の乾燥を保つ必要があります。

Finch　トキワスズメ／ムラサキトキワスズメ

トキワスズメ
常盤雀
Common Grenadier

Uraeginthus granatina　スズメ目カエデチョウ科カエデチョウ亜科セイキチョウ属
Granatina granatina　トキワスズメ属とする場合の学名

原産地：アフリカ南部
住環境：開けたアカシア林、乾燥した草原や半砂漠状の茂み
大きさ：14cm
飼　料：フィンチ用配合にアワとキビを同量加えたもの、青菜、ミネラル、イネ科の穂、アワ穂
性　別：メスは体色が淡く判別は容易
籠　　：60cm幅以上。大型のツボ巣を常備（隠れ場所として利用する）

繁　殖　イネ科の草を中心に密植した禽舎がよく、低木も少しあると落ち着きます。ガラスやアクリルの屋根にして雨が直接降り込まないようにします。植生と日光、乾燥が重要です。
　アリマキやアリ、シロアリ等小昆虫が必要です。エッグフードやアワ玉も有効で、ツボ巣を利用しますが自分で草の間や木の枝に営巣することもあります。イバラを入れておくと好んで営巣場所にするともいわれます。
　4〜5卵産み、13日で孵化します。雛には昆虫、イネ科の生穂、エッグフード、アワ玉を中心に欠かさないよう与えます。繁殖期は梅雨から8月末をピークに考えて準備した方が植生や昆虫の入手、発生に適合します。
　セイキチョウと同じ管理ですが、発情し産卵するまでが難しい鳥です。一年籠で飼い、2年目の春から禽舎に放すとよいかもしれません。
　禽舎は2m角以上、草の維持と乾燥昆虫の確保等難しい条件が多いのですが、それだけに成功したときには他種では味わえない達成感を伴います。

赤褐色の体、紫色の頬、長く青い尾、赤い嘴と素晴らしい色彩をもつフィンチです。アフリカ産のフィンチのなかで最も人気がありますが、数が少なく繁殖も難しいのであまり目にする機会はないかもしれません。野生ではミカドスズメが托卵します。
　美しい姿を見るためには大型の籠がよく、できれば禽舎で飼いたい鳥です。寒さに弱く冬は保温が必要で、20℃を保つようにします。また乾燥地に生息するので湿気のない環境を心がけましょう。
　禽舎では雨がかからないようにして、植物が枯れない工夫もしなければなりません。籠では通風が良く日光浴ができる場所を確保するようにしましょう。
　性質は温和ですが、オスは青い顔の鳥に対して攻撃的になることもあります。雑居は好まず、ペア飼養が原則です。

ムラサキトキワスズメ
紫常盤雀
Purple Grenadier

Uraeginthus iantinogaster　スズメ目カエデチョウ科カエデチョウ亜科セイキチョウ属
Granatina iantinogaster　トキワスズメ属とする場合の学名

原産地：東アフリカ
住環境：乾燥地帯の茂み
大きさ：14cm
飼　料：フィンチ用配合にアワとキビを同量加えたもの、青菜、ミネラル、イネ科の穂、アワ穂
性　別：メスは腹部に青い羽毛はなく褐色なので判別可能
籠　　：60cm幅以上。ツボ巣を常備

アオハラトキワスズメ（青腹常磐雀）と呼ばれることが多いフィンチです。学名も「すみれ色の腹のトキワスズメ」といい、輝くような素晴らしい深い青い色の腹部でトキワスズメ以上の美しさですが、数が少なく、また寒さや湿気に弱い面もあり、あまり知られていないフィンチです。
　広いスペースにペア飼養という原則はトキワスズメ以上に守るべきです。日光、植生、昆虫の確保等、繁殖条件も同じです。野生ではキサキスズメが托卵します。

繁　殖　トキワスズメと同じです。

ニシキスズメ　コウギョクチョウ　**Finch**

コウギョクチョウ
紅玉鳥
Red-billed Firefinch

Lagonosticta senegala　スズメ目カエデチョウ科カエデチョウ亜科コウギョクチョウ属

原産地：アフリカ（サハラ砂漠以南の森林と砂漠を除く大部分）
住環境：アカシアのある草原や下草の多い乾燥した林、農耕地、公園、人家周辺
大きさ：10cm
飼　料：アワ穂、フィンチ用配合に同量のアワを加えたもの、青菜、ミネラル
性　別：オスは全身が赤い。メスは目先と腰だけ赤く全身灰褐色
籠　　：35cm角以上。ツボ巣を常備

アフリカ産の赤い鳥の代表種です。コウギョクチョウ属は近縁種が多く、特にメスはよく似ているため、別種をペアとして売っていることもあります。

本種は英名通り、嘴が赤く目の周囲が黄色いのが特徴的です。温和な性質で雑居も可能ですが気の荒い鳥は苦手です。

寒さには弱いので最初の冬の保温は15℃以上に保ちますが、一冬越すと丈夫な体質になります。

繁殖も籠で可能ですが、狭い籠では産卵だけで、抱卵・育雛はしないことが多いようです。ジュウシマツ仮母での繁殖が行われますが、広い籠で飼養し、自育が望まれます。

アフリカでは農地や人家周辺にまで進出しており、文化親近性鳥類と呼ばれるほど繁栄しています。シコンチョウが托卵することが知られています。

繁殖　季節に関係なく繁殖しますが、環境が整っていないと産卵までに至らないことがあります。45cm角以上の庭箱なら親鳥自身で育てることが多いので、できるだけ広い籠にペアを収容します。寒い時期は避けるか保温しましょう。

エッグフードをよく食べる鳥なら昆虫は不要です。イネ科の生穂は好物で雛にも運びます。

巣材としてパームと鶏羽を与えると営巣し、4～5卵産み、12日で孵化します。23日位で嘴の黒いメスに似た雛が巣立ちます。産卵しても抱卵しない場合はジュウシマツに預けます。

春から秋までは屋外禽舎で、雑居下でも自然に繁殖することがあります。

ニシキスズメ
錦雀
Melba Finch　Green-winged Pytilia

Pytilia melba　スズメ目カエデチョウ科カエデチョウ亜科ニシキスズメ属

原産地：アフリカ（サハラ砂漠以南の森林と砂漠を除く広範囲）
住環境：開けた林や草原、半砂漠地帯、耕地周辺等（開けて乾燥した環境を好む）
大きさ：13cm
飼　料：フィンチ用配合、青菜、ミネラル、アワ穂
性　別：メスには顔と胸の赤い羽毛がない
籠　　：60cm幅（隠れ家として大型のツボ巣をつけてもよい）

繁殖　秋から春までは室内の籠で飼います。暖かくなったら禽舎に放すと繁殖します。籠では産卵だけに終わることが多く、抱卵・育雛は広めの籠か禽舎でなければ困難です。卵をジュウシマツに預けると育ててくれますが、孵化した雛がすべて育つ確率は低いようです。

禽舎内はイネ科の草と低木を植えます。エッグフードや1cm程度のミールワーム、青虫、アリマキ、アリやシロアリの卵・幼虫・蛹等の昆虫を与えて発情させます。ツボ巣も利用しますが茂みの中に自営することが多く、巣材は豊富に与えます。

3～5卵産み、13日抱卵で孵化し、23日位で巣立ちます。雛が自分で餌を食べるようになったら分けましょう。親鳥は次の繁殖のため、雛を攻撃することがあるからです。

繁殖には昆虫が必要ですが、エッグフードを好んで食べるペアなら少量でもよく、また雛も育ちます。飼養下での繁殖には昆虫に代わる飼料が必要であり、その代表がエッグフードです。

鮮やかな色彩の美しいアフリカ産フィンチです。体も大きく活動的で丈夫ですが、冬は保温して15℃以上に保ちます。

オスは赤い鳥に対して攻撃的なので雑居は避けます。嘴が細長く強靭なので小型のフィンチは致命傷を負うこともあります。ペア飼養が基本です。

乾燥した状態を好むので湿度には注意が必要です。また狭い籠で止まり木が多いと活発さがなくなり、病気になりやすいので、できるだけ広い籠や禽舎で飼うようにします。野生ではホウオウジャクが托卵します。

クロハラコウギョクチョウ
黒腹紅玉鳥
Black-bellied Firefinch

Lagonosticta rara　カエデチョウ科カエデチョウ亜科コウギョクチョウ属

原産地	アフリカ（西部〜中央部の赤道やや北側）
住環境	開けた草原、茂みのあるサバンナ、耕地周辺等に小群あるいは同属他種との混群で生息
大きさ	10cm
飼料	フィンチ用配合に同量のアワを加えたもの、アワ穂、青菜、ミネラル、イネ科の穂
性別	オスは全身が赤く、メスは赤い色が淡く頭部が灰褐色
籠	45cm角。ツボ巣を常備

繁殖　春から禽舎に放すと自然繁殖します。この場合、禽舎内はイネ科植物を植えるとより効果的です。エッグフードや小さな昆虫、特にシロアリを好みます。

　籠では45cm角以上のものにペアを入れ、巣材と発情飼料を与えます。エッグフードやアワ玉を食べるなら昆虫は不要です。イネ科の穂はできる限り与えるようにします。

　管理はコウギョクチョウと同じです。ジュウシマツ仮母に預けることも可能です。

　コウギョクチョウに似ていますが、体色がより鮮やかで腹部が黒いのが特徴的です。また活発で生き生きとした動作で動き回りますが、輸入直後はストレスから神経質になってしまい、特にメスは弱く死亡率が高いようです。これは寒い時期に輸入される場合に起こりやすく、初夏から夏までに入手するとよいでしょう。

　保温は必要で最低15℃に保ちます。一冬越すと丈夫になり、初夏から繁殖可能になります。飼養管理、繁殖はコウギョクチョウと同じですが、やや広い籠か禽舎が適しています。温和で禽舎では少数の雑居なら繁殖することもあります。同属中、メスにも赤い色が現れるのは本種とカゲロウチョウだけです。クロシコンチョウが托卵します。

クロガオコウギョクチョウ
黒顔紅玉鳥
Black-faced Firefinch

Lagonosticta larvata　カエデチョウ科コウギョクチョウ属

原産地	アフリカ中部（ガンビア、セネガル、南東スーダン、西エチオピア
住環境	背丈のある草原、厚い茂み、竹林、林縁部。ペアか家族群で行動。コウギョクチョウやフナシセイキチョウとも混群をつくる。臆病で人には近づかない
大きさ	11〜12cm
飼料	アワを中心にしたフィンチ用配合、青菜、ミネラル、イネ科の生穂、エッグフード
性別	オスは顔が黒く、メスは灰色
籠	ペアで45cm角。隠れ家用にツボ巣を常備

繁殖　禽舎は2m角以上あるもので十分な植生が必要です。イネ科の草を植え、低木も止まり木代わりに植えます。ハコベやオオバコ等の雑草も、地面を覆うように植えるとよいでしょう。

　ペアを放して自然繁殖を待ちます。初夏から秋にかけて繁殖します。5卵前後産み、12日で孵化、20日程度で巣立ちます。

　養育飼料にはイネ科の生穂、昆虫、エッグフードを与えます。

　お馴染みのコウギョクチョウの仲間ですが、細長い嘴と独特の色彩は異彩を放っています。オスは黒、メスは灰色の顔です。体色もワインレッドから青みのある灰色まで、亜種によって幅がありますが、尾だけはすべての亜種、雌雄ともに赤くなっています。

　性質は温和ですが寒さは苦手です。保温する必要があります。また、自分より小さな鳥にも遠慮する傾向があり、雑居は避けて本種のみの飼養がよいでしょう。

ビナンスズメ　ビジョスズメ　**Finch**

ビジョスズメ
美女雀
Orange-winged Pytilia　Red-faced Finch　Yellow-backed Pytilia
Pytilia afra　カエデチョウ科カエデチョウ亜科ニシキスズメ属

原産地	アフリカ(赤道以南カラハリ砂漠以北)
住環境	乾燥した草原〜茂みの多い草原
大きさ	12cm
飼　料	フィンチ用配合に同量のアワを加えたもの、アワ穂、青菜、ミネラル、イネ科の穂
性　別	メスの顔は赤くなく灰褐色
籠	45cm角。ツボ巣を常備

同じニシキスズメ属ですがニシキスズメより一回り小柄です。また性質は穏やかで仲良く雑居でき、外見はひ弱そうですが丈夫な体質で、初めての冬を15℃以上に保てば、翌年からは室内なら無加温で過ごせます。保温できればそれにこしたことはありません。

ニシキスズメと似た色彩ながら淡く地味な印象です。禽舎はもちろん、やや大型の籠なら繁殖も可能で、飼いやすく温和なフィンチです。

繁殖もエッグフードをよく食べるペアなら昆虫は不要なのでニシキスズメより容易です。

体色が灰色で翼に黄色い羽毛のある近縁種キバネビジョスズメ(黄羽美女雀・Red-faced Pytilia *P.hypogrammica*)も同様の飼養管理です。この仲間は腹部の模様が雌雄で異なるのが特徴的です。

繁殖　できれば60cm幅の庭箱にペアを入れて一年目は順化させます。二年目から発情飼料を与えます。エッグフードやアワ玉、小型の昆虫、イネ科の穂等と巣材を与えます。

ツボ巣に巣材を運ぶようになれば産卵は近く、営巣後3〜5卵産みます。一年目は抱卵しないこともあり、そのときはジュウシマツ仮母に預けます。

静かな環境なら12〜13日の抱卵で孵化し、22日位で巣立ちます。雛は育った雛が夕方、巣に戻れないことがあるのでよく注意して、暗くなる前に巣に入れましょう。禽舎では植生が多ければ雑居でも繁殖することがありますが、途中で放棄する可能性もあり、単独ペアでの繁殖が望まれます。

▶キバネビジョスズメ

ビナンスズメ
美男雀
Crimson-winged Pytilia　Aurora Finch
Pytilia phoenicoptera　カエデチョウ科カエデチョウ亜科ニシキスズメ属

原産地	アフリカ(西部〜中部)
住環境	アカシア林、サバンナ、林縁部、藪等(ビジョスズメより隠棲)
大きさ	12cm
飼　料	ビジョスズメと同じ
性　別	メスは褐色が濃い
籠	45cm角。ツボ巣を常備

全身がグレーで、翼と腰から尾までが赤い地味なフィンチです。黒い嘴と近縁他種は顔が赤いのに本種は赤くないため、一層地味にみえてしまいます。ビジョスズメ同様に温和で丈夫ですが、名前とは裏腹にあまりにも地味なため、目立たない鳥です。

繁殖　ビジョスズメと同じです。

オトヒメチョウ
乙姫鳥
Green-backed Twinspot　Green-winged Twinspot
Mandingoa nitidula　スズメ目カエデチョウ科カエデチョウ亜科オトヒメチョウ属

原産地：アフリカ（赤道をはさんで東西に幅広く分布し、東部～南部の沿岸部にまで広がる）
住環境：下草の多い林縁部、二次林の下層、草原、耕地周辺
大きさ：11cm
飼　料：フィンチ用配合に同量のアワを加えたもの、アワ穂、青菜、ミネラル、イネ科の穂
性　別：メスは顔の色が淡く、腹部も灰色で判別可能
籠　　：45cm角以上。ツボ巣を常備

繁殖 BREEDING

一年目は籠で順化させ落ち着いてから繁殖に取りかかりましょう。できれば60cm幅以上の庭箱がよく、禽舎なら最適です。初めから繁殖用の籠や禽舎で飼養するより、室内で人馴れしてからの方が早道のようです。

ツボ巣と巣材、エッグフードを与えます。食べないときは、アリマキや1cm程度の青虫、ミールワームなどを与えます。営巣が始まったら静かに見守りましょう。覗くと繁殖を中止してしまいます。

4～5卵産み、13日で孵化、23日位で巣立ちます。イネ科の穂は繁殖時以外でも与えたほうがよく、完熟前の青い実の混じったものを好みます。雛は腹部が灰褐色で水玉模様もなく、顔もメスより淡い鈍黄色です。

緑色の体色、黒い腹部に白い水玉模様、赤い顔と鮮やかな美しさをもつ小型フィンチです。

輸入羽数は少なく、あまり目にする機会はありませんが、環境に慣れると温和で飼いやすい鳥です。

最初の冬は20℃を保てば心配なく、翌年からは室内であれば無加温でも過ごせます。もちろん保温するにこしたことはありません。

禽舎はもちろん、大型の庭箱でも繁殖可能で、エッグフードをよく食べるペアなら昆虫は与えなくても雛は育ちます。

多くの亜種がいますが、顔の赤い色の濃淡と範囲に差があります。特に喉から胸まで橙黄色になった亜種のシュレーゲルオトヒメチョウ（*M.n.schlegeli*）は美しさが際立っています。

メスはいずれも顔の赤い色が淡いのが特徴的です。

アラレチョウ
霰鳥
Peter's Twinspot　Red-throated Twinspot
Hypargos niveoguttatus　スズメ目カエデチョウ科カエデチョウ亜科アラレチョウ属

原産地：アフリカ（東南部）
住環境：低地の草原や茂み、アカシア疎林、下草層
大きさ：13cm
飼　料：フィンチ用配合、アワ穂、青菜、ミネラル、イネ科の穂
性　別：メスは顔が灰褐色
籠　　：45cm角以上。隠れ家用に大型のツボ巣を常備

オトヒメチョウと同じ模様ですが、背部が褐色なので腹部の黒と白い水玉模様が目立ちます。英名のツインスポットは数属にわたって使われる名称で分類とは関係なく、腹部に水玉模様のある鳥の総称です。

臆病な鳥で環境に慣れるまで時間がかかりますが、二年目以降に落ち着くようです。順化した鳥は上品な美しさを感じさせ、繁殖も可能になります。広い籠でなければ翼や尾を傷めてしまうほど性質は荒いのですが、隠れ家や遮蔽物があると緩和されます。

健康に飼養するには20℃以上、できれば25℃を保つようにします。体が大きいフィンチのわりには、丈夫な体質ではないように見受けられます。エッグフードをよく食べるペアなら昆虫を与えなくても雛は育ちますが、昆虫を欲しがる鳥もいて、与えないと雛を巣の外に放り出してしまうこともあります。

繁殖 BREEDING

籠で順化したペアを禽舎に放します。草を多く植え、低木も用意します。繁殖には初夏が適しています。

籠は60cm角以上を必要とします。オトヒメチョウと同じ管理ですが、神経質なため途中で放棄することもあり、静かな環境を保つようにします。

4～5卵産みますが孵化して育つまでの確率は低く、1～2羽しか巣立たないこともあります。これは昆虫および捕食行動の不足が考えられます。

クロガオアオハシキンパラ　アカチャタネワリキンパラ　**Finch**

アカチャタネワリキンパラ
赤茶種割金腹
Crimson Seedcracker
Pyrenestes sanguineus　スズメ目カエデチョウ科カエデチョウ亜科タネワリキンパラ属

原産地：アフリカ（西部沿岸）
住環境：水辺の厚い茂み。ペアか小群（ときにアオハシキンパラと混群で生息）
大きさ：14cm
飼　料：フィンチ用配合、ハト用配合、木の実（松の実等）、青菜、ミネラル、イネ科の青穂
性　別：メスは赤い部分が狭く判別可能
籠　　：単に飼養するだけでも60cm角以上（基本的に禽舎が適している）

　大きくて厚い嘴、鮮やかな赤い体が目立つアフリカ産のフィンチです。太目の体で丈夫そうにみえますが、冬は20℃以上に保温し、湿度は高めにします。

　まれに輸入されますが比較的新しく、1970年代に紹介された鳥なので一般的にはあまり知られていません。その風貌もフィンチとしては風変わりな感じで、飼養、繁殖も研究されていないので慎重な管理が必要です。高温多湿な環境を必要とします。

　体が大きく活動的なので大型の籠でなければ飼養できません。禽舎が最適ですが、温度管理できるものであることが重要です。

　大きな嘴で他のフィンチには食べることのできない種子や木の実までパチッと音を立てて割って食べます。このことから和名、英名ともに命名されています。ただこの習性を満たすには狭い籠は禁物です。運動不足と栄養過多で短命になるからです。

繁　殖　1976年、ドイツで草と樹木を植え込んだ禽舎で成功しています。少なくとも2m角以上の、温度・湿度管理のできる植え込みのある禽舎に籠で順化させたペアを放し、豊富な巣材とエッグフード、ミールワーム、小昆虫も与え、自然繁殖を待ちます。

　植え込みはイネ科の草と低木で茂みを作り、池のある砂場も効果的です。彼らの野生での環境を禽舎内に再現するようにします。

クロガオアオハシキンパラ
黒顔青嘴金腹
Western Bluebill
Spermophaga haematina　スズメ目カエデチョウ科カエデチョウ亜科アオハシキンパラ属

原産地：アフリカ（西部沿岸地帯～中央部）
住環境：厚い茂み、林縁部の下草の多いところ
大きさ：15cm
飼　料：フィンチ用配合、ハト用配合、昆虫、青菜、ミネラル、木の実、米等
籠　　：最低でも60cm角以上（できれば2m角以上の禽舎）

　オスとメスとでは別種のように模様が異なります。大柄ですがとても臆病で神経質です。また寒さに弱いので保温設備のある禽舎や大型籠での飼養が適しています。

　隠れる場所がないとストレスで弱ることがあるので、禽舎では草や樹木を植えて茂みを作り、籠では木箱やツボ巣で隠れ家を作っておきましょう。狭い籠では暴れて翼や尾を傷つけてしまいます。事故を防ぐためにも大型籠か禽舎で飼うようにしてください。

　野生では種子や昆虫、クモ、アブラヤシの実等を食べているので、飼養下でも多種類与えます。

　また高温多湿で植物の密生したところに生息する鳥なので、温度・湿度・遮蔽物等の管理もきちんとしなければなりません。

▲オスは顔と腹部が黒く、メスは腹部に細かな白い斑点をもつ

繁　殖　とても難しく成功例は報告されていません。近縁のズアカアオハシキンパラ（頭赤青嘴金腹・Red-headed Bluebill *S.ruficapilla*）は、多くの植物を植えた2m幅3m奥の室内禽舎で成功しています。本種もこの方法で成功するかもしれません。

　順化までは雑居も可能で温和な性質であり、ペアのみを禽舎に放します。オスが巣材をくわえてメスを交尾に誘う行動があります。長い青草、イネ科の穂、コケ、パームなどで大きな巣を作り、4卵位産み、16～18日で孵化、20日で巣立っています。飼料は前記のほかに、ミールワーム、アリの蛹、小さな蛾の蛹等の昆虫やハコベ、サラダ菜を好んで運ぶようです。

Finch　イッコウチョウ／オオイッコウチョウ

イッコウチョウ
一紅鳥
Cut-throat Ribbon Finch

Amadina fasciata　スズメ目カエデチョウ科カエデチョウ亜科イッコウチョウ属

- 原産地：アフリカ（サハラ砂漠以南の広範囲）
- 住環境：やや乾燥した草原、サバンナ、開けた林縁部
- 大きさ：12cm
- 飼　料：フィンチ用配合、青菜、ミネラル
- 性　別：メスは赤い帯をもたない
- 籠　　：35cm角以上。ツボ巣を常備

アフリカ産フィンチのなかではギンバシと並んで繁殖の容易な鳥です。とても丈夫で手間もかかりませんが、メスが卵詰まりになりやすいということから、初めての冬はよく注意しなければなりません。

入手してから1ヵ月もしないうちに産卵するほど順化しやすく、籠にもこだわることはありません。禽舎で飼うのであれば、野生の魅力を十分に楽しめます。

最初の冬だけ15℃以上の保温をすれば翌年からは屋外禽舎でも平気で越冬します。ただ狭い籠では小型の鳥をいじめるので雑居はさせないようにします。また他の鳥の巣を乗っ取り自分の巣にする習性があり、そのとき卵や雛は巣の外に放り捨ててしまいます。

相手が自分より大きなブンチョウでもすきを見て乗っ取りを企て、卵や雛に被害を及ぼします。そのため繁殖しそうなフィンチとの雑居は広い禽舎でも避けるようにします。

地味な色彩ですが個体ごとに若干色模様が異なり、またより色彩の濃い亜種のヒガシイッコウチョウ（東一紅鳥・*A.f.alexanderi*）、模様が濃く頭部が灰褐色の亜種のミナミイッコウチョウ（南一紅鳥・*A.f.meridionalis*）も輸入されますが区別されることなく売られています。

産卵が容易なのでジュウシマツを仮母にして繁殖させようとしても成功率は低く、その原因は雛の容姿と給餌姿勢にあるようです。全身が黒く灰褐色の産毛に覆われ、首を真上に伸ばして餌を求めるので、なかには対応できないジュウシマツもいるのです。

さらに孵化直後からジージーと声を出すのも異様なのかもしれません。やや大型の籠なら自ら容易に抱卵・育雛します。

繁殖　35cm角の籠でも産卵・抱卵はしますが雛を育てない場合が多く、少なくとも45cm角60cm幅の庭箱がよいでしょう。

ミールワーム等昆虫を好みますが、エッグフードを食べるのなら不要です。与えることができればそれにこしたことはありません。

禽舎では巣材を大量に使い、みごとな巣を作りますが、籠では環境が悪いと作っては壊すことを繰り返します。営巣終了と同時に産卵します。4〜5卵産み、孵化までは12日です。孵化当日にはジージーと鳴きます。

昆虫に慣れたペアは与えないと雛を巣の外に放り捨てることがあります。与えるなら毎日一定量与えましょう。22日位で巣立ちます。このときにオスはすでに喉の赤い帯があるので区別できます。季節を選ばず何回でも繁殖しますが、春と秋に限定した方が健康な若鳥を得られます。虫食性を生かして他の虫食性の強いフィンチの仮母に預けることもあります。

オオイッコウチョウ
大一紅鳥
Red-headed Finch

Amadina erythrocephala　スズメ目カエデチョウ科カエデチョウ亜科イッコウチョウ属

- 原産地：南アフリカ
- 住環境：乾燥した草原やサバンナ、茂み、耕地や村落
- 大きさ：13cm
- 飼　料：フィンチ用配合、青菜、ミネラル
- 性　別：メスの頭部は灰褐色
- 籠　　：45cm角以上。ツボ巣を常備

イッコウチョウより一回り大きく、オスは頭全体が赤褐色です。イッコウチョウと同様の管理で飼養・繁殖が楽しめますが、大型なので大きな籠を使うようにします。

温和な性質ですが雑居は避けたほうがよいでしょう。それはいじめたりはしないのですが、体が大きいだけに小型のフィンチは圧倒されるからで、大きな禽舎以外ではペア単位での飼養が原則です。

繁殖　イッコウチョウと同じです。庭箱は60cm角以上が必要です。1m角の木箱に金網を張ったものでも十分です。

また屋外で金網で囲っただけの1m角程度の禽舎にしても容易に繁殖します。昆虫よりエッグフードに慣らしておくようにします。

シコンチョウ　ホウオウジャク　**Finch**

ホウオウジャク
鳳凰雀
Paradise Whydah

Vidua paradisaea　スズメ目ハタオリドリ科テンニンチョウ属

原産地：アフリカ(東部〜中・南西部)
住環境：茂みのある開けた草原
大きさ：13cm(繁殖期のオスは40cm)
飼　料：フィンチ用配合、青菜、ミネラル、イネ科の穂
性　別：非繁殖期は似た容姿だが、オスはやや大きく尾が長めで模様も濃い
籠　　：45cm角90cm高以上

繁殖　本種単独では不可能で、4m幅2m高3m奥程度の植生のある大型の禽舎で托卵習性を満たす必要があります。

　宿主であるニシキズズメかキバネビジョスズメを3〜5ペア放して繁殖できる環境を作ったうえ(できれば繁殖を経験させる)、ホウオウジャクのオスを1羽に対してメスは3〜5羽を入れます。

　禽舎の大きさでメスの数は加減しますが、多すぎると宿主と産卵のタイミングが合わず失敗の原因になります。オスを2羽以上入れるのも相当大型の禽舎でなければ難しいでしょう。最初の年は繁殖しないことが多く、環境に慣れる二年目からがスタートになるでしょう。籠で順化しても彼らの繁殖習性では禽舎にも慣れる必要があるからです。

　繁殖を成功させるにはイネ科の穂、昆虫は不可欠です。宿主の巣に1卵ずつ托卵し、雛は宿主の雛と一緒に育ちます。孵化までは宿主と同じ日数ですが巣立ちが早く、20日以内に巣を出て宿主の給餌を独占する傾向があります。そのため宿主の雛は育たないこともあり、巣立ち前に取り出して人工育雛やジュウシマツ仮母に預ける方法も考えられます。

　宿主が少ないとメスは数羽が同じ宿主に托卵することになり、やはり失敗の原因になります。キンカチョウを宿主にする方法も考えられていますが、成功例の報告はありません。

繁殖期のオスの長い尾と、黒と褐色の色彩もみごとな独特のグループです。

カッコウやホトトギス同様に自らは巣を作らず、他の鳥の巣に産卵し育ててもらう托卵習性をもちます。同じハタオリドリ科ではなく、カエデチョウ科フィンチがその対象です。

一夫多妻なので飼養下での繁殖は困難ですが成功例はあります。

オスの美しさとは対照的にメスは地味で別種のように思われるかもしれません。

しかし非繁殖期のオスはメスと似たような地味な色彩に変わります。この生殖羽は実際の繁殖とは無関係に毎年現れます。

丈夫で保温なしでも十分飼養でき、温和な性質ですがアフリカ産フィンチやキンパラ類にいじめられることもあり、禽舎での雑居なら問題ありませんが、籠では一緒にしないようにします。長い尾を傷つけないように大型の籠か禽舎で飼う方がよく、止まり木も位置を考えて尾が籠の壁や金網に触れないようにします。繁殖を考えなければペアでもオス同士でもかまいませんが、多数の同居は避けます。

籠ではフィンチ用配合飼料、広い禽舎ではエッグフードや昆虫、イネ科の穂、砕いたトウモロコシやコムギ、エンバク、ニガーシード等も与えると健康促進になります。

▶尾羽の幅が広い別種のオビロホウオウジャク(Broad-tailed Paradise Whydah)

シコンチョウ
紫紺鳥
Village Indigobird

Vidua chalybeata　スズメ目ハタオリドリ科テンニンチョウ属

原産地：アフリカ(西部〜東部)
住環境：乾燥した草原、農耕地
大きさ：11cm
飼　料：フィンチ用配合、青菜、ミネラル、イネ科の穂
性　別：非繁殖期は同色だが、オスの模様が濃く判別可能
籠　　：35cm角以上。ツボ巣は不要

繁殖　宿主はコウギョクチョウ、カオグロコウギョクチョウが報告されています。禽舎に宿主数ペアと本種のオス1羽とメス3〜5羽を放して托卵させます。基本的にはホウオウジャクと同じですが、両者の産卵が同時期でなければ成功しません。

　テンニンチョウの仲間の繁殖は、非生殖羽のときから宿主と同居させて警戒させないことが大切です。そのためにも禽舎は大型で植生が多く、しかも乾燥状態を保ち、冬は保温も可能といった設備が必要です。

　テンニンチョウ属の雛を育てるには昆虫、特にアリマキ、シロアリ(成虫・卵・幼虫・蛹)、青虫等を与えます。宿主だけならエッグフードで育つ可能性は高いのですが、カエデチョウ科とハタオリドリ科では雛の成長速度が異なるので昆虫は必要です。それだけにこの仲間の繁殖は難しいと思われます。

テンニンチョウの仲間ですが、尾が長くならず、全身が光沢のある黒紺色になるのが特徴的です。

黒に近い色から緑色の光沢のあるものや青い光沢のあるものまでさまざまな亜種が存在しますが、すべてをシコンチョウと呼んでいます。

ほどほどの体形なのでカエデチョウ類と同じ扱いで飼うことができ、とても丈夫で飼いやすく、雑居も可能です。

托卵性で一夫多妻なので繁殖は容易ではありませんが、テンニンチョウ属のなかでは最も繁殖の可能性のある種です。

近縁種のスミレシコンチョウ(Dusky Indigobird *V.purpuracens*)、クロシコンチョウ(Variable Indigobird *V.funereal*)、ニシクロシコンチョウ(Palewinged Indigobird *V.wilsoni*)と混同されることもあり混乱を招くようです。

Finch　テンニンチョウ　キサキスズメ

テンニンチョウ
天人鳥
Pin-tailed Whydah

Vidua macroura　スズメ目ハタオリドリ科テンニンチョウ属

原産地：アフリカ（サハラ砂漠以南の広範囲）
住環境：開けた草原や農耕地
大きさ：13cm（繁殖期のオスは28cm）
飼　料：フィンチ用配合、青菜、ミネラル、イネ科の穂
性　別：非生殖羽は同色だが、オスの尾はやや長めで模様も濃い
籠　　：35cm角90cm高以上

オスの生殖羽は黒と白の模様に細長い尾が特徴的です。非生殖羽はやはりメスに似ています。テンニンチョウ属のメスはいずれもよく似ていて区別が難しいといわれていますが、本種は嘴が赤く脚は黒褐色です。本種の宿主にはオナガカエデチョウ、カエデチョウ、ミヤマカエデチョウ、チャムネカエデチョウが報告されています。

わが国でも東京の多摩川河原で繁殖した例があり、同地に野生化しているカエデチョウに托卵したのではないかと考えられています。

丈夫で飼いやすく人気もありますが、尾が長いので大きな籠か禽舎が適しています。

また小型フィンチに対してやや攻撃的で、長い尾が脅威となることもあるので、広い禽舎以外での雑居は避けましょう。

繁　殖　ホウオウジャクと同じですが、宿主の種類が多く雑居可能なので、より可能性は高いでしょう。

エッグフードや昆虫、イネ科の穂は不可欠です。フィンチ用配合以外にもニガーシードやエゴマも効果的です。

キサキスズメ
后　雀
Fischer's Whydah

Vidua fischeri　スズメ目ハタオリドリ科テンニンチョウ属

原産地：アフリカ（東部）
住環境：乾燥した草原
大きさ：11cm（繁殖期のオスは30cm）
飼　料：フィンチ用配合、青菜、ミネラル、イネ科の穂、昆虫、エッグフード
性　別：非生殖羽のオスはメスと同色だが模様が濃く、やや大きいので判別可能
籠　　：45cm角90cm高以上

オスの生殖羽は黄色と黒の対象が美しく、長い尾も途中から左右に広がり、みごとなものです。非生殖羽とメスは地味なので、他種との区別は赤い嘴と脚です。

とても美しく上品ですが、他種とは協調性がなく、広い禽舎でなければ雑居は避けましょう。

体質は見た目より丈夫ですが初めての冬は保温するか、室内で15℃以上に保つようにします。

托卵性で、宿主がムラサキトキワスズメであり、繁殖は非常に困難です。しかしこの美しいフィンチを殖やすためには、別の宿主の研究も必要になるでしょう。

繁　殖　托卵性、一夫多妻、しかも宿主がムラサキトキワスズメであり、繁殖はきわめて困難です。

乾燥した草原と茂み、保温設備のある大型禽舎という条件、しかもムラサキトキワスズメを数ペア繁殖させられるものが必要です。

キンカチョウや虫食性のあるフィンチを宿主にしてみるのもひとつの方法です。

オウゴンチョウ｜キクスズメ　Finch

キクスズメ
菊雀
Scaly Weaver

Sporopipes squamifrons　スズメ目ハタオリドリ科キクスズメ属

原産地：アフリカ（東部～南部）
住環境：草原の茂み
大きさ：10cm
飼　料：フィンチ用配合、粒の小さな鶏用配合、ニガーシード、青菜、
　　　　ミネラル、イネ科の穂
性　別：雌雄同色で判別困難。オスは囀る
籠　　：35cm角以上

アフリカ産の小型のスズメの仲間です。地味ですが落ち着いた品のある色彩と模様をしています。集団生活をするのは日本のスズメと同じで、一羽だけで飼うのはよくありません。小群を禽舎に放すのが最も適した飼養法で、雑居も可能です。

籠では少なくとも二羽以上で飼います。臆病でやや荒さがみられますが、順化すると落ち着いてきます。ペアならよいのですが、オス同士だと弱い方がいじめられてしまうこともあります。

飼養には手がかからず、室内では保温の必要もありません。飼料はフィンチ用配合だけでは栄養不足になるので、鶏用配合やニガーシードを若干加えるとよいでしょう。

籠では運動不足になりがちなので、フィンチ用配合を主にしてほんの少しニガーシードを加えましょう。

地味で目立たないため、あまり大切にされない鳥ですが、丈夫で寒さにも強く、屋外禽舎で雑居していたら知らないうちに繁殖していたということもあります。

▲チャエリキクスズメ

繁　殖　5～6羽を屋外禽舎に放し、草や木を植えて上部に箱巣や営巣場所になる隙間を作っておくと、繁殖を始めるペアが出てきます。条件がよければ数ペアが同時に繁殖することもあります。

巣材はスズメと同じで何でも使って営巣し、3～5卵産み、メスだけ抱卵します。14日程度で孵化し両親が給餌しますが、このときは昆虫が中心です。ミールワーム、青虫、小さなバッタやコオロギ、蚊やハエも食べます。

繁殖期にはフィンチ用配合だけでなく鶏用配合やエッグフードも与えるようにします。

オウゴンチョウ
黄金鳥
Golden Bishop

Euplectes afer　スズメ目ハタオリドリ科キンランチョウ属

原産地：アフリカ西部のギニア湾沿岸～南部（森林、砂漠、市街地を除く広範囲）
住環境：水辺から離れず、沼地や湿地帯、河川周囲の草原（水面に張り出した
　　　　木の枝や丈夫な草叢に営巣する）
大きさ：11～14cm
飼　料：キンランチョウと同じ（繁殖期には昆虫）
性　別：非繁殖期の雌雄は似るが、オスは大きく模様が濃い
籠　　：1パーティで60cm角以上（できれば禽舎）

キンランチョウの仲間ですが黄色と黒の生殖羽で知られています。非繁殖期にはスズメのように地味な色彩になりますが、腹部は白くすっきりとした感じです。メスは常に地味です。近縁のハタオリ属によく似た黄色い鳥と混同しやすいので注意が必要です。

本種はアフリカ産で眼が黒く、最も小型、背から腰にかけて切れ目なく黄色いのが特徴です。ハタオリドリ類の代表種で、やや大きめの植生のある屋外禽舎に小群で放すとにぎやかに鳴き交わしながら、釣鐘型の巣を作るようになります。

小型のフィンチや温和なソフトビルには攻撃的なので雑居は避けましょう。丈夫ですが温度の急変には弱く、最初の冬は15℃以上を保ちます。

主にペアで売られますが、一夫多妻なので普通に飼養するにもオス1羽に対してメス3羽程度にします。メスが少ないとオスが追い回して弱らせることがあります。この繁殖単位をパーティと呼びます。

繁　殖　キンランチョウと同じですが、1パーティでも3m幅2m高3m奥程度の禽舎は必要で、複数パーティの方が成功率は高いので、より大型の禽舎が適します。池（水溜り）とそれを覆う植生も用意します。キジ類やハト類との雑居でも邪魔されなければ繁殖可能です。

オスが営巣しメスを呼び入れ、産卵すると次のメスを誘うために営巣を繰り返します。抱卵・育雛はメスのみがします。青みがかった卵を2～4卵産み、14日抱卵で孵化、20日程で巣立ちます。この間、昆虫を必要とします。

第三章●種別解説　98

キンランチョウ
金襴鳥
Red Bishop

Euplectes orix　スズメ目ハタオリドリ科キンランチョウ属

原産地：アフリカ（サハラ砂漠以南の広範囲）
住環境：草原地帯の低木のあるところ、葦原
大きさ：13～15cm
飼　料：フィンチ用配合にニガーシードやエゴマを若干加えたもの、青菜、ミネラル、イネ科の穂（繁殖期には昆虫、エッグフード、小粒の鶏用配合）
性　別：非繁殖期のオスはメスと似ているが、模様が濃いので判別可能
籠　：ペアで45cm角以上

オスの生殖羽は朱色、あるいは赤橙色と黒で光沢があり、みごとですが、室内で飼っていると数年後にはこの朱色はほとんど黄色になってしまいます。健康状態は変わらないのに色だけが褪めてしまうのです。これは自然を模した禽舎では起こらないことなので、ストレスや日光不足、運動不足、栄養不足等が考えられます。

発情したオスは後頭部の羽毛を襟巻き状に膨らませるディスプレイをし、盛んに巣作りをします。この行動は繁殖のためですが、オス一羽だけでも営巣はします。実際の繁殖は一夫多妻です。非繁殖期はメスと同じような地味な色彩に変わります。

美しく丈夫で飼いやすい鳥なのですが、カエデチョウ科やメジロ類のような小型の鳥を攻撃するので同居はできません。同じ大きさのハタオリドリ類とは一緒に生活します。

美しさの維持とおもしろい営巣行動を見るには禽舎飼養が最適です。木の枝や太い草の茎に釣鐘型の巣をぶら下げるように作ります。少々騒々しく荒い性質ですが保温の必要性はなく、ハタオリドリ類の代表格といえるでしょう。

繁殖　屋外禽舎にイネ科の草と低木を混植して、オス1羽に対し、メス2～4羽を放します。オスは1つの巣を作り上げると一羽のメスとペアになり交尾し産卵させます。そして次の巣を作り、別のメスとペアになります。

メスの数が少ないとオスは抱卵中のメスに対しても交尾をしかけるので、繁殖失敗の原因になります。オスは営巣と交尾のみで、抱卵・育雛はメスのみで行います。

繁殖には動物質飼料が不可欠なので昆虫の確保をしましょう。ミールワームだけでなく青虫、コオロギ、バッタ、カマキリ、羽蟻等が適しています。産卵数は2～3卵と少なく、14日で孵化、23日位で巣立ちます。

ヨーロッパではキジ類との雑居禽舎で繁殖成功例があります。

キガタホウオウ
黄肩鳳凰
Yellow-mantled Whydah

Euplectes macrourus　スズメ目ハタオリドリ科キンランチョウ属

原産地：アフリカ（中部）
住環境：低木のある草原
大きさ：15～18cm（繁殖期のオスは尾がさらに6～7cm伸びる）
飼　料：フィンチ用配合にニガーシードや鶏用配合を加えたもの、青菜、ミネラル（繁殖期には小昆虫）
性　別：メスは尾が短く、非繁殖期のオスとメスは同じ色彩
　　　　オスは尾がやや長く、体も大きいので判別可能
籠　：鑑賞用でも60cm角以上（できれば禽舎）

オスの生殖羽は黒く、尾が長くなります。名称からもホウオウジャクの仲間と思われがちですが、テンニンチョウ属ではなくキンランチョウ属です。和名、英名だけで判断すると正確な分類にはならず、誤解を生じる原因になります。

テンニンチョウ属のように托卵はせずに一夫多妻で、メスが抱卵・育雛を行います。この仲間は動作が荒いのが特徴ですが、本種は温和で順化も早く、広いスペースがあればカエデチョウ科フィンチとも雑居は可能です。

最初の冬は15℃を保つようにします。フィンチ用配合にニガーシードや鶏用配合も与えると健康に良いのですが、籠飼養ではごく少量にとどめます。

繁殖　キンランチョウと同じです。

| キマユクビワスズメ | クビワスズメ | Finch |

クビワスズメ
首輪雀
Cuban Grassquit

Tiaris canora　スズメ目ホオジロ科クビワスズメ属

原産地：キューバ
住環境：低木のある開けた草原、茂みの中や低木に営巣
大きさ：11cm
飼　料：フィンチ用配合にエゴマかニガーシードを
　　　　一割程度混ぜたもの、青菜、ミネラル
性　別：オスは鮮明、メスは鈍い色彩
籠　　：45cm角または60cm幅以上（隠れ家として大型のツ
　　　　ボ巣を入れるとよい）

中南米のホオジロ科フィンチで囀りの良さで知られています。小型であり、寒さは苦手なので冬は保温が必要です。18℃以上を保てば大丈夫です。
　一冬越すと翌年からは保温なしでも過ごせますが、最低温度には注意してください。急激に冷えると弱ってしまいます。やはり若干の保温をすると安心です。
　とても活発で、できるだけ広い籠や禽舎がよく、狭い籠や庭箱では運動不足になり、飼料によっては脂肪過多になってしまいます。またホオジロ科なので、通常のフィンチ用配合飼料では栄養不足になります。エゴマかニガーシードを加えましょう。
　温和で雑居も可能ですが、ブンチョウやキンパラ類、ハタオリドリ類にはいじめられ、逆に発情するとカエデチョウ類のような小型フィンチを攻撃することがあります。

繁　殖　禽舎にペアを入れ、ツボ巣や箱巣を与えて大量の巣材も入れます。発情したオスはしきりに囀ります。エッグフードや小昆虫も与えましょう。ホオジロ科としては珍しくカエデチョウ科のようなドーム型の巣を作ります。
　5卵位産み、11〜13日で孵化、22日位で巣立ちます。環境が気に入らないと卵や雛を巣の外に放り出してしまうこともあります。
　雛が巣立って親鳥の給餌を受けていながら、メスは次の産卵をすることもあります。このときはオスが給餌し、メスは抱卵に専念します。大型籠や大型庭箱でも産卵は可能ですが、抱卵・育雛は難しいでしょう。
　ジュウシマツを仮母にすることが多いのですが、好む飼料がジュウシマツと本種とは異なることから栄養不足になります。小型のカナリア、ローラーカナリアやグロスター、日本細を仮母にした方が雛の発育もよく、順調に育ちます。
　名前が知られているわりに実物を見ることの少ない種です。あまり繁殖の研究がされず、カエデチョウ科と同じような管理をしてきたために殖やすことができなかったのでしょう。ヨーロッパでは禽舎での自育とカナリア仮母で繁殖が進んでいます。

キマユクビワスズメ
黄眉首輪雀
Yellow-faced Grassquit　Olive Cuba

Tiaris olivacea　スズメ目ホオジロ科クビワスズメ属

原産地：中央アメリカ〜南アメリカ北部、西インド諸島
住環境：草原や耕作地周辺
大きさ：11cm
飼　料：フィンチ用配合にニガーシード、エゴマを若干加えたもの、
　　　　青菜、ミネラル、アリマキ、小さなクモ、エッグフード
性　別：メスは鈍い色彩
籠　　：45cm角か60cm幅

クビワスズメの近縁種ですが、より数が少なく、見る機会の少ないフィンチで、小型で地味なわりに価格が高いため、あまり知られていないようです。
　クビワスズメより温和でカエデチョウ科フィンチとの雑居も可能です。クビワスズメ以上に多様な飼料を与え、なかでも動物質は有効です。クビワスズメとの雑種が出現することもあります。

繁　殖　クビワスズメと同じです。2〜3卵産みますが、青く黒褐色の斑のある卵です。春から繁殖が始まって数回繰り返します。

Finch　ゴシキヒワ／ベニバラウソ

ゴシキヒワ
五色鶸
Goldfinch

Carduelis carduelis　スズメ目アトリ科ヒワ亜科ヒワ属

原産地：ヨーロッパ、アフリカ北部、中東〜中央アジア
　　　　ヨーロッパ産亜種が最も美しく、東へ行くほど地味な色彩になる
住環境：林縁部、耕地周辺、公園、人家の庭等幅広い生息域
大きさ：13cm
飼　料：カナリア用配合（脂肪質は一割程度）、青菜、ミネラル
性　別：メスは顔の赤い部分がオスより狭いので判別可能
籠　　：一羽飼いで35cm角以上（繁殖は禽舎）

　ヨーロッパを代表するヒワです。色彩の美しさ、囀りの良さ、馴れやすさ、人家周辺に生息するところから昔からよく飼われ、文学にも登場するほど親しまれています。19世紀のロンドンではこのヒワを専門に捕らえて売る鳥刺しという職があったほどです。
　環境に慣れるまでそう時間はかかりません。活発で元気の良い鳥を選ぶようにしましょう。狭い籠の中ではすぐに脂肪過多となり、腹部に黄色い脂肪層ができて動作が鈍くなります。
　カナリアと同じ管理で飼養できますが、オスは排他的で餌入れや水入れを独占する傾向があります。他の鳥を傷つけるほどの攻撃はせず、自分の近くにこなければ無関心です。そのため雑居も可能ですが、狭い籠では争いが絶えません。広い籠か禽舎での雑居が原則です。
　水浴びを好み、水を交換するとすぐに浴びようとします。健康維持にはこの水浴びと適度な日光浴が必要です。入手後、温度環境が変わると換羽する場合もあり、冬は条件を調整しておくとよいでしょう。

繁殖　ヨーロッパでよく飼われているといっても飼い鳥化されたわけではなく、身近な野鳥なのです。そのため繁殖は簡単ではありません。時期はカナリアと同じく春から夏までです。少なくとも2m角の禽舎に低木を植え、イネ科の草原も作ります。
　籠飼いで落ち着いたペアを入れて主食の他にエッグフードを与えます。カナリア用の皿巣と巣材も入れます。オスの囀りが激しくなり、メスは営巣を始めます。皿巣を使うより低木に自分で営巣することが多いようです。
　カナリア同様に5卵位産み、メスだけで抱卵、13日で孵化し、20日位で巣立ちます。この間、エッグフードと青菜は切らさないようにします。春から夏にかけて3回位繁殖可能です。
　雛は自分で餌を食べるようになったら別居させましょう。親鳥が攻撃することはありませんが、次の繁殖の妨げになるからです。
　ヒワ類は植物質中心の食性なので昆虫を与える必要はなく、手間はかかりませんが、エッグフードは栄養豊富であり与えると効果的です。繁殖自体は鳥任せですが、神経質な鳥は途中放棄することもあります。カナリアを仮母にすることもできます。

ベニバラウソ
紅腹鷽
Common Bullfinch

Pyrrhula pyrrhula　スズメ目アトリ科ヒワ亜科ウソ属

原産地：ヨーロッパ〜サハリン、千島列島
住環境：山地の森林。樹冠部で採食、特に花の蕾を好むため、害鳥とされることもある。ときに地上に降りて採食
大きさ：16cm
飼　料：フィンチ用配合にエゴマを加えたもの、青菜、エッグフード、ミネラル
性　別：メスには赤い羽毛がない
籠　　：一羽飼いで45cm角、ペアは60cm角以上

　日本にも生息するウソの大陸産亜種で、オスは腹部まで赤くなります。日本産もかつては飼い鳥の対象でしたが現在では飼養できません。
　擂餌は好まないのでフィンチ用配合にエゴマを加えたものを与えます。エゴマしか食べない鳥もいますが、食べるものがないと他の種子も食べます。エゴマを多く与えると脂肪過多になります。
　広い禽舎なら好き嫌いなく食べるのですが、籠では偏食の傾向が強いので、強制的にバランスのとれた食事にするようにしましょう。
　やさしい口笛のような柔らかい鳴き声は美しく、鳴くときに脚を動かし琴を弾くような姿が似ていることからことから、琴弾鳥（ことひくとり）と呼ばれていました。オスだけでなくメスも鳴きます。
　丸々とした体で活動的なので大型の籠や禽舎での飼養が適しています。他種とも争うことがないので雑居も可能です。

繁殖　ゴシキヒワと同じですが、より神経質なので低木ではなく高い針葉樹にし、大型の禽舎が適しています。果樹の花芽を好むので植えておくとよく、繁殖期には定期的に花芽を与え、補助的にエッグフードも効果的です。

カナリア
金絲雀
Canary

Serinus canaria　スズメ目アトリ科ヒワ亜科カナリア属

世界中で飼われ、飼い鳥の女王といわれています。現在のカナリアは野生の原種から改良された完全な飼い鳥で、飼養管理は容易です。15世紀にスペインで野生のカナリアを繁殖させて飼い鳥化が始まり、各国へオスだけが輸出されました。これは繁殖を独占し外貨獲得をするためだったとされています。

その後、メスが輸出されるとイタリアがカナリア飼養の中心地となり、世界中に広まりました。わが国でも18世紀後半の江戸時代に繁殖が始まりました。

カナリアは主に、囀り、色彩、型の三通りに改良されてきました。国や地域の好み、時代によってさまざまな品種がつくられましたが、消滅してしまった品種も少なくありません。

囀りの改良は17世紀、ドイツのハールツ地方が発祥地とされ、その後ローラーカナリアへ発展していきました。

色彩は無地の黄色や白（クリア）、全身に模様のあるセルフ等がいましたが、1920年代のアメリカでショウジョウヒワ（Red Hooded Siskin *Carduelis cuculata*）をカナリアと交配し、赤いカナリアがつくられると一気に人気を集めました。

型は現在のオランダでやや立ち気味の姿勢のカナリアからつくられたオールドダッチという品種を原型にして、猫背のもの、直線的で直立したもの、巻き毛等さまざまな型へと分化していったのです。

単に飼養するだけなら市販の籠や器具で何の心配もなく飼うことができます。長い飼い鳥歴で丈夫になり籠の生活に適応しているからです。カナリア用配合飼料は市販されていますが、品種によっては内容に変化を加えた方がよいものもいます。

通常オスの一羽飼いかペアでの飼養にしますが、禽舎なら小群飼養が可能です。ただ品種が異なると運動能力の差（特に巻き毛、大型品種は小型の素早い品種に好みのものを先取りされる）によって栄養不足になる鳥が出てくることもあります。

- **原産地**：アフリカ沖大西洋のアゾレス、マデイラ、カナリア諸島（現在飼養されているカナリアはすべて飼い鳥化されたもの）
- **住環境**：飼い鳥化により人工環境に適応しているが極端な暑さ、寒さは避ける
- **大きさ**：12〜23cm（品種により異なる）
- **飼料**：基本的にカナリア用配合、青菜、ミネラル
- **性別**：オスは囀り、肛門が突き出している
- **籠**：一羽飼いで35cm角（繁殖は庭箱が適している）

▲嘴を閉じたまま喉を膨らませて囀るローラーカナリア

Canary　カナリア

ローラーカナリア　Hartz Roller Canary

ドイツ・ハールツ地方で鳴き声の良いカナリアを交配して作出されたハールツカナリアをもとにし、イギリスやアメリカでさらに改良された品種です。わが国には大正初期に輸入されました。

見た目は普通のカナリアで色も模様もさまざまです。囀りが目的なので外見にはこだわらないのです。訓練によって決められた音節を囀ります。「低音で玉を転がすような囀り」と形容されます。訓練中は囀りが乱れないように、他の鳥の声が聞こえない所へ隔離して飼養します。

全国各地にローラーカナリアクラブがあり、訓練用テープも配布されます。メスはごく普通に飼養できます。本当に良い囀りの鳥はクラブに入会しないと入手困難でしょう。繁殖は容易です。

カラーカナリア　Coloured Canary

カナリアは色彩を改良してさまざまな色、模様が作出されました。カナリアといえば黄色い鳥というイメージがあるかもしれません。小鳥店でよく見るレモンカナリアが代表的です。全身無地で美しい鳥です。

この全身無地はクリアと呼ばれます。白、黄色、赤、オレンジ色等のクリアがいます。全身に模様のあるものをセルフと呼びます。原種のような暗緑色、灰色、褐色、白、黄色、赤と地色は多彩です。

ヨーロッパでは人気のあるセルフですが、わが国ではカナリアはクリアしか知られていないのが現状です。

赤カナリアは1920年代にアメリカでオレンジカナリアに赤い色素をもつショウジョウヒワを交配した品種で、その因子をもっている鳥は色揚げによって鮮明な美しい赤いカナリアになります。

この色揚げは換羽前から行い、換羽が終了するまで続けます。色揚げ用飼料を食べさせますが、その間ナタネや青菜は与えない人もいます。色揚げ効果を妨げるからだということです。やはり全国的に赤カナリアのクラブがあり、交配や色揚げの研究、指導を行っています。

繁殖は容易ですが、品評会に参加するにはそれぞれのクラブのリングが必要であり、前もって入会しておけば雛に入れることができます。また入会によって色々な指導や助言を受けることもでき、良い鳥を入手する最高の場にもなります。

◀抱卵中のレモンカナリアのメス

▶孵化当日の雛

繁殖　早春からオスは盛んに囀りだし、メスも発情すると営巣行動（巣材運び）をするようになります。ペアを庭箱に入れ、皿巣と巣材も与えます。発情飼料としてエッグフード（ゆで卵とパン粉を混ぜたものでも可）を与え、青菜も毎日与えましょう。営巣は数日で完成をして、交尾・産卵へと続きます。

5卵位産み、13日間メスだけで抱卵し、孵化・巣立ちまでは23日位です。オスは雛への給餌は積極的です。孵化後15日位の雛は一度巣から出てしまうと戻れずに命を落とすことがあります。夕方によく見て戻しましょう。雛にリングを入れる場合は孵化後7～10日目です。

梅雨頃までに3回程度繁殖したら中止します。夏まで続ける鳥もいますが、体力が落ちているのでやめさせましょう。

雌雄の交配は基本的に有覆輪（淡黄）と無覆輪（極黄）にします。一枚一枚の羽毛の縁が白くなり、全身の色彩が淡く見えるのが有覆輪です。無覆輪にはこの白い縁取りがなく色彩が鮮明です。

リザードカナリア　Lizard Canary

トカゲ（リザード）のような模様をもつ独特のカナリアです。現存するカナリアのなかで最も古い品種です。

最大の特徴は頭部から背中にかけてのスパングルと呼ばれる斑点が規則正しく並び、胸から脇腹にかけてはローイングと呼ばれる縦縞模様があることです。一枚一枚の羽毛には縁取りがあり、模様をより鮮明にします。

リザードでは無覆輪をゴールド、有覆輪をシルバーと呼びます。頭部が円形に無地になったクリアキャップに人気がありますが、不規則な形のブロークンキャップ、頭部全体がスパングルに覆われたノンキャップもあります。

クリアキャップの範囲は、目の上、嘴の付け根、その延長線上の後頭部までで、それを超えて無地が広がるとオーバーキャップと呼ばれ、品評会では失格の対象になります。

飼養は容易ですが脂肪過多になりやすいので、ナタネ、エゴマ、ニガーシード等油脂分の多い飼料は控えめにします。

繁殖はゴールドとシルバーの交配がよく、また良いクリアキャップを得るためにはクリアキャップとブロークンキャップの交配、ブロークンキャップ同士の交配が適しています。嘴、脚、爪等、角質部はすべて暗色です。肉色や斑のものは失格になります。

ノリッジ　Norwich

イギリスのノーフォーク州ノリッジを中心に作出された品種で、リザードカナリアと系統は近いとされています。元々はリザードと同様、現在のフランスからオランダにかけてのフランドル地方で飼われていました。

世界的に最高級のカナリアとされ、金魚のランチュウのような存在です。一見大型に見えますが、丸々としているだけで全長は15～16㎝とレモンや赤カナリアと同程度です。また、ユーモラスな大きな頭と短い尾をもちます。

カナリアの色揚げが行われたのはこのノリッジを飼っていたイギリスの老婆の遊び心からでした。赤い唐辛子を与えてみたところ、黄色い羽毛が濃い赤橙色に変わったのです。それ以来この品種は濃い色が好まれ、黄色でも色揚げがされています。羽毛が長く柔らかいので交尾に失敗することがあり繁殖率は低く、良い鳥を得るのは困難です。

体形からは意外ですが油脂分はあまり与えない方がよく、市販のカナリア用配合にヒエかカナリーシードを加えるとよいでしょう。輸入鳥はヒエよりカナリーシードを好むので多く加えましょう。

わが国では人気がなく小鳥店でもほとんど見られず、愛好家クラブで少数が維持されています。

東京巻毛　Makige　Tokyo Frill

イタリアやオランダを中心に巻毛カナリアの品種は多いのですが、この東京巻毛は大型で直立し、とても豪華な印象を与えます。明治29年頃に輸入された巻毛品種に独自の改良を加えたもので、毛吹きの良い鳥は実にみごとです。

普段は庭箱に飼い、鑑賞時に大和籠という竹製の化粧籠に移します。このとき、庭箱から大和籠に鳥自身が移動するよう訓練します。

好物の青菜やエゴマを入れておき自分から入るようにしますが、慣れてくると何も入れなくても自分で移動するようになります。これを「籠出し」といい、品評会に向けて欠かせない訓練です。

この籠出しは飼い主と鳥との信頼関係でもあり、ベテランの所有する鳥は手乗りかと思うほどよく馴れています。また落ち着きがあり実に上品です。体形上、止まり木上に糞をするので掃除は欠かせません。45㎝角の庭箱が一般的です。

交配は無覆輪と有覆輪が基本です。型を重視するこれらスタイルカナリアでは無覆輪を極黄（ごっき　yellow）、有覆輪を淡黄（あいき　buff）と呼びます。繁殖は庭箱です。良い系統を作出し、良い鳥を維持することは非常に難しいのですが熱心な愛好家に支えられています。

色彩、模様は他のカナリアと同じですが、近年ヨーロッパで赤い東京巻毛が注目されています。飼料はエゴマを増量したり、エンバクやコムギを与えるのもよいでしょう。

Canary　カナリア

日本細　Japan Hoso

　小型で繊細な感じのカナリアでやはりわが国で改良され海外に紹介された品種です。明治25年頃に輸入された細カナリアを改良したもので、原種はスコッチファンシーかその原型であるグラスゴードンといわれています。

　横から見ると三日月形です。細いという条件には体格だけでなく羽毛も体に密着し乱れのないことが要求されます。また動作も上品で落ち着きのあることが大切で、籠出しを繰り返して訓練する必要があります。

　小型なので普通の庭箱に飼い繁殖もできますが、大型の庭箱ならさらによいでしょう。繁殖は容易ですが良い鳥を作出するのは難しく、系統作りが大切です。

　店頭で見ることはまれで、愛好家クラブによる品評会を見学するのが入手の早道です。

　色彩、模様は多彩です。基本的に体形重視なのですが、色や模様が与える印象も加味されるので、できるだけ美しい鳥に仕上げたいものです。

ヨークシャー　Yorkshire

　イギリス・ヨーク地方で作出された大型で直線的なスタイルカナリアです。この品種は作出された1860年代にはとても細身で結婚指輪を潜り抜けるほどだったのですが、時代とともに大型化し胴体も太くなってきました。

　わが国ではカナリアとして大きすぎるためかあまり見かけませんが、愛好家によって少数ながら繁殖もされています。

　頭から尾までが一直線で脚は高く伸び上がる型を理想とします。籠出しの際、竹籠の下三分の二を紙で覆い、立ち上がらないと周囲が見えないようにすると良い姿勢になるといわれていますが、確証はありません。

　大型の体形を維持するには通常のカナリア用配合では不足です。エンバクやコムギ麻の実等を加えるようにしましょう。

　庭箱は45cm角か60cm幅のものがよく、大型のわりには繁殖も難しくありません。ただ数が少ないため、理想のペアを作ることが困難で、現状では品種維持が精一杯というところでしょう。

　色彩には赤以外のカナリアの色が存在します。大型の体格なので色には改良が加えられなかったものと思われます。

ワイルドカナリア　Wild Canary

　野生のカナリアではなく、野生と同じ色彩・模様を保っている品種です。オスは無覆輪でメスが有覆輪です。純粋品種でない場合にはこの逆も出現します。野生のカナリアとの違いは尾と脚が長いことです。

　飼養管理はカラーカナリアと変わりません。わが国ではカナリアに模様があるのを好まないため、ほとんど見る機会はないかもしれません。

　まれにカナリアと近縁のアトリ科フィンチの雑種（ミュール）を野生カナリアと偽って売られることもあります。特にセリン、オオカナリア（オオセイオウチョウ）、キマユカナリア（セイオウチョウ）との雑種では見分けにくいので注意が必要です。

　雑種は尾が短く、模様に乱れがあり、動作が粗く人慣れしていないので慣れると見分けられるようになります。また繁殖能力のないものが多いのが特徴です。

キマユカナリア（セイオウチョウ）
黄眉金絲雀（青黄鳥）
Green Singing Finch　Yellow-fronted Canary
Serinus mozambicus　スズメ目アトリ科ヒワ亜科カナリア属

- 原産地：アフリカ（サハラ砂漠以南の広範囲）
- 住環境：林縁部から人家周辺まであらゆる環境に適応
- 大きさ：12cm
- 飼　料：カナリア用配合、青菜、ミネラル
- 性　別：オスは囀り、メスは喉に灰色の斑点があり額の黄色がくすんでいる亜種が多く、それらの判別がされないままに輸入され、雌雄混同されることもある
- 籠　：オスの一羽飼いでは竹籠を使うことがあるが狭すぎるので、35cm角程度は必要

　カナリア属はアフリカに多く生息し、飼い鳥になっていますが、わが国ではカナリア属にカナリアという名称を使うのを好まず、セイオウチョウと表現しています。本種がその代表的な存在です。
　また、マヒワに似た鳥というイメージであまり評価されませんが、カナリアの仲間であるだけに美しい囀りをもっています。ヨーロッパからアジアまで広く飼われる鳴禽の代表種といえるでしょう。
　オスはやや攻撃的ですが体が小さく温和なのでオス同士の雑居は避けるようにします。
　飼養管理はカナリアとまったく同じです。近縁種だけに食性も同じです。野生鳥であり環境に順応するまでは注意しましょう。特に冬に入手するときは若干の保温をしましょう。狭い籠では油脂分の多いエゴマやニガーシードは極力少なくします。

繁殖　植物のある鳥舎にペアを放せば容易に繁殖します。また室内の庭箱でも繁殖することがあります。春から始まり、カナリと同じ管理です。野鳥なので静かにして途中放棄しないよう注意しましょう。抱卵しない場合にはカナリアを仮母にします。

▲ キゴシカナリア（Yellow-rumped Seedeater *Serinus atrogularis*） 腰が黄色く地味な種。飼養管理はキマユカナリアと同じだが野生だけに神経質である

Canary　コシジロカナリア

コシジロカナリア（ネズミセイオウチョウ）
腰白金絲雀（鼠青黄鳥）
White-rumped Seedeater　Grey Singing Finch　White-rumped Canary
Serinus leucopygius　スズメ目アトリ科ヒワ亜科カナリア属

原産地：アフリカ（セネガル〜エチオピア）
住環境：開けたサバンナや茂み、農耕地、公園、郊外の林等の広範囲
大きさ：12cm
飼　料：フィンチ用配合にエゴマ、ニガーシードを加えたもの（カナリア用配合でも可）、青菜、ミネラル
性　別：メスはオスより喉の模様が淡く、顔もくすんで見える
　籠　：一羽飼いで35cm角、ペア飼いは60cm角以上

　カナリア、セイオウチョウの仲間ですが、黄色い羽毛がなく地味です。それでも灰褐色の模様と白い胸がすっきりした感じを与えます。それをネズミとは適切な表現ではありません。
　キマユカナリアほど順化は早くないので、できるだけ広い籠に飼うようにします。オスは短いながら美しい囀りですが、オス同士は争うので一羽飼いかペア飼いにします。雑居可能です。カナリアとは交雑する可能性があります。
　初めての寒さには弱いので保温し、15℃以上を保ちます。翌年からは保温の必要はありません。
　カナリア用配合を与えますが、籠が狭いと脂肪過多になりやすいので油脂分は減らします。フィンチ用配合にエゴマとニガーシードを少量加えたものがよいでしょう。

▲ セリン（カスリセイオウチョウ　絣青黄鳥）　カナリア属でヨーロッパに広く分布する

繁　殖　基本的に禽舎でのペア飼養で成功します。60cm角の籠で繁殖するペアもいますが確率は低い。まばらに低木を植えた2m角程度の禽舎がよく、季節は春からです。
　前年籠で過ごしたペアを放し、エッグフードを与え発情させます。皿巣を使うこともありますが自分で木の枝に営巣します。
　カナリアとほぼ同じで、5卵位産み、13日で孵化、20日位で巣立ちます。カナリアの仮母も可能ですが、自分で抱卵・育雛しない場合だけにします。

キクユメジロ　ハイバラメジロ　Softbill

ハイバラメジロ
灰腹目白
Oriental White-eye

Zosterops palpebrosus　スズメ目メジロ科メジロ属

原産地	インド〜スリランカ、ヒマラヤ、マレー半島、スマトラ島〜スンダ列島
住環境	明るい常緑林、マングローブ林
大きさ	12cm
飼料	五分餌、エッグフード、甘い果物、ジュース、蜂蜜をつけたパンやカステラ、小昆虫
性別	雌雄同色で判別困難。オスの囀りが頼りになる
籠	一羽飼いでは尺籠でよい。ペアや小群なら大型籠か禽舎

メジロの仲間、メジロ属は62種もありアフリカからアジア、太平洋諸島にかけて分布します。本種はアジアで最も広い範囲に分布しています。囀りの良さから各国で飼われています。

昔からメジロは竹籠で一羽飼いにするのが当然と思われがちですが、大型の籠や禽舎での小群飼養、温和で協調性のある性質からカエデチョウ科フィンチとの雑居、また植物のある禽舎での繁殖とさまざまな飼い方が楽しめます。

国内のメジロとの交雑を防ぐためには絶対野外に放してはいけません。逃げられないようくれぐれも注意しましょう。

ソフトビル、つまり擂餌鳥の代表格であり初心者向けの鳥ともいえる飼いやすく丈夫な鳥です。ただ日本産ではないので、最初の冬は15℃以上を維持して保温しましょう。

特に一羽飼いでは必要になり、急激な温度変化や低温が続いたりすることはこの鳥にとって致命的になります。

BREEDING 繁殖　竹籠で人馴れしたペアを禽舎に放します。葉の密生していない常緑樹（アオキ、マサキ等）と椿や山茶花を混植して日光を遮る木陰を作ります。巣材はパーム、乾燥したミズゴケ、クモの巣等を与えると枝に営巣します。営巣開始とともに柔らかい鶏羽も与えると産座に使います。3〜4卵産み、12日で孵化、15日位で巣立ちます。

その後10日位親鳥に養われてから独立します。この間、樹上性の昆虫が不可欠です。ミールワームは好まず、最も好むのはクモです。アリマキ、カイガラムシ、青虫等が適しています。ゆで卵の黄身も効果的です。補助的にエッグフードも与えましょう。静かな環境と昆虫の確保ができれば繁殖は困難ではないようです。

キクユメジロ
キクユ目白（アフリカヤマメジロ）
Broad-ringed White-eye

Zosterops poliogaster kikuyuensis　スズメ目メジロ科メジロ属

原産地	東アフリカ
住環境	山岳地帯の照葉樹林
大きさ	11cm
飼料	ハイバラメジロと同じ。エッグフードも好み、ドライフルーツとの併用でも十分飼養できる
性別	雌雄同色で判別困難。オスは囀る
籠	尺籠でも飼養できますが、小群飼養が適しているので、60cm角程度の大型籠に数羽入れるとよい

アフリカで最も広範囲に分布しているキイロメジロ（*Z.senegalensis*）の亜種からアフリカヤマメジロとして独立したグループの一種です。

他のメジロより目の周囲の環が太く目立つのが特徴的で、あたかも顔が白いように見えるかもしれません。

食性、習性等は変わりありません。竹籠での一羽飼いより、大型籠や禽舎での小群飼養が適しています。

また冬期は保温が必要になり、できれば15℃以上を保つとよいでしょう。

BREEDING 繁殖　ハイバラメジロと同様の管理で繁殖可能です。これら外国産のメジロを飼ううえで最も気をつけなくてはならないことは、絶対に逃がさないことです。日本産のメジロ（*Z.japonicus*）と交雑することが考えられるからで、種の保存上からも問題になります。

囀りを楽しむ目的で購入したがメスだったということもあるかもしれませんが、それでも外に放すことはしてはいけません。不注意や環境に無関心なために放してしまうような行為は、法的にも罰せられることになります。

第三章●種別解説　108

ソウシチョウ
相思鳥
Pekin Robin

Leiothrix lutea　スズメ目ヒタキ科チメドリ亜科ソウシチョウ属

原産地：ヒマラヤ～中国南西部
住環境：下草の多い山林地帯
大きさ：15cm
飼　料：五分擂餌、エッグフード、ソフトビルフード
　　　　（主食）、昆虫、果物（少量）
性　別：メスは胸の褐色帯が狭く薄く、目先が灰色
籠　　：35cm以上の竹籠、大型籠、禽舎

繁殖　低木の多い禽舎に、竹籠で人馴れしたペアを入れます。屋外禽舎の場合、飛来する昆虫を主食にすることもありますが、比較的エッグフードは食べるので主食には適しているでしょう。昆虫、果物は籠飼養より多く与えます。
　巣材は枯れ草やパーム、羽毛を与えます。樹木の枝に営巣し、5卵位産み、14日抱卵後孵化します。
　孵化後は昆虫（ミールワームでもよく、できれば多種類）を欠かさず与えます。20日位で巣立ちます。牛乳に浸した食パンやカステラ、鶏肉等も効果的です。

　国産ソフトビルの代表種で、江戸時代にはすでに輸入され飼われていました。美しい色彩、囀り、身軽な動作、丈夫で飼いやすいと、飼い鳥の条件は揃っています。また禽舎での繁殖も可能で楽しみの多い鳥です。
　残念なことに特定外来鳥に指定され、入手はできなくなりましたが、飼養していた人はそのまま続けて飼うことができます。日本各地で野生化して問題になっています。飼う以上は管理をしっかりすることが大切です。在来の野鳥の生活圏を脅かすほど生活力が強い鳥です。
　通常、竹籠に一羽飼いをしますが、雌雄を別々の籠に入れて離して飼うとお互いが鳴き交わすので、それを楽しむ飼い方もあります。またこの鳴き交わし方から和名がつけられました。竹籠での飼養では毎日の掃除が欠かせません。
　五分の擂餌中心にして定期的に昆虫や果物を少量与える飼い方が行われています。大型籠ではエッグフードやソフトビルフードを主食にしてもかまいません。擂餌と皮むきのフィンチ用配合を混ぜたものでもよく、何でも食べます。ただ好物を与えすぎると主食を食べなくなることもあり、適量（その場で食べきる量）を守ることが重要です。
　大型籠や禽舎ではフィンチやハト、ウズラ、温和なインコ類とも雑居可能です。気をつける点は他の鳥の巣を見つけると卵や雛を食べてしまうことがある、メジロ等小型鳥が昆虫を捕らえるとその鳥を押さえつけてまで横取りするということですが、傷つけるようなことはしません。とても人馴れしやすい鳥です。

ゴシキソウシチョウ
五色相思鳥
Silver-eared Mesia

Leiothrix argentauris　スズメ目ヒタキ科チメドリ亜科ソウシチョウ属

原産地：ヒマラヤ～中国南西部、マレー半島、スマトラ島
住環境：下草の多い山林
大きさ：15cm
飼　料：ソウシチョウと同じ
性　別：オスの囀りが確実
籠　　：35cmの竹籠より大きい方がよく、大型籠や
　　　　禽舎が最適

繁殖　ソウシチョウと同じ管理ですが、環境に慣れるまで時間がかかり、繁殖行動を始めるのは二年以上飼養したものが多いようです。

　ヒメソウシチョウ（姫相思鳥）と呼ばれることもある色彩鮮やかな美しい鳥です。囀りはソウシチョウより若干劣るといわれますが、大差ないようです。飼養・管理はソウシチョウと同じですが、やや神経質で人馴れしにくい感じもします。
　狭い竹籠より広い禽舎での飼養が適しています。植物に囲まれていると野性味たっぷりなその習性を楽しむことができます。特に飛翔や枝移り等の行動は野鳥そのものです。
　竹籠で飼養するときは季節ごとの温度変化に注意して、急激な温度差のないようにしましょう。夏の直射日光、冬の寒風は禁物です。暑さ寒さに弱いわけではなく、籠では自分なりの対処ができないためです。禽舎ではこの心配はまずありません。
　繁殖はソウシチョウに比べると困難です。性質は温和ですが、動作が荒いため小型のフィンチは同居を嫌がります。できれば単独かペアでの飼養がよいでしょう。

| カヤノボリ | カンムリチメドリ | Softbill |

カンムリチメドリ
冠知目鳥
Formosan Yuhina

Yuhina brunneiceps スズメ目ヒタキ科チメドリ亜科カンムリチメドリ属

原産地：台湾
住環境：温帯常緑林。1000〜3300m
　　　　繁殖は高地で、冬は低地で越冬する
　　　　花蜜、果物、昆虫を採食し、他種と混群をつくる
大きさ：13cm
飼　料：五分の擂餌、エッグフード、果物、昆虫
性　別：雌雄同色。科学判定かオスの囀りで判別する
籠　　：一羽飼いで45cm角程度（禽舎が最適）

チメドリの仲間では小型で、囀りを聴く目的で竹籠に飼われることの多い小鳥です。特徴は目立つ冠です。栗色で脇に黒線があります。活発に木の枝の間を飛び回り、枝を伝い歩くような動作は興味深いものです。

主食は昆虫と花蜜、果物等ですが、飼養下では人工飼料に適応しやすく、飼いやすい鳥です。

野生では群居性ですが、飼養下では狭い籠に数羽入れると争うことがあります。そのため籠では一羽飼い、二羽以上なら禽舎飼いをお勧めします。フィンチ類との雑居は可能ですが小型のカエデチョウ類は嫌がるので、キンパラ類以上の大きさのフィンチにしましょう。丈夫な鳥ですが初めての冬は保温するべきです。また水浴びも好みます。

▶クリミミチメドリ

繁殖　2m角以上の禽舎であれば可能です。常緑樹を植え、昆虫と果物を欠かさず与えます。枝に皿状の巣を作り、4〜5卵産み13日で孵化します。巣立ちまでは早く、17日程度です。籠飼養で人馴れしたペアの方が成功しやすいようです。また養育飼料は人工飼料より自然の昆虫や果物の方が適しています。

カヤノボリ
茅　登
Collared Finchbill

Spizixos semitorques スズメ目ヒヨドリ科カヤノボリ属

原産地：中国東南部、台湾
住環境：低木林や葦原、下草のある竹林、林縁部
大きさ：21cm
飼　料：マイナーフードを主食にその場で食べられる量の昆虫や果物を与える。大型籠や禽舎ではマイナーフードとエッグフード、フィンチ用配合も与えてみる。もちろん果物や昆虫も欠かさず与えた方がよいが、主食ではないので少量にする
性　別：雌雄同色。科学判定が確実
籠　　：一羽飼いで45cm角以上（できれば禽舎がよい）

ズグロカヤノボリと呼ばれることもあるように、頭部の黒さが目立つ鳥です。ヒヨドリの仲間は人馴れしやすいのですが、最初は竹籠で餌と人に慣れさせることが大切です。

英名のフィンチビルは嘴がフィンチのように太く短いところから命名されました。樹上生活者の多いヒヨドリ科では珍しく茅（ススキ）の茎に止まることが多く、茎を上下しながら採食するのでこの和名がつけられました。禽舎でススキを植えるとこの興味深い習性を見ることができ、小枝の先端や葦の穂で囀る習性もあるのでより楽しめるでしょう。

単独、あるいは小群で行動し、甘い果物、特にベリー類を好みますが、ほかにも昆虫等小動物も食べます。穀類や豆類も食べるので飼養下ではフィンチ用配合やエッグフードも効果的です。藪の中の低木に草や繊維で皿巣を作ります。

繁殖　ルリコノハドリを参照。

第三章・種別解説

Softbill　ズグロウタイチメドリ　アカオガビチョウ

ズグロウタイチメドリ
頭黒歌知目鳥
Black-capped Sibia　Rufous Sibia
Heterophasia capistrata　スズメ目ヒタキ科チメドリ亜科ウタイチメドリ属

原産地：ヒマラヤ。パキスタン北部～インド北部、中国南部
住環境：ニガクサ等の生える開けた山地林。森の上層部を動き回り、昆虫を捕食。また樹液を好む
大きさ：22cm
飼　料：マイナーフードを主食に、果物と昆虫をその場で食べ切る量だけ与える。禽舎ではエッグフードを主食にして果物、昆虫を定期的に与えるとよい
性　別：雌雄同色で判別困難。オスの囀りが確実
籠　：一羽飼いで九官鳥籠、ペアは禽舎

　さえずりの良いチメドリの仲間でもウタイチメドリは特に声が良く、この名がつけられました。声だけでなく色彩も姿も良い鳥で、頭の羽毛を立てて囀ります。
　高地性の鳥なので寒さより暑さを苦手にします。夏は日陰を作って直射日光を遮るようにしましょう。やや気が強く、小型のフィンチ等はいじめられるので雑居は避けます。
　鳴き声の良さから竹籠での一羽飼いがほとんどです。しかし活発で動き回るのが好きな鳥なので、できれば広い大型籠や禽舎で飼うようにしましょう。意外な動作や面白い行動もみられます。
　また屋外禽舎なら自然のままに飼養できます。柱と金網だけの囲いを作って放しても禽舎と同じ効果があります。工夫して鳥が過ごしやすい環境をつくり出すのも楽しいものです。

繁殖　竹籠で人馴れしたペアを禽舎に放します。葉の密生していない常緑樹（アオキ、マサキ等）と椿や山茶花を混植して日光を遮る木陰を作ります。巣材にパーム、乾燥したミズゴケ、クモの巣等を用意すると枝に営巣します。

アカオガビチョウ
赤尾画眉鳥
Red-tailed Laughing Trush
Garrulax milnei　スズメ目ヒタキ科チメドリ亜科ガビチョウ属

原産地：ミャンマー～中国南部
住環境：1600m以上の高地山林
大きさ：25cm
飼　料：マイナーフードか五分擂餌を主食にして、果物や昆虫を補助的に与え、禽舎ではエッグフードを主食にしてもよい
性　別：雌雄同色。科学判定が確実
籠　：丈夫な九官鳥用籠か45cm角以上の金網籠（できれば禽舎）

　色彩の美しさと囀りの良さで中国では人気のある鳥です。ただ日本人の感覚としては囀りが野太くうるさいくらいです。
　人馴れしやすい鳥で、手から直接餌を食べるようにもなりますが行動に荒さがあり、籠の中の器具をひっくり返すこともあり、籠の中を汚すのは日常茶飯事です。これは地面を掘ったり木をつついて虫を探す習性からくるものです。竹籠が破壊されることもあります。

繁殖　1998年、徳島動物園で成功しています。

オオミミキュウカンチョウ　キュウカンチョウ **Softbill**

キュウカンチョウ
九官鳥
Greater Hill Mynah

Gracula religiosa intermedia　スズメ目ムクドリ科キュウカンチョウ属

原産地：ネパール〜インド北部、ミャンマー、中国南部、タイ
住環境：森林地帯
大きさ：25〜30cm
飼　料：マイナーフードか五分搗餌を主食にし、日に一度果物、昆虫、肉類をその場で食べ切る量を与える
性　別：外見では判別困難。科学判定が確実
籠　　：九官鳥籠での一羽飼いが一般的だが、より大型の籠が適している。禽舎も可

昔から物真似上手な鳥として知られてきました。特に母音言語である日本語をはっきり発音できるので高い人気があります。おもしろいことに欧米では、この鳥は物真似をするが上手ではないといわれています。雛のときから人が給餌することでよく馴れ、同時に言葉を教えると覚えるようになります。

自分で餌を食べることができるようになるまでは九官鳥籠に覆いや囲いをし、止まり木は外して保温も必要です。床は保温性のある新聞紙を細かく切ったものや乾燥した牧草を入れて毎日取り替えましょう。

脚がしっかりしてきたら止まり木を入れます。止まり木間を自由に移動できるようになれば保温も特に低温でなければ必要ありません。また水浴びができるようになったら親鳥と同じ扱いにします。

言葉を教えるのは毎日一定時間にし、餌を与えるときに同じ言葉を繰り返し教えます。最初の言葉をしゃべるようになってもしばらくは同じ言葉を繰り返し、自分でしゃべっているのを確認してから次の言葉を教えるとよいでしょう。個体差や性差（オスのほうが上手）はありますが1〜2ヵ月で言葉を覚え、以後わりと早く覚えます。

九官鳥用フード（マイナーフード）を主食にしますが、少量の果物や昆虫、肉類を与えると喜びます。止まり木や床の掃除は毎日しないと汚れが脚や指、爪を傷つけることもあります。

通常、九官鳥籠で一羽飼いをします。大型の籠に入れると活発な動作で楽しませてくれます。本来、水浴びが好きな鳥ですが、九官鳥籠ではじょうろでのシャワーがよく、大型籠なら浅い容器に水を入れ自分で水浴びさせます。

現在は原産地で捕獲した雛を輸入するだけです。将来的には禁猟・禁輸も考えられるので、飼養下での繁殖は早急に確立させなければこの鳥を飼うことができなくなってしまいます。

繁殖　実はわが国ではすでに江戸時代に繁殖に成功しています。またヨーロッパでもこの鳥の繁殖に取り組んでいるブリーダーがいます。若鳥のうちは九官鳥籠や大型籠で人馴れさせ、十分に健康であることを確認してから禽舎に放します。このとき、オスとメスを同時に入れる方が安全です。

禽舎内は丈夫な木（常緑樹が適す）を植えて、箱巣（30cm角位）を設置します。箱巣は木陰におき、人目につかないようにした方が鳥は落ち着きます。繁殖自体は翌年以降ですが、禽舎での生活に慣らしておくと比較的スムーズに運ぶからです。巣材は小枝や枯れ草、羽毛等です。

繁殖用の飼料は主食に加え、昆虫と果物を毎日少量与えます。禽舎内に放したコオロギやバッタを鳥自身が捕らえるようにします。営巣活動が始まったら昆虫の量を増やし、一日10匹程与えます。産卵は2個、14日で孵化し、20日位で巣立ちます。体格のわりには早い成長です。

親鳥が二度目の産卵をすることがあるので、雛が自分で餌を食べるようになったら別居させます。

オオミミキュウカンチョウ
大耳九官鳥
Javan Hill Mynah

Gracula religiosa javanensis　スズメ目ムクドリ科キュウカンチョウ属

原産地：ミャンマー北部〜マレー半島、小スンダ諸島
住環境：森林地帯
大きさ：25〜30cm
飼　料：マイナーフードか五分搗餌を主食にし、日に一度果物、昆虫、肉類をその場で食べ切る量を与える
性　別：外見では判別困難。科学判定が確実
籠　　：九官鳥籠での一羽飼いが一般的だが、より大型の籠が適している。禽舎も可

キュウカンチョウの地方変異で、英名・学名ともにジャワを表している通り、より南方の亜種です。耳のように見える皮膚の露出した部分が大きく、後頭部でつながっていて黄色が鮮やかです。いくぶん、奇異に感じられるかもしれませんが、飼養・管理等はキュウカンチョウとまったく同じです。

繁殖　キュウカンチョウと同じです。

第三章●種別解説

キムネムクドリ
黄胸椋鳥
Golden-breasted Mynah
Mino anais スズメ目ムクドリ科ムクドリ亜科キムネムクドリ属

原産地	ニューギニア
住環境	亜熱帯、熱帯雲霧林
大きさ	23〜28cm
飼料	マイナーフードを主食にし、毎日果物少量（バナナ4分の1程度）を副食にする。10g程度のチーズを毎日与えてもよい
性別	雌雄同色。科学判定が確実
籠	一羽飼いで60cm角、ペアは1m角以上

黄色と黒の突飛な組み合わせの色彩ながら、顔はムクドリで何となくキュウカンチョウを思わせるユーモラスな鳥です。実際に分類上ムクドリとキュウカンチョウの中間に位置しています。

ニューギニアの雲霧林に生息し、乾燥に弱いと思われていましたが、常時水浴びできる環境なら問題なく飼養できます。最初の冬は25℃程度の保温が必要です。

好奇心旺盛な鳥で禽舎や籠の金網の破れや隙間を見つけると、それを広げて逃げ出すこともあるので、丈夫な作りにしましょう。

人馴れしやすく丈夫な鳥です。人の食べるものは何でも食べ、特に馴れた鳥は欲しがりますが、飼養下では主食以外は少量の果物だけ与えるようにします。チーズだけは毎日与えてもよく（10g程度）、また昆虫も好みますが繁殖期以外は与える必要はありません。禽舎飼いでない場合は、主食と果物で飼養することを厳守しましょう。

繁殖 2m角の禽舎で可能です。一冬越したペアを禽舎に入れます。植物を植える必要はありません。上部に箱巣（30cm角40cm高）を取り付けます。

巣材は小枝、パーム、羽毛等です。3〜5卵産み、14日で孵化、3〜4週で巣立ちます。養育飼料には果物と昆虫（ミールワーム、コオロギ、バッタ、ゴキブリ、青虫等）が必要です。

オオハナマル
大花丸（クビワムクドリ 首輪椋鳥）
Black-collared Starling
Sturnus nigricollis スズメ目ムクドリ科ムクドリ亜科ムクドリ属

原産地	中国南部〜ミャンマー、タイ、ラオス、ベトナム、カンボジア
住環境	水田や耕作地、草地等に生息（大型の地上性鳥）
大きさ	28cm
飼料	マイナーフードを主食にして一日おきに昆虫や果物を少量。チーズも健康維持に効果的
性別	メスは背、翼、尾が褐色みを帯びる
籠	一羽飼いで60cm角、ペアは禽舎

白と黒のコントラストの美しい大型の上品なムクドリです。この仲間としては変化に富んだ囀りをもちますが、うるさいと感じる方もいるでしょう。

江戸時代には輸入され、「養禽物語」には「人その鳥の前にて礼をすればこの鳥も頭を下げて礼をなす、心ある鳥なり」と書かれていて、とてもよく馴れ、はっきりとはしませんが言葉をしゃべるものもいて、このときにいかにも礼をするように頭を下げる動作をします。

日本のムクドリと同属で、習性もよく似ています。雑食性で何でも食べますが、飼養下では主食と少量の副食以外は与えないことが健康を保つ秘訣です。

初めての冬は保温しましょう。20℃以上を保ちます。また地面を歩きながら採食する習性があるので床面には清潔な砂や牧草を敷きましょう。この中に好物の昆虫や果物を隠しておけば、地上での性質をある程度は満たすことができます。

繁殖 この仲間は意外に繁殖が容易です。2m角以上の禽舎であれば植生はなくとも可能です。箱巣は30cm角でよく、止まり木は必要最低限だけ取り付けます。巣材には小枝、枯れ草、パーム、羽毛等が適しています。

発情にはコオロギ、バッタ、ゴキブリ、ミールワーム、青虫等を与えます。箱巣に巣材を運び込むようになったら産卵を待ちます。3〜4卵産み、14日位の抱卵で孵化します。

昆虫のほかに果物も与えます。昆虫は初め小さなもの、1週間後には多少大きな昆虫でも大丈夫です。3〜4週間で巣立ちます。生後15日位の雛を巣から取り出して手乗りにすることも可能です。マイナーフードとゆで卵、エッグフードや果物で育ちます。

ムラサキテリムクドリ　キンムネオナガテリムク　**Softbill**

キンムネオナガテリムク
金胸尾長照椋
Golden-breasted Starling
Cosmopsarus regius　スズメ目ムクドリ科オナガテリムク属

原産地	東アフリカ。エチオピア、ソマリア、ケニア、タンザニア
住環境	サバンナの乾燥した藪やイバラの茂みにペアか小群で生息
大きさ	30～36cm
飼料	マイナーフードか五分擂餌を主食に少量の果物、昆虫を定期的に与える。カステラやミルクに浸した食パンも同様に副食にできる
性別	雌雄同色。科学判定が確実
籠	尾が長いので籠飼養は不向き（禽舎が適している）

メタリックな輝きと黄色のコントラストが鮮やかな世界で最も美しいといわれるムクドリです。わが国でムクドリといえば、野暮なイメージがありますが仲間には派手な鳥もいます。

アフリカ原産ながら丈夫で屋外禽舎に放すのに最適です。もちろん輸入直後や最初の冬は25℃以上に保ち昆虫や果物を中心に与え、慣れるとマイナーフードを主食にできます。一度越冬するとその後は保温なしでも大丈夫です。

攻撃性はあまりないので近似種や群居性の頑強なフィンチ（ハタオリドリ類やキンパラ類）との雑居も可能です。乾燥性の環境を好み、禽舎が大型でなければ植生は必要なく、その代わり水浴びは好みます。

繁殖　大型の屋外禽舎では可能です。越冬後のペアを収容します。箱巣は35cm角がよく、植生は不要です。
2～4卵産みます。養育飼料は昆虫と果物が中心です。わが国のムクドリが食べるものなら与えてもよいでしょう。

ムラサキテリムクドリ
紫輝椋鳥
Purple Glossy Starling
Lamprotornis purpureus　スズメ目ムクドリ科テリムクドリ属

原産地	アフリカ（中西部）
住環境	開けた森林地帯や耕作地
大きさ	22cm
飼料	マイナーフードか五分擂餌。副食に果物、昆虫
性別	雌雄同色で判別困難。羽毛の科学判定が確実
籠	1m角以上の大型籠、禽舎

金属光沢の美しい鳥です。禽舎で飼えば光沢が失われることなく美しさを保つことができます。ただ他種に対しては攻撃的になることがあるので、ペア飼養が原則です。

広い禽舎なら本種だけの小群飼養も魅力があります。狭い籠では羽毛の黒変の可能性があり、また活動的なこの鳥には適しません。少なくとも1m角程度の大型籠での飼養が望ましく、日光浴ができる位置を確保しましょう。

入手当初は餌によく慣らす必要があります。雑食ですが、人工飼料を餌と認識できず餓死することがあります。マイナーフードや擂餌を当然のように食べるようになるまでは昆虫や果物を与えます。

主食を食べるようになっても週に2～3回は果物を、週に1回は昆虫を与えた方が健康に良いようです。水浴びを好み、禽舎内には必ず容器を入れていつでも水浴びできるようにしておきましょう。

繁殖　植物を植え込んだ禽舎では成功します。ペアだけの飼養で箱巣を入れ、巣材（小枝、枯れ草、パーム、羽毛等）も与えます。主食とともに昆虫、果物、エッグフードも用意しましょう。
2～5卵産み、16日抱卵、21日で巣立ちです。雛が孵化する予定日前から昆虫を多量に与えます。孵化直後には青虫、ミールワーム、甲虫類の幼虫がよく、やや成長したらコオロギ中心でもよいでしょう。

◀シロハラムクドリ

第三章　種別解説　114

Softbill　ルリコノハドリ　キビタイコノハドリ

ルリコノハドリ
瑠璃木の葉鳥
Fairly Bluebird
Irena puella　スズメ目コノハドリ科ルリコノハドリ属

- 原産地：ヒマラヤ～インド、ミャンマー、マレー半島、スマトラ島、ジャワ島、カリマンタン島、フィリピン
- 住環境：森林地帯（熱帯降雨常緑林や落葉樹林）。6～8羽の小群で移動しながら採食。サイチョウやヒヨドリ類と混群をつくることもある
- 大きさ：25cm
- 飼　料：主食はマイナーフードか五分の擂餌でときどき果物や昆虫を与える
甘いものを好むのでカステラ、蜂蜜に浸した食パン
禽舎ではエッグフードを主食にしてもよく、この場合は果物を副食として毎日少しずつ与える
- 性　別：オスは青と黒、メスはくすんだ青銅色
- 籠：一羽飼いで60cm角以上の金網籠、ペアは禽舎

繁殖　正確な記録は不明ですが成功例はあります。植生の豊富な禽舎では成功する可能性は高いでしょう。落葉樹と常緑樹を混植し、春に籠飼いで順化した雌雄を禽舎内で見合いさせてお互いが争わないことを確認してから同居させます。
　ミールワームや果物も与え、エッグフードを主食にして環境に慣らします。木の枝に皿巣を作るので巣材には小枝や枯れた蔓、枯れ草、パーム、羽毛等を与えます。営巣用にザルを木の叉にかけておいてもよいでしょう。
　産卵は2～3卵と少なく、落ち着けないと途中放棄もあります。抱卵期間は13日です。雛には昆虫（バッタやコオロギ）を主体に運びますが、果物や蜂蜜に浸したカステラも効果的です。ナメクジやカタツムリも良い飼料です。

　鮮やかな瑠璃色をしたコノハドリです。英名は仙女のような青い鳥という意味です。性質は温和で協調性があると解説されることがありますが、邪悪なほど攻撃的な鳥、籠を壊すことに魅力を見つけたような鳥等の個性的な表現をされます。
　狭い竹籠で飼うと壊し屋になりやすく、小形フィンチには「殺し屋」になり、ペアであっても闘争するくらいですが、整った環境では素晴らしい囀りと優美な姿で楽しませてくれます。
　体のわりには果物が好きで、主食にしてもよいくらいです。色彩と囀りが飼われる主目的ですが、植生のある禽舎では繁殖も可能です。
　一羽飼いではキュウカンチョウ用以上の大きさのある丈夫な籠に収容します。毎日の掃除とともに水浴びをもさせます。このとき、好物の果物や昆虫を一口だけ与えるとよく馴れるようになります。

キビタイコノハドリ
黄額木の葉鳥
Golden-fronted Leafbird　Golden-fronted Fruitsucker
Chloropsis aurifrons　スズメ目コノハドリ科コノハドリ属

- 原産地：インド、スリランカ、ヒマラヤ、ミャンマー、タイ、スマトラ島
- 住環境：低地から2300m位までの高木の森林に生息
- 大きさ：19cm
- 飼　料：ルリコノハドリと同じ
- 性　別：雌雄同色。オスの囀りで判別する
- 籠：丈夫な金属製の大型籠が適している。九官鳥籠では破壊される可能性もある

　その名の通り、額から後頭部にかけて淡黄色で翼角に青い斑紋があります。原産地であるインドではかつての日本のウグイスのように、この鳥の囀りを非常に愛するといわれます。また他の鳥の囀りを真似することもあり、自分の囀りに取り入れるようです。
　容易に人に馴れて活発ですが、やはり小型の鳥には脅威となり、雑居は避けて、この鳥単独の飼養にしましょう。樹木を植え込んだ禽舎ではアクロバット飛翔を見ることができます。

繁殖　ルリコノハドリと同じ管理です。木の枝に椀形の巣を作り、2～3卵産み、14日抱卵後孵化します。

セキセイインコ | Parakeet/Parrot

セキセイインコ
背黄青鸚
Budgerigar
Melopsittacus undulatus オウム目インコ科セキセイインコ属

原産地：オーストラリア（北部〜東・西部の海岸線を除くほぼ全土）
住環境：乾燥して開けた地域を好む　森林地帯には生息しない
大きさ：18〜19cm（大型は23cm）
飼　料：セキセイ用配合、青菜、ミネラル
籠　　：45cm角

　オウム目の鳥としては最も多く飼われ、ペット鳥としてもカナリアとともに世界中で愛されている人気鳥です。

　野生のセキセイインコは飼養下でノーマルグリーンと呼ばれる色彩です。まれにノーマルイエローも報告されています。

　常に大群で生活し、主食である草の種子を求めて漂行します。条件が満たされればいつでも繁殖し、非常に乾燥に強く飲み水がなくても食物からの水分で一ヵ月は耐えることができます。その繁殖条件とは大量の雨が降って植物が一気に成長する時期であり、巣となる木の洞があることです。

　原産地であるオーストラリア以外に知られるようになったのはイギリスの鳥学者・ジョン・グールドが1840年にイギリスに持ち帰ったものが最初です。

　その後多くの羽数が輸入され、1855年にはドイツのベルリンで繁殖に成功しました。1870年代にはヨーロッパ各地でイエローが、1880年には赤目が作出され、色彩の改良は現在でも続いています。

　完全な飼い鳥となった現在では、小さな籠でも容易に繁殖し、飼いやすく親しみやすいペット鳥の代表的存在です。色彩の美しさと変異の多様性、品評会、手乗り、おしゃべりと幅広い楽しみ方ができます。

　籠を汚したり破壊することもなく、保温も特別な飼料は必要なく、最も飼いやすい初心者向きの鳥といえるでしょう。

　水浴びは好まないのですが、屋外禽舎では雨に当たるとシャワー代わりになって喜びます。草の束を濡らしたものを与えるとその中に入って水浴びをします。ただ基本的に乾燥を好むので、籠の中は湿気がないようにしましょう。

　多くの羽数を禽舎に放して飼うことも興味深いものがあります。品評会目的の繁殖は、ペア単位の方が羽色の乱れもないのでよいでしょう。

◀︎セキセイインコで最初の色変わりであるブルー（右）左はコバルト

第三章●種別解説

手乗り・おしゃべり

孵化後15〜18日位の雛を箱巣から取り出し、人が給餌して育て、手乗りやおしゃべりセキセイに仕立て上げるものです。自家産でなく小鳥店で雛を売っているので、それを買って育てる人の方が多いかもしれません。

雛を育てる際、最も大切なことは温度管理です。親鳥に育てられているうちは箱巣の中で抱かれたり同腹の雛と一緒に温度は高いので、箱巣から取り出すときには育てる容器を保温可能な状態にしておく必要があります。

温度が低いと下痢をしたり餌を食べなくなって弱ってしまうことがあります。25〜30℃を維持できるようにペットヒーターやヒヨコ電球を設置しましょう。またあまり乾燥しすぎると羽毛の成育に悪影響があるので、60％程度の湿度を目安にしましょう。容器はプラケースが多いようです。木製の枡籠や空き箱でも代用可能です。

雛用の飼料は市販されていますが、基本的に穀類とミネラル、青菜を混ぜたものと思ってよいでしょう。動物性たんぱく質やビタミン類を添加する場合もありますが、多すぎないようにします。

昔のようにムキアワに粉状のボレー粉と青菜を加え、ぬるま湯に浸したものでも十分に育ちます。これはほとんど親鳥が与えるものと同じです。

雛に給餌する際、手の平に乗せて給餌したり話しかけるとよく馴れておしゃべりも期待できます。給餌量はそのうが大きく膨らみ雛が餌を欲しがらなくなるまでたっぷり与え、給餌回数より量を重視するようにします。

回数は朝から夕方までに最初は二時間ごと、羽毛がほぼ生え揃ったら3〜4時間間隔にします。夜間も給餌する場合は定期的にし、時間外の給餌をしないことです。

羽毛が生えそろい、飛べるようになったら鳥籠に移します。同時に配合飼料も入れておくと自然に食べるようになりますが、手の上で餌を与える習慣を続けると人に馴れるようになります。さらに毎日10分間でも一緒に遊ぶようにすると思った以上に馴れてくれます。逆にいつでも籠から出入りでき、好きなことをさせてしまうとわがままな鳥になってしまうこともあるので注意しましょう。

生後一ヵ月以降、毎日同じ言葉を繰り返し教えていると、おしゃべりをするようになります。1つの言葉を覚えてから次の言葉を教えるようにします。またオスの方が多くの言葉を覚え、住所、電話番号はもちろん、長い昔話や童話、童謡まで話すようになります。

▲ ノーマルオパーリン。左：グリーン　右：ブルー

▲ ハルクイン

▲ 左：ルチノー　右：アルビノ

色変わり

　原種ノーマルグリーンのほかにライトグリーン、オリーブ等のグリーン系、ブルー、コバルト、バイオレット、ライラック、グレー等のブルー系の二通りがあります。

　これら原種と同じ模様の鳥は並(ノーマル)と呼ばれます。並に対して模様の異なるものは高級セキセイと呼ばれます。

　飼い鳥のなかで最も多くの色変わりがあり、ブルー系では額の黄色いイエローフェイスが出現してグリーン系の倍以上の品種を作出しています。

　ハルクインは原種の模様が頭部と翼に少しずつ残り、地色は腹部だけ残っています。グリーン系は黄色に、ブルー系は白になった品種です。鮮やかな色とバランスのとれた模様の鳥は実に美しく、かつては高級セキセイの代表格でした。最近はきれいな模様より色彩に注目が集まり、他品種に圧倒されている感があります。

　パイドはハルクインに似ていますが、模様が部分的に消えていて、いかにも斑(パイド)という感じです。

　オパーリンは頭部の模様が淡く、翼の覆輪が胸腹部の地色になっているのでより体色が強調されます。翼の黒斑が淡くなったものはグリーン系ではオパーリンシナモン、ブルー系ではオパーリングレイと呼ばれます。

　黒斑が消失して全身が地色になったものはオパーリンセルフです。イエローフェイスのオパーリンセルフのなかにはブルー系でありながらグリーン系の色も混じったような美しい鳥がいて、レインボーと呼ばれています。

　ウイングは翼の模様が淡色化して地色と翼の対照が美しい品種です。スパングルは翼の鱗模様の覆輪(地色)が大きくなったものです。

　全身無地で赤目になったものは黄色のルチノー、白のアルビノがいます。両者とも他の色や模様はまったくありません。それだけにセキセイインコとしては物足りない感じがするという人もいます。

　これら色変わりセキセイインコは観賞用として楽しむ目的で多数を同居させると美しく、争いもしないことから禽舎で多数飼養されるのですが、繁殖させる際には品種の維持、羽彩の乱れを防ぐためにペア単位に分ける必要があります。

　特にグリーン系とブルー系の交配は改良目的の計画的なもの以外はタブーとされています。基本的に同色系内の同品種同士の交配が原則です。ハルクインや赤目系は他品種との交配は良くないとされていますが、オパーリンはウィングやセルフと交配してもよいようです。

▲スパングルライトブルー

▲スパングルライラック

Parakeet/Parrot　セキセイインコ

▲ 羽衣セキセイインコ

芸物

　頭部や背の羽毛が逆立ったり巻き上がったものを芸物といいます。前頭部の羽毛が逆立ったハーフクレスト、頭部が花びら状に逆立ったものは梵天(クレスト)と呼びます。

　背の羽毛が上方に巻き上がったものは羽衣(はごろも)と呼ばれ、カナリアの巻毛に匹敵する豪華さをもっています。梵天で羽衣のものが最も派手な芸者セキセイインコです。

　芸物セキセイインコの色彩は普通のセキセイインコと同じですが、より美しさを追求するためと人気によってすべての色がみられるわけではありません。オパーリン系が最も多くみられるのは色彩と巻毛の調和がとれているからでしょう。

　交配は同じ芸物同士は致死遺伝子が生じ、育たない場合があるので、芸物と普通種との交配が原則です。飼養・管理は普通のセキセイインコと同じですが、巻毛が傷つかないよう止まり木の位置には注意しましょう。

◀▲ 羽衣セキセイインコ

セキセイインコ Parakeet/Parrot

▲ 左：ルチノー　右：大型のノーマル

大型

　1960年代からイギリスで品評会用に改良された大型品種で、頭が大きく胸も太く、全長が23㎝と、普通のセキセイインコより二回りも大きいのが特徴的です。ヨーロッパから輸入されたものをそのまま維持した大型と、日本独自に改良したやや小型の二通りがみられます。

　体格は大きくても同じセキセイインコであることに変わりなく、色彩や模様は普通のセキセイインコと変わりません。以前は大型品種だけにみられたものが普通種にも導入され、その逆もあります。体格・体形を強調する色彩や模様は特に決まっていませんが、ノーマル、スパングル、パイド等の人気が高いようです。

　大型を維持するためには普通のセキセイインコ用配合飼料だけでは栄養が不足します。エンバクやコムギ、麻の実、ヒマワリ等も与えなければ小柄になり体形の維持もできません。若鳥のうちは十分飛翔できる空間を与えて運動させる必要があります。

　通常の管理は広い禽舎や大型籠での飼養がよく、繁殖は幅広い庭箱で行う方がよいようです。繁殖率は普通品種よりも低いので、思うような交配ができない場合もあります。自ら抱卵・育雛しない鳥もいて、仮母に預けることもあります。

　また品評会に向けてカナリアの籠出しと同じようにショーケージに慣らす必要もあります。品評会ではショーケージには餌も水も入れないことがありますが、この品種は一日や二日は絶食可能で、そのためにも普段から十分に食べさせておきましょう。品評会目的の鳥であり、カナリアにおけるスタイルカナリアと同じ位置を占め、小鳥店での入手は難しく、専門のクラブに入会すると鳥とともに交配や飼養知識も得ることができます。

第三章●種別解説　120

Parakeet/Parrot セキセイインコ

◀ パステルレインボーブルー

◀ オパーリンセルフライラック

▲ 四色ハルクイン

▶ ノーマルオパーリングリーン

▶ ノーマルグレー

繁殖

45cm角位の籠に箱巣を入れます。巣材は特に必要ありません。箱巣の位置は選り好みしないので床でも上部でもかまいません。発情飼料も不要です。ペアを収容すると自然に繁殖を始めます。老鳥が安価で売られていることもあるので、生後半年から一年位の若くて健康なペアを選ぶことが大切です。

箱巣に入るようになると繁殖の開始です。産卵数は5～6卵ですが、なかには8卵位産む鳥もいます。抱卵は18日で孵化しますが、産卵順に抱卵して孵化するため、雛の大きさにはばらつきが生じます。しかし親鳥はほとんど同時に巣立つように育てます。28～30日で巣立ち、かなりの飛翔力をもっています。自分で餌を食べられるようになるには10日程かかります。

巣立ったばかりの雛を手に乗せていると飛び立ってしまい、帰ってこれなくなることがあるので注意しましょう。雛が巣立つとすぐに次の産卵を始める親鳥もいます。そのままでは箱巣は雛の糞で汚れているので洗って乾燥させるか新しいものと交換します。ときに巣立った雛を攻撃する親鳥がいるので、雛が自分で餌を食べているか確認してから別の籠に移しましょう。

禽舎に何ペアも放してコロニー繁殖をする場合、箱巣の数はペア数より多く入れないと気に入った場所の奪い合いが起こることがあります。またコロニー繁殖の場合は保存したい希少品種は他品種と一緒にしないことです。同居しているペア以外の鳥とも交尾するからです。品種を保存維持するためにはペア単位の繁殖が不可欠です。

年中繁殖可能ですし、つづけて何回も繁殖するペアも少なくありません。しかし鳥の健康や産まれる雛の体質悪化を避けるためにも繁殖回数は年に3～4回にしておくべきです。また梅雨から秋口にかけての高温多湿という条件下では箱巣の中の衛生状態の悪化があるので避けましょう。箱巣は直射日光の当たらない場所を選びましょう。これは季節に関係なくセキセイインコの習性として日光の当たらない洞に営巣するところからきたブリーダーの知恵です。

① 孵化当日の雛と親鳥
② 孵化3日目の雛
③ 孵化10日目の雛。目が開いている
④ 孵化12日目の雛

オカメインコ Parakeet/Parrot

オカメインコ
片福面鸚哥
Cockatiel

Nymphicus hollandicus　オウム目オウム科オカメインコ属

原産地：オーストラリア(内陸部のほぼ全域)
住環境：乾燥したサバンナ、疎林地帯
大きさ：33cm
飼　料：オカメインコ用配合(セキセイインコ用配合にヒマワリ、麻の実を若干加えたもの)、青菜、ミネラル
性　別：メスの尾羽は縞模様がある。またオスは冠羽と顔が黄色くメスは灰色がかっている。色変わりでは判別困難なこともある
籠　　：尾が長いので1羽飼いで45cm角以上。ペアでは60cm角以上は必要

▲ 白オカメインコ　最も親しまれている色変わり(実際は白ではなくルチノー)

独特の冠羽と愛嬌のある顔の模様で親しまれているインコで、インコといってもインコ科ではなくオウム科です。最も小さなオウムといってもよいでしょう。

1792年に発見され、1840年代に初めてイギリスやヨーロッパに輸入され、たちまち人気者になりました。学名は「水の妖精」という意味ですが、その通りの優雅な容姿と温和で他種と争うことのない性質が飼い鳥としての価値を高めたのでしょう。

完全に飼い鳥化されているので、体質は丈夫で冬でも屋外禽舎で保温することなく過ごすことができます。温和な性質ですが臆病な面があり、驚くとパニック状態になって飛び回ることがありますが、すぐに元通りになります。

色彩的にはそれほど多彩ではありませんが、特徴である冠羽を強調した色変わりがみられ、現在でも改良は続けられています。体格からは大型の禽舎が適しますが、飼い鳥歴の長さから驚くような小型の禽舎や籠でも繁殖が可能で、色変わりを含めて繁殖の面白さも楽しめる鳥です。

ただ本来は乾燥地帯に生息するので湿気は抑える方がよく、梅雨から盛夏にかけては繁殖を避けるようにしたいものです。

オカメインコの人気を絶対的なものにしたのは手乗りの存在です。うれしいことにオウム特有の冠羽、インコそのもののスマートな体形、温和で優しい性質、それらを自分の手に独り占めできるのです。

雛の育て方や飼料も専門誌が多数発行されるほど研究されています。そのため初めて手乗りを育てる人でも無理なく健康な鳥に仕上げることができます。

第三章●種別解説

Parakeet/Parrot オカメインコ

●品種●

原種（ノーマル）はグレーと呼ばれることもあります。色変わりではルチノーが白オカメインコとして有名です。実際には純白ではなく黄色みがあり、頬と冠羽はノーマルと同じです。パイドは白い斑があり、パールは羽毛に白から淡黄色の斑が入ります。ホワイトフェイスは顔が白く頬の斑がありません。シナモンは体色が淡褐色になっています。それぞれの品種の組み合わせでさらに多くのバリエーションが生まれています。

▲パイド

▲スノーホワイト

繁殖

単独ペアでもコロニーでも可能です。1ペアで行うには少なくとも1m角以上の空間があると確実で、複数ペアでは2m角で3～5ペアは収容できます。コロニーの場合にペア数以上の箱巣を用意するのはセキセイインコと同じです。

季節に関係なく繁殖しますが、本来は乾燥地性なので湿度の高い梅雨から夏は避け、冬も寒さによる不測の事態が考えられるので避けます。

オカメインコ用の箱巣を設置し、発情飼料はエッグフードでもヒマワリや麻の実を増量するだけでもかまいません。また繁殖期間中は青菜を欠かさないことです。巣材は特に必要としません。

雌雄が箱巣に入るようになると産卵は近く、やがて交尾が行われます。産卵は4～6個が普通です。オウム目特有の隔日産卵。日中はオスが抱卵しますが、メスがほとんど抱卵し続ける場合もあります。

19～23日で孵化します。親鳥は雛に水を与えるため、箱巣の中が非常に不潔になることがあります。箱巣に編んだワラを敷くのは多くのブリーダーが取る方法です。吸湿性の高い素材で同様に工夫してもよいでしょう。

繁殖中に箱巣を覗くのは普通タブーなのですが、オカメインコは一時的に驚いて飛び回るものの、元通りにすると何もなかったかのように箱巣に戻ります。この性質を利用して週に一度箱巣の中を清潔にしましょう。そして雛数を確認しておきます。

雛数が多いと小さな雛を見捨てる場合があり、また親鳥（特にオス）が給餌疲れで弱ってしまうこともあります。多すぎると判断したら何羽か取り出して手乗りに育てるか、他の同じ大きさの雛がいる箱巣に預けてもよいでしょう。33日前後で巣立ち、親鳥の給餌をさらに10日程受けます。年間3回程度の繁殖回数なら親鳥と雛の健康を維持できます。

▲ホワイトフェイス

ボタンインコ
牡丹鸚哥
Nyasa Lovebird

Agapornis lilianae オウム目インコ科ボタンインコ属
Agapornis personata lilianae キエリボタンインコの亜種とする場合

原産地：東アフリカ（タンザニア、マラウィからザンビア、モザンビーク、ジンバブエの国境地帯）
住環境：河川林やアカシア林（同属中最も水辺を好む）
大きさ：13～14cm
飼　料：セキセイインコ用配合にヒマワリか麻の実をわずかに加えたもの、青菜、ミネラル
性　別：雌雄同色。科学判定が確実
籠　：45cm角以上

初めてイギリスに輸入されたのは1926年で、丈夫で繁殖が容易なことから短時間でヨーロッパや日本にまで広まりました。ところが近縁種との交雑、色変わりへの傾倒、さらには野生種の激減等により次第に見られなくなりました。

以前はアカボタンインコとも呼ばれ、色変わりボタンインコの改良に大きな影響を与えたのではないかと思われます。原種不明の色変わりのなかには本種が母体と思われる品種がいくつかみられます。

本種のルチノーはコザクラインコのルチノーとそっくりですが目の周囲に白い環があることで区別できます。ブルーやその他の色変わりも知られています。また他のボタンインコ類との交雑でも妊性であり原種が分からなくなる原因でしょう。

しかし原種の保存も重要であることをもっと認識して欲しいものです。ボタンインコと呼ばれる4種（キエリクロボタン、ルリコシボタン、クロボタン、ボタンインコ）のなかでは名称のわりに実態はほとんど知られていないのが本種です。本来は4種を代表する種でありながら忘れられてしまった悲しい歴史を払拭してほしいものです。近年はヨーロッパで繁殖が盛んに行われているようなので輸入されても純粋な種を守る努力が必要です。原種自体が観賞価値の高い美しいインコなのです。

禽舎に群で飼うと面白い行動が観察でき、籠ではペアで飼うと楽しめます。もちろん手乗りにして楽しむこともできますが、それには国内での増殖が欠かせません。習性や飼養管理は他のボタンインコ類と変わりはありません。

繁殖

45cm角以上の籠に箱巣を設置しペアを収容します。巣材として木片を中に入れておくと自ら細かく噛み砕いて使います。発情（養育）飼料はエッグフード、ヒマワリや麻の実の増量、ビスケット、カステラ等です。箱巣に盛んに出入するようになり、メスがほとんど中に入ってしまうと産卵が始まります。

通常、4～6個産み、23日抱卵、35～38日位で巣立ちます。雛が巣立った後、親鳥がすぐに次の産卵を始め、雛をいじめることがあります。これを防ぐには巣立ち後箱巣を取り外し、雛が自分で餌を食べるようになったら別の籠に移し、親鳥には再び箱巣を与えるようにします。

キエリクロボタンインコ
黄襟黒牡丹鸚哥
Masked Lovebird
Agapornis personata オウム目インコ科ボタンインコ属

原産地：アフリカ（タンザニア〜ケニア）
タンザニアのダルエスサラーム、ケニアのナイバシャ湖、ナイロビ、モンバサではルリコシボタンインコとの自然交雑がみられる
住環境：乾燥した疎林地帯
大きさ：14cm
飼　料：ボタンインコ用配合（セキセイインコ用配合にヒマワリか麻の実をわずかに加えたもの）、青菜、ミネラル
性　別：雌雄同色。科学判定が確実
籠　　：45cm角

学名も英名も仮面を被ったボタンインコという意味です。その名の通り、頭から首までを黒く覆われています。ところが、現在では原種が少なく、頭部の色の薄いもの、赤褐色のものが主流となっています。色変わり人気のためにいつのまにか原種の存在が忘れられてしまったような感じです。

「ボタンインコ」と呼ばれる4種をまとめて1種として扱う学者もいます。その場合の基種がこのキエリクロボタンインコです。

ボタンインコ類では最も飼いやすく、丈夫で、順応性に富み、さまざまな色変わりも楽しめます。

籠でのペア飼い、禽舎での小群飼養、手乗りも可愛いものです。他種とは協調性がないので雑居は避けるようにしましょう。

繁　殖　ボタンインコと同じです。

ルリコシボタンインコ
瑠璃腰牡丹鸚哥
Fischeris Lovebird
Agapornis fischeri オウム目インコ科ボタンインコ属

原産地：アフリカ（北西タンザニアからルワンダ、ブルンジ、タンザニア各地やケニアにも移入され、サファリで有名なセレンゲティ、アルーシャ、ンゴロンゴロ公園では最も観察しやすい鳥といわれている）
住環境：乾燥したアカシア疎林に生息
大きさ：14〜15cm
飼　料：セキセイインコ用配合にヒマワリか麻の実をわずかに加えたもの（ボタンインコ用）、青菜、ミネラル
性　別：雌雄同色。科学判定が確実
籠　　：ペアで45cm角

明るい色彩と陽気な性質、目の周囲の白いリングが特徴的な小型インコです。コザクラインコより一回り小さく、そのぶん機敏に動き回ります。

本来、小群生活なのでペアはもちろん、広い籠や禽舎なら小群飼養も楽しいのですが、一羽飼いは淋しさから叫び声が多くなりがちです。

とても丈夫で飼養環境にもすぐに順応し、冬も室内であれば保温は不要です。

屋外でもペア以上の群なら保温の必要は感じないでしょう。

ボタンインコ類の分類に無頓着なわが国では、キエリクロボタンインコとの交雑も行われているので、色変わりは欧米ほど多くはありません。

繁　殖　ボタンインコと同じです。

色変わり　Parakeet/Parrot

色変わり

原種からの色素欠乏とその改良で数多くの色変わりが出現しています。本来の配色とはまったく異なる色もみられます。

▲ルチノー

▲モーブ系

色変わり

　主にキエリクロボタンインコの改良品種ですが、ルリコシボタンインコの色変わりや両者の交雑もいて、それが区別されずにきたため原種が不明な品種もいます。
　ヤマブキボタンはキエリクロボタンの淡色化したものとされていますが、ルリコシボタンとの交雑も考えられます。黄色い羽毛の範囲が一定せず濃淡があります。ブルーボタン、シロボタンはともにキエリクロボタンの黄色色素が欠乏したものです。ルチノー、アルビノは眼が赤くなります。
　そのほかにオリーブやコバルトブルー、モーブ等あり、さらにヨーロッパから新たに輸入される品種もあります。

●原種から黄色い色素がなくなり、緑が青に、黄色が白くなったものをブルーと呼び、色彩が薄れたものをシロボタン(ダイリュートブルー)と呼んでいる。青が紫になったコバルト、藤色のモーブ、グレー等、微妙な色違いが存在する

▲クリアホワイト

クロボタンインコ
黒牡丹鸚哥
Black-cheeked Lovebird

Agapornis nigrigenis　オウム目インコ科ボタンインコ属
Agapornis personata nigrigenis　キエリボタンインコの亜種とする場合

原産地:	アフリカ(ボツワナ、ジンバブエの一部)
住環境:	原生林を除く多くの林
大きさ:	13〜15cm
飼　料:	キエリクロボタンインコと同じ。リンゴを好む。アワ穂も良い飼料になる
性　別:	雌雄同色。科学判定が確実
籠:	45cm角以上

　キエリクロボタンインコの亜種とされることもあります。同属のなかでは一番地味ですが馴れやすさ、飼養の容易さは変わりません。1904年にイギリスに初輸入されています。
　わが国にもその後輸入されていますが、最近はあまり見かけなくなりました。生息地が限られていて野生種自身少なくなったからといわれています。
　飼養下で増やすことが大切です。かつては同属のボタンインコ、キエリボタンインコ、ルリコシボタンインコ等との交配も行われていたため、純粋種が少なくなったといわれています。

BREEDING　繁　殖　キエリボタンと同じです。営巣には細い小枝を与えると運びます。コザクラインコやキエリボタンほどには巣材は使わないようです。

コザクラインコ
小桜鸚哥
Peach-faced Lovebird
Agapornis roseicollis オウム目インコ科ボタンインコ属

原産地：アフリカ南西部（アンゴラ〜ボツワナ）
住環境：乾燥地帯のサバンナに小群で生息
大きさ：16〜17cm（飼養品種のなかではボタンインコ属最大）
飼　料：セキセイインコ用配合にヒマワリか麻の実をわずかに加えたもの、青菜、ミネラル
性　別：雌雄同色で判別困難
籠　：1羽飼いで35cm角、ペアでは45cm角以上

　小型で尾の短いずんぐりとした体形で親しまれています。英名のラブバードはペアの仲が良いところからつけられましたが、他の鳥に対しては攻撃的で、特に手乗りのものは飼い主を独り占めしようとして他の鳥を激しく傷つけることもあります。

　また広い禽舎でもフィンチやカナリアには脅威的存在であり、基本的に雑居は不向きな鳥です。淡紅色の顔と柔らかな緑色の体、腰の青さが印象的なボタンインコ属を代表する人気者です。

　完全に飼い鳥化され、数多く飼われているだけに特別な管理も必要なく、とても飼いやすく、さまざまな楽しみ方のできるインコですが、ときどき誤った飼い方をされていることがあります。

　セキセイインコより太めの体格なので油脂分の多い飼料を与えすぎたりして、病気の原因になってしまうです。また手乗りのなかには甘やかしすぎてわがままになってしまうインコもみられます。

　ボタンインコ属は目の周囲にくっきりとした白い環のあるグループと環の目立たないグループがあり、コザクラインコは後者です。

　この仲間では比較的新しく紹介されたのですが、今では最も有名になりました。馴れやすく手乗り人気も高いのですが、とても活発なのでできるだけ広い籠で飼うようにしましょう。色変わりも多くみられ、次々と新たな品種が紹介されています。

繁殖

飼い鳥化されているので通常の管理だけで自然に繁殖します。ペアを60cm角以上の籠に入れ、ボタンインコ用の箱巣を入れます。発情飼料にはヒマワリや麻の実を増量するかエッグフードを与えるとよいでしょう。巣材として小枝や枯葉を与えると細く噛み千切ってひも状にして腰の羽毛に挟んで巣に運ぶ行動がみられます。

　通常4〜6卵産み、23日抱卵、40日位で巣立ちます。年中繁殖可能ですが、季節は春と秋が適しています。夏は箱巣内が高温になり、雛の健康が保てなくなる可能性があります。

▲ ゴールデンチェリー

色変わり

　原種の緑色に黄色が混じったパイドはタイガーチェリーとも呼ばれます。緑色がすべて黄色になったゴールデンチェリーは眼が黒く、よく似ているルチノーは眼が赤く腰は白か水色です。ブルーチェリーは頬が白く額が杏色、体は青緑色です。

　色変わりの数は増え続けており、それぞれの色の因子（ファクター）が1つ（シングルファクター）か2つ（ダブルファクター）かで現れる色も異なります。この因子の組み合わせにより新たな色変わりを作出するのです。

　体色ではブルー、モーブ、シナモン、コバルト、オリーブ、バイオレット等、顔の色もホワイトフェイス、オレンジフェイス等あり、体色との組み合わせも多様です。最近では首から上全体が赤くなったオパーリンも出現しています。これまでのコザクラインコとは大きくイメージが変わった感じです。

▲ パイド

カルカヤインコ　ハツハナインコ　コハナインコ　Parakeet/Parrot

鮮やかな緑色の体色と額から喉までの朱色が対照的なインコです。また尾にも赤と黒の帯模様があり鮮明な色彩です。

ボタンインコ属ではカルカヤインコとともに最も早く日本に輸入されました。

大正時代にはすでに繁殖に成功し、丈夫なインコとして紹介されたにもかかわらず普及することなくコザクラインコやキエリクロボタンインコに人気が集中したようです。忘れられてしまったインコという感じです。雌雄同色が多いと思われがちな同属中、本種とカルカヤインコ、ハツハナインコ、ワカクサインコはオスの方が鮮やかです。

野生鳥の飼養が中心だった時代にも繁殖に成功していただけに飼養は難しくはなく、手のかからないインコですが、できるだけ広い籠での飼養が望ましく、それだけ活動的です。他種には排他的で、特にフィンチに対しては攻撃的なので雑居は避けましょう。

コハナインコ
小花鸚哥
Red-faced Lovebird

Agapornis pullaria　オウム目インコ科ボタンインコ属

原産地：アフリカ
　　　　西部ギニア湾沿岸部と東アフリカの2亜種に分けられる
住環境：林に大群で生息
大きさ：15cm
飼　料：ボタンインコ用配合、青菜、果物、ミネラル
性　別：オスは顔の朱色が鮮やかで翼の裏面が黒く、メスの翼の裏は緑色
籠　　：ペアで45cm角以上

繁殖　他の同属インコと同じですが神経質な面もあり、やや広い籠か禽舎が適しています。繁殖期には若干の果物を与えるとよく、またカステラやビスケット、エッグフードも効果的です。5卵前後産み、23日抱卵、巣立ちまでは40日位です。

ハツハナインコ
初花鸚哥
Abyssinian Lovebird

Agapornis taranta　オウム目インコ科ボタンインコ属

原産地：アフリカ（エチオピア高地に生息）
住環境：戦乱により生息地の破壊が進み、最近の生息状況は不明
大きさ：16cm
飼　料：ボタンインコ用配合、青菜、果物、ミネラル
性　別：オスは額が朱色だが、メスは緑色
籠　　：45cm角以上

繁殖　コハナインコと同じですが2m角程度の禽舎がよく、籠では難しいようです。箱巣はボタンインコ用より若干大きくし、入り口は横向きにして人目からそらすと安心して出入りします。それほど警戒心が強く野性的なのです。

エッグフードやカステラ、リンゴ、バナナ等も効果的です。4～6卵産み、23日程度の抱卵、巣立ちまでは40日位です。数の少ないインコだけに繁殖は重要です。

コザクラインコとともに、この仲間では最大種です。色彩的に同属中最も地味ですが、嘴の赤、翼と尾の先端の黒は目立ちます。

コハナインコ同様に広い籠や禽舎が適しています。初めての冬は室内に入れるか保温すると安全ですが、翌年からは無加温でも大丈夫です。

気に入らない相手とは争うので、基本的にペア飼養かその家族の小群飼養がよいでしょう。

繁殖は難しく、禽舎飼養なら可能ですが神経質なぶん、慎重さが求められます。

ボタンインコ属としては最も古く輸入された種で、大正時代には繁殖させたものを輸出していた記録もあるほどです。

その後は、コザクラインコやキエリクロボタンインコに人気の座を奪われてしまい、あまり知られることのないインコになってしまいました。

しかし飼いやすさ、丈夫さ、繁殖の楽しみ等魅力の多いインコです。

英名ではラブバードと呼ばれ、ペアの片方が死ぬと残された方は相手を慕って焦がれ死んでしまうといわれますが、実際は輸入に際しての輸送疲れにより一羽が死に、もう一羽も同様の理由で死ぬのを詩的に解釈したもので、一羽でも長生きします。

他の同属同様に飼養でき、冬でも屋外で無加温で過ごせるほど丈夫です。フィンチやメジロクラスの小型鳥には攻撃的なので、雑居は避けましょう。

カルカヤインコ
刈萱鸚哥
Grey-headed Lovebird　Madagascan Lovebird

Agapornis cana　オウム目インコ科ボタンインコ属

原産地：アフリカ（マダガスカル島、アフリカ南東部沿岸、コモロ諸島、モーリシャス諸島、ロドリゲス諸島、セイシェル諸島、ザンジバル島、南アフリカのナタール等にも移入）
住環境：林縁部に大群で生息
大きさ：14cm
飼　料：ボタンインコ用配合、青菜、ミネラル、果物
性　別：オスは頭部から胸まで白く、メスはこの部分が灰緑色
籠　　：45cm角以上

繁殖　他のボタンインコ類と同じです。禽舎で行う方が成功率は高いのですが、60cm角の籠でも可能です。やや神経質な鳥もいるので箱巣は遮蔽物で隠し入り口が正面から見えないようにしましょう。箱巣を覗いてはいけません。4個ほど産み、23日で孵化、40日位で巣立ちます。

サトウチョウ
砂糖鳥
Blue-crowned Hanging Parrot
Loriculus galgulus オウム目インコ科サトウチョウ属

原産地：マレー半島〜スマトラ島、カリマンタン島
住環境：林縁部やヤシ林、果樹園等に小群で生息
大きさ：15cm
飼　料：ヒインコ用ペレット、カナリーシード、果物（バナナ、ブドウ、梨、イチジク等）、ハコベも好み。食パンを蜂蜜やミルクに浸したものも好む。意外に大食
性　別：オスは頭頂が青く、胸には赤い斑点があり、メスにはない
籠：少なくとも45cm角（できれば温室禽舎）

江戸時代からよく知られた小型のインコです。その名が示す通り甘いものを好み、ヒインコ類同様に花蜜や果物を主食とします。

飼養下ではカナリーシードを主食に、果物少量を副食にする方法が長く行われてきました。現在ではヒインコ用ペレットも市販され栄養面での心配や煩雑な手間もなくなりました。

小型インコですが小さな籠で飼うと動きが鈍くなり健康を維持できません。またヒインコ類のように糞をまき散らすので掃除が大変です。

できることなら温室禽舎で飼養したいインコです。寒さに弱く冬期の屋外禽舎は不向きで、止まり木より植物を植えたほうがよく、飛翔空間も大きく取るべきです。また汚れやすいので霧吹きでシャワーするのも良い方法でしょう。

英名のHanging Parrot、中国名の倒桂子は、このインコが木の枝に逆さにぶら下がって休むところからつけられました。禽舎ではフィンチ等との雑居が可能です。

繁殖　1m角以上の禽舎（屋外なら春から秋まで）で可能です。植物を多く植えるほうがよいのでより大きな禽舎が適しています。箱巣はセキセイインコ用で十分です。イネ科植物をコザクラインコのように腰や上胸羽にはさんで箱巣に運びます。

3〜4卵産み、抱卵はメス中心で、オスはメスに給餌します。19〜22日で孵化、1ヵ月で巣立ちます。

シュバシサトウチョウ
朱嘴砂糖鳥
Philippine Hanging Parrot
Loriculus philippensis オウム目インコ科サトウチョウ属

原産地：フィリピン
住環境：森林〜林縁部。サトウチョウほど開けた場所にはいない
大きさ：16cm
飼　料：サトウチョウと同じ
性　別：オスは喉に赤い斑点があり、メスにはない
籠：サトウチョウと同じく45cm角以上（禽舎が適している）

サトウチョウよりやや大型で額から後頭部と嘴が赤く、全体的に明るい色彩のインコです。

フィリピンによる動物輸出禁止政策以前はよく輸入されていましたが、現在では直接輸入することができず、欧米で繁殖した鳥の輸入しかできません。そのため目にする機会はあまりありませんが、サトウチョウ同様に管理できるかわいいインコなので国内でも殖やしてほしいものです。

繁殖　室内禽舎や温室禽舎では成功例が多くあります。温度管理と適した飼料、完全なペアであれば繁殖はさほど難しくはないインコです。

広さは馴れたインコなら1m角、それ以外は2m角程度です。育雛に昆虫を運ぶ鳥もいますが、ミールワームを与えておけば十分です。産卵、抱卵、育雛はサトウチョウと同じです。

マメルリハ　Parakeet/Parrot

マメルリハ
豆瑠璃羽
Pacific Parrotlet

Forpus coelestis　オウム目インコ科ルリハインコ属

原産地：南アメリカ（エクアドル〜ペルー）
住環境：密生した熱帯雨林を除く森林部
大きさ：12cm
飼　料：ボタンインコ用配合、青菜、ミネラル、果物、各種の種子
性　別：オスは眼の後ろから後頭部にかけて青い筋があり、背は灰色がかっている。メスは緑色
籠：45cm角以上

と　ても小さなインコで最近になり人気が高まっています。ボタンインコ属に似ていますが、類縁は遠いようです。古くから知られていましたが、近年の色変わりブームで一気に人気者になったようです。

オスはセキセイインコのように、囀りともつぶやきともとれる独り言を多くしゃべります。小型ながら攻撃的で、襲われたフィンチやカナリアは致命傷となるほどであり、雑居はできません。また同類に対しても排他的な面があり、ペア飼養が原則です。初めての冬を15℃以上を保てばよく、翌年からは無加温で過ごします。

飼料に対して偏食傾向があり、麻の実だけしか食べない鳥や果物の種子に執着する鳥もいます。できるだけ多くの種類を与え、何でも食べるようにしたいものです。ただ油脂分ばかり食べていても脂肪過多になることはなく、適度な広さの籠であれば運動量で燃焼しているようです。果物を与えると果肉は噛み切って捨て、中の種子だけ取り出して食べるものがいます。

止まり木は水平なものだけではなく、自然の木を使って自由な運動ができるようにすると活発な行動がみられます。もちろん、飛翔空間は十分にとったうえでこうした自然木を設置するべきです。

ミネラルはボレー粉、カトルボーン、塩土等を併用する方が適しています。また土を与えるのもよく、農薬や除草剤等に汚染されていないものを加熱してから与えます。草の束を水に濡らしたものを与えると、中に潜り込んで水浴び代わりにします。

時折、キガシラマメルリハ（黄頭豆瑠璃羽・Yellow-faced Parrotlet *Forpus xanthops*）も輸入されますが、この種はやや大きく頭部が黄色くなるので区別できます。以前は同種内の亜種扱いでしたが、現在は別種とされています。

●このインコの人気を高いものにしたのがブルーである。優性遺伝であり確実にブルーが得られるのが人気の要因。ルチノー、アルビノは数が少ないがとてもきれいである。色彩的にはあまり好まれないものにファローがある。くすんだ感じなので人気は低くマニアに飼養されている

繁　殖　ペアができれば容易です。上記の籠でも可能ですがやや大型のものが適しています。セキセイインコ用箱巣を与えます。

発情・養育飼料は油脂分の増加、エッグフード、ビスケットやカステラがよく、これらは繁殖期だけ与えると効果的です。メスが箱巣に入り、長時間出てこなくなると産卵の開始となります。

通常、4〜5卵産み、21日程度で孵化、30日位で巣立ちます。雛はこの時点で雌雄判別可能です。繁殖中は上記の飼料のほかに、イネ科植物の穂（未熟・完熟両方）、果物もよいでしょう。

◀近縁のアオメルリハインコ（Spectacled Parottlet *Forpus conspicillatus*）オスの目の周囲が青いインコ。マメルリハ同様に飼養できる

キソデインコ
黄袖鸚哥
Canary-winged Parakeet
Brotogeris versicolurus chiriri オウム目インコ科ミドリインコ属

原産地	ボリビア、ブラジル、パラグアイ、アルゼンチン
住環境	河川林に大群で生息。雨季には林床が冠水するような湿度の高い森林を好む
大きさ	22〜24cm
飼　料	セキセイインコ用配合にカナリーシードを増量したもの、エンバク、麻の実、ヒマワリ、果物、青菜、ミネラル
性　別	雌雄同色。科学判定が確実
籠	一羽飼いで45cm角、二羽では60cm角以上

繁殖

雌雄の判別が難しく、ペアを組むことができれば繁殖の大半は成功であるともいわれます。

2m角の禽舎で十分可能です。箱巣はブナ材がよいとされます。大きさは20cm角40cm高、入口の直径は8cmがよく、床には乾燥した水蘚を4cmの厚さに敷いて巣材とします。

3〜6卵産み、23〜26日の抱卵期間を経て孵化します。

基亜種であるソデジロインコとともにこの仲間ではよく知られています。翼に白い部分がないので区別できます。

手乗りにするとよく馴れ、いつでも一緒に遊びたがりしつこい感じがするほどです。若鳥が手乗りにしやすいのはいうまでもありませんが、このインコは親鳥でも飼い込めばよく馴れるようになります。また言葉を覚えるものもいます。

二羽以上一緒に飼っていると絶えずおしゃべりをしていてにぎやかですが、彼らは常に大群で暮らす習性のため、手乗りでなければ淋しさを紛らわすためにも複数飼養が適しています。

湿度の高い地域に生息するため水浴びは大好きなので、毎日させるべきです。また籠飼養や手乗りにはシャワーでもよいでしょう。

小柄で温和そうに見えますが、他種には排他的で攻撃することもあり、大型の禽舎でなければ雑居はさせないようにします。禽舎では樹木を植えても芽や葉をかじって枯れさせてしまいます。籠飼養や手乗りの場合、とても嘴が器用なので扉を開けて外に出てしまうことはもちろん、木製のものは破壊することもあります。

普通、セキセイインコ用配合にヒマワリか麻の実を少量加えたものを主食にしますが、エンバクを加えると健康維持に効果的です。また果物は一片でも毎日与える方がよく、特に手乗りやおしゃべりに育てる場合はご褒美に与えるとより覚えがよくなるでしょう。

セキセイインコでは物足りない、オカメインコやホンセイインコでは大きすぎる、コザクラインコは尾が短い、メキシコインコでは派手すぎる等々、こだわりの多いインコ愛好家にも好まれる手頃な大きさとすっきりした色合いのインコです。

古くから手乗りとして愛玩されてきただけに、手のかからない、飼いやすく人馴れするインコです。室内で一緒に遊ぶ時間を決めておけば大声を出して催促するようなことはないでしょう。

またこれらの手乗りインコはわがままになりやすいので、鳥と人との共生を模索するうえでお互いの時間を分かち合うことはとても大切なことです。

サザナミインコ
連鸚哥
Barred Parakeet　Lineolated Parakeet
Bolborhynchus lineola　オウム目インコ科サザナミインコ属

原産地：中米パナマ南部〜南米北西部（ベネズエラ、ペルー、エクアドル、コロンビア）
住環境：標高2000m程度の厚い森林
大きさ：16cm
飼　料：ボタンインコ用配合、青菜、ミネラル、果物
性　別：外見では難しいが、オスは模様が濃く羽毛の黒い縁取りも大きい。特に尾羽の縁取りはメスでは小さく見える
籠：45cm角以上

　長らく人気のないインコでしたが、マメルリハよりやや遅れて1990年代にオランダで作出されたブルーの出現でたちまち人気者の仲間入りを果たしました。

　おとなしく飼養は容易で繁殖も難しくないため、それまで見向きもされなかったのが嘘のような感じです。通常は動きが少なくおとなしいというより物足りなさを感じるほどです。それでも広い籠や禽舎では活発な飛翔がみられます。

　またこのインコは直射日光より木漏れ日を好むため、籠や禽舎は覆いをするか植物で日陰を作るとよいでしょう。やはり水浴びは草束や葉のついた木の枝を水でたっぷりと濡らして与えると喜びます。

　屋外禽舎では雨に打たれるのを好み、これはほとんどのインコと同じです。他種とも争うことなく雑居します。

繁殖　1m角以上の禽舎では　特に難しくはありません。60cm角の金網籠でも成功しますが、広い方が成功率は高いのはいうまでもありません。ペア単位での繁殖が確実です。

　禽舎でコロニー繁殖させる場合は箱巣の数をペア数より増やし、位置も条件が異ならないようにします。

　発情・養育飼料はエッグフード、油脂分飼料、果物等です。箱巣はボタンインコ用でもそれより若干大きめのものでもかまいません。巣材はあまり必要としませんがチップ（木屑）を入れると自分で気に入るように加工します。5〜7卵産み、18日抱卵、35日位で巣立ちます。

▲ 人気の高いブルーは透き通った光沢があり美しい。ルチノーも黒い筋が消えてされいである

ナナクサインコ
七草鸚哥
Eastern Rosella　Common Rosella
Platycercus eximius　オウム目インコ科ヒラオインコ属

原産地：	オーストラリア南東部、タスマニア
住環境：	開けた林や茂みのある耕地周辺に生息し、ペアか家族群で採食は地上に降りて種子や果物、ベリー類を主に食べる
大きさ：	30cm
飼料：	セキセイインコ用配合にエンバク、コムギを加え、さらにヒマワリ、麻の実を少量加えたもの、青菜、ミネラル、カステラ（エッグフードも繁殖に備えてときどき与えるとよい）
性別：	メスはオスより色彩が淡く、特に赤い部分は判別可能
籠：	2m角以上は必要

オーストラリアを代表する美しいインコです。日本に輸入されたとき、初めはキクサインコと命名されましたが、後に現在のキクサインコが輸入されたため、ナナクサインコと改名された経歴があります。

その美しさを身近で見るために籠で飼うことがありますが、本来は十分な飛翔空間が必要なインコです。少なくとも2m角以上の禽舎に収容すべきです。

この仲間は飛翔することで運動量を確保するので、飛ぶスペースがないと健康を維持することが難しくなり、短命になってしまいます。室内の籠で飼養する場合でも止まり木間が1m以上確保できる広さ、つまり2m幅1m高2m奥程度で、籠内で旋回飛翔できることが不可欠です。また長い尾を傷つけないよう、止まり木の位置は壁面から30cm以上離すことも忘れてはいけません。

見た目の美しさ以上に飛翔時は華麗な鳥であり、それを鑑賞できる空間を提供できて初めて飼養可能といえるでしょう。

禽舎では自分と同じような大きさの鳥には攻撃的ですが、フィンチやセキセイインコ等には無関心なので、小型鳥との雑居は可能です。

この仲間はクサインコと呼ばれるように草の実、つまりフィンチ同様のイネ科種子を主食とします。体が大きいためヒマワリや麻の実等油脂分飼料を多く必要とするかのように思われますが、それらは少量でよいのです。エンバクやコムギも重要な飼料です。繁殖期にはハト用配合を与えるのも効果的です。

ヒラオインコ属をローゼラー（Rosella）と呼ぶのは、オーストラリアへの初期の移住者がシドニー西方のローズヒルでナナクサインコをたくさん見かけたから、その地名が英名の由来ではないかといわれています。

繁殖　この仲間は年間2回しか繁殖せず、早春から夏にかけて行います。そのため、前年から繁殖用禽舎に慣らしておく必要があります。2m角以上の禽舎にペアを収容し越冬したら繁殖準備に取りかかります。箱巣は25cm角、深さ50cm程度のものを使い、内部に昇降用の階段や木の枝を取り付けます。

発情・養育飼料はエッグフード、カステラ、ビスケット、果物も与えます。これらすべてを少量ずつ与えるか、いくつかに決めて与えてもよいでしょう。

4〜6卵産み、22日抱卵で孵化し、50日位で巣立ちます。雛の成長が夏の酷暑に当たらないよう、2月頃から繁殖開始をすると順調に育つでしょう。

▲ 色変わり　頭部が赤く、体が黄色と白のルチノーは素晴らしい美しさである。ルチノーの体に赤い斑点があるルビノーも同様に華麗な美しさで人気が高く、入手困難である

サメクサインコ
褪草鸚哥
Mealy Rosella
Platycercus adscitus palliceps　オウム目インコ科ヒラオインコ属

原産地：	オーストラリア北東部
住環境：	開けた林にペアか小群で生息
大きさ：	33cm
飼料：	他のクサインコと同じ
性別：	メスはいくぶん小さく、色彩も鈍い（特に下面の青）ので判別可能
籠：	2m角以上

黄色と青が主体の上品なクサインコです。頬の青いホオアオサメクサインコの亜種です。見た目より気の荒い面があり、他種には攻撃的なのでペア飼養が安全です。他のクサインコ同様の飼養・管理ですが、いくぶん寒さに弱いので、冬は保温した方がよいでしょう。

禽舎をビニール等で覆って氷点下にならなければ耐えることができるとされていますが、風が吹き込んだり温度差があると弱ってしまうこともあります。

繁殖　ナナクサインコと同じです。

| アカクサインコ | ココノエインコ | Parakeet/Parrot |

ココノエインコ
九重鸚哥
Western Rosella　Stanley Rosella

Platycercus icterotis　オウム目インコ科ヒラオインコ属

原産地：オーストラリア南西部
住環境：開けた林や間伐林、耕地周辺に生息。ペアか小群で草の種子や他の植物、野生の果物を採食
大きさ：25cm
飼　料：セキセイインコ用配合にエンバク、コムギを加え、さらに若干のヒマワリ、麻の実を加えたもの。青菜、ミネラル、果物
性　別：メスは色彩が鈍く、赤い部分が緑色がかる
籠　　：2m角以上

ク　サインコ中最小であり、その美しさから籠飼養されることの多いインコです。しかしこの仲間は運動不足が虐待になるほどで、とにかく飛翔させることが大切です。

色彩豊かで美しい鳥なので身近においておきたくなるようですが、そのことが運動不足を招き、鳥にとって不幸な結果になることもあります。

性質も前2種と比べてやや臆病な面があり、驚いて飛び立つことがあるので、狭い籠では致命傷になることもあります。小型ながら丈夫であり、屋外禽舎でもビニール等で覆えば越冬可能です。

小柄で美しいのでフィンチや他のインコと禽舎での雑居をさせたくなりますが、広くて植生豊富なものでないと勧められません。いくぶん神経質で他の鳥の動きに過敏に反応することがあるためです。基本的にペア単位での飼養が適しています。

繁殖　小型ですがナナクサインコと同じ施設が安全です。管理も同様で、やはり早春から始め、繁殖前からエッグフード、カステラ、ビスケット等を与えます。

5卵前後産み、22日抱卵後孵化、30日位で巣立ちます。

アカクサインコ
赤草鸚哥
Crimson Rosella

Platycercus elegans　オウム目インコ科ヒラオインコ属

原産地：オーストラリア（東部、南東部）
住環境：草木の生い茂った林。草の種子や果物、アカシアの種子を採食
大きさ：36cm
飼　料：ナナクサインコと同じ
性　別：雌雄同色。科学判定が確実
籠　　：2m角以上の禽舎

全　身が赤く、頬、翼、尾にある青い斑が目立つ豪華なインコで、体も大きく、ヒラオインコ属中最大です。それだけに環境に慣れると丈夫で長生きし、定期的に雛を孵します。

樹上で生活し、採食は地上で行います。籠飼養は不向きで、どうしても室内で飼うのであればナナクサインコ同様に2m幅1m高2m奥程度の室内禽舎が必要です。運動不足は健康に有害であるだけでなく繁殖不能な鳥にしてしまう原因にもなります。

飼養・管理はナナクサインコと同じです。わが国には大正時代に輸入されています。

繁殖　ナナクサインコと同じです。

第三章●種別解説

Parakeet/Parrot　ビセイインコ／セイキインコ

ビセイインコ
美声鸚哥
Red-rumped Parrot
Psephotus haematonotus　オウム目インコ科ビセイインコ属

原産地：オーストラリア（南東部）
住環境：海岸より内陸部に多く、開けた林や荒地に生息し、地上で採食
大きさ：25〜28cm
飼　料：セキセイインコ用配合にエンバクと少量の麻の実、ヒマワリを加えたもの。青菜、ミネラル
性　別：オスは腰が赤く、翼には黄色と青の部分があり、メスはほぼ緑色一色
籠　　：2m角以上か禽舎

美声という名前がつけられてはいますが、美しい声で囀るというわけではなく、インコ特有の金切り声ではないという程度です。それでも柔らかな声なので室内で飼養されることもあります。

クサインコより小型ですが籠飼養には適していないので、禽舎で飛翔させるようにします。室内禽舎でも2m幅2m高1m奥の大きさは必要です。

意外にも水浴びを好むので、直径30cm程度の水盤があるとよろこんで水浴びします。温和で繁殖も楽しめ、色変わりも出現しています。

セイキインコ
青輝鸚哥
Mulga Parakeet　Many-coloured Parrot
Psephotus varius　オウム目インコ科ビセイインコ属

原産地：オーストラリア（南部内陸部）
住環境：茂みのある開けた土地や水辺の林にペアか小群で生息。採食は地上で主に草の種子や植物
大きさ：27〜30cm
飼　料：ビセイインコと同じ
性　別：メスはオスより色彩が鈍く、翼の付け根はオスが黄色でメスが赤、腿はオスが赤く、メスはほとんど赤い羽毛はない
籠　　：2m角以上の禽舎

英名のMany-coloured（多彩な）という名称がぴったりのカラフルなインコです。体のあちこちにさまざまな色彩がちりばめられていて、鮮やかに見えます。それだけに落ち着いた印象を受けます。

▲色変わりパステル

繁殖 ビセイインコと同じです。

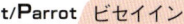

繁殖 春から始まるので前年の秋にはペアを禽舎に入れて環境に慣らします。越冬後、発情飼料を与えます。カステラ、エッグフードが適し、リンゴも効果的です。

管理・箱巣はクサインコ類と同じです。4〜6卵産み、19〜22日抱卵後孵化、巣立ちまで30日位です。雛のオスは嘴が暗灰色、メスは肉色で成鳥より鈍い色彩です。

ヒスイインコ ＼ ヒノデハナガサインコ　Parakeet/Parrot

ヒノデハナガサインコ
日の出花笠鸚哥
Red-vented Blue Bonnet

Psephotus haematogaster haematorrhous 　オウム目インコ科ビセイインコ属
Northiella haematogaster haematorrhous 　ハナガサインコ属とする場合

原産地	オーストラリア(クイーンズランド州、ニューサウスウェールズ州)
住環境	水辺の林縁部や開けた土地を好み、ペアか小群、ときにはビセイインコやセイキインコと混群をつくる
大きさ	30cm
飼料	ビセイインコと同じ
性別	メスは腹部の赤い色を欠く
籠	2m角以上の禽舎

英名のブルーボンネットは顔が青いところからつけられました。基亜種のハナガサインコの下腹部が黄色いのに対して本種は赤いため、より鮮やかな印象です。独特の色彩ですがこれは保護色にもなっています。採食中地面と同じ色に見えます。人が近づいてもなかなか逃げようとしません。

1865年ジョン・グールドによって命名され、1882年には繁殖に成功しているほど親しまれたインコです。ビセイインコ属より翼の長さが短いので独立属にする研究者もいます。

籠より禽舎での飼養が適しています。他種とは争い、ペアだけにするとじゃれあう姿が見られます。繁殖は難しくはありませんが、妨害されたと感じると中止したり放棄することがあります。

▲ ハナガサインコ

繁殖 ビセイインコと同じです。4～7卵と多産です。

ヒスイインコ
翡翠鸚哥
Hooded Parakeet　Antbed Parakeet

Psephotus chrysopterygius dissimilis 　オウム目インコ科ビセイインコ属
Psephotellus chrysopterygius dissimilis 　ヒスイインコ属とする場合の学名

◀キビタイヒスイインコ

原産地	オーストラリア(ノーザンテリトリーのマッカーサー川～アーネムランド)
住環境	平坦な開けた林で、大きな蟻塚が点在するところ
大きさ	25～28cm
飼料	ビセイインコと同じですが、動物質も食べるのでミールワームやエッグフードも必要
性別	メスは緑色主体の地味な色彩
籠	鑑賞用なら60cm角の籠でも可能(繁殖には1m角以上の禽舎が必要)

繁殖 禽舎が確実です。1m幅1m高2m奥程度あれば成功します。ビセイインコと同じ管理ですが季節が寒い時期なので保温するか風除けを確実にしておきましょう。
箱巣は40cm角でもよく、寒さ対策のため二重構造にすると効果的です。

英名の「アントベッド」とは蟻塚のことで、その名の通り蟻塚に営巣する習性があります。基亜種のキビタイヒスイインコ(Golden-shouldered Parakeet *P.c.chrysopterygius*)は額が黄色く全体に色彩が淡いため、別種とされることもあります。多くの希少オウム類同様にCITES登録証が必要です。

他の同属インコと管理は変わりませんが、日本では繁殖期が秋で、冬の寒いなかでの子育てになるため、この間は保温したいものです。また箱巣を二重構造にして保温性を高める方法もあります。

第三章●種別解説　138

キキョウインコ

桔梗鸚哥

Turquoise Grass Parakeet

Neophema pulchella オウム目インコ科キキョウインコ属

原産地	オーストラリア東部
住環境	乾燥したユーカリ林
大きさ	20cm
飼料	セキセイインコ用配合に少量の油脂分（ヒマワリ、麻の実、ニガーシード）を加えたもの、青菜、ミネラル
性別	メスには翼の赤い斑がなく、頬や翼の青も少ないので判別可能
籠	少なくとも1m角以上

繁殖

春から始まります。発情したオスは活発に飛び回るので、できるだけ広い禽舎（2m角以上）にペアを収容します。

管理はアキクサインコと同じです。箱巣は高いところに設置します。

4～6卵産み、18～20日抱卵、30日位で巣立ちます。年1～2回の繁殖なので慎重に対処しましょう。

セキセイインコとほとんど大きさの変わらない小さなインコですが、カラフルなので一目見ただけで強い印象を受けます。以前は弱いインコといわれていましたが、現在では丈夫で飼いやすい鳥になりました。ただ近縁のヒムネキキョウインコに人気が集まり、あまり見かけなくなったのは淋しい感じがします。

小型ながら飛翔力は強く、狭い籠ではなく、少なくとも1m角以上は欲しいところです。これより狭いと健康を損なうこともあります。

ときに不要な止まり木は外し、飛翔空間をできるだけ大きく取るとよいでしょう。運動不足は内臓に脂肪が溜まり、見た目は体格が良いように思えますが、飛翔した後、全身で呼吸するので分かります。

ヒムネキキョウインコ

緋胸桔梗鸚哥

Splendid Grass Parakeet　Scarlet-chested Parrot

Neophema splendida オウム目インコ科キキョウインコ属

原産地	オーストラリア南部の内陸部
住環境	乾燥した茂みのある草原
大きさ	20cm
飼料	キキョウインコと同じ
性別	メスには翼の赤い斑がなく、頬や翼の青も少ないので判別可能
籠	少なくとも1m角以上

キキョウインコに似ていますが、その名の通り胸が赤くより華やかなインコです。最近ではこの属で一番人気が高いようです。色変わりもさまざまなものが作出されています。

やはり小型で美しいので籠に入れ室内で飼養されることが多いようですが、基本的にこの仲間は飛翔することで健康を維持しています。そのため、飛翔空間を確保できうる大型籠や禽舎が適しています。

温和な性質と美しさから不適切な管理をされやすいインコです。この点は十分に注意したいものです。

原種の美しさよりも色変わりの作出に力を入れる愛好家により、さまざまな色彩変異が現れています。こうした色変わりは禽舎生まれで、狭い籠では健康維持が困難です。必ずどのような大きさの禽舎で育ったのか聞いて、それに合った大きさの禽舎や大型籠に収容しましょう。

環境の激変はこのインコにとって大きなストレスの原因になります。手乗りにして室内に放す場合でも毎日必ず行うようにしましょう。不定期になると逆に体調を崩すことにもなりかねません。

屋外禽舎では冬期は保温するようにしますが、寒冷地でなければ周囲をビニール等で覆って風除けするだけでも越冬可能です。また早春から発情して繁殖の準備を始めるので禽舎越冬が効果的です。

繁殖

ビセイインコと同じです。4～7卵と多産です。

オトメインコ　キガシラアオハシインコ　アキクサインコ　Parakeet/Parrot

アキクサインコ
秋草鸚哥
Bourke's Grass Parakeet

Neophema bourkii　オウム目インコ科キキョウインコ属
Neopsephotus bourkii　アキクサインコ属として独立させる場合の学名

原産地	オーストラリア（内陸部）
住環境	水辺から遠く離れた乾燥地
大きさ	23cm
飼料	セキセイインコ用配合にエンバク、コムギ等を加え、さらに少量のヒマワリ、麻の実を与える。青菜、ミネラル。籠飼養時は油脂分は少なくする
性別	メスは全体的に鈍い色彩で、額の青い帯はほとんど目立たない
籠	ペアで60cm角以上。繁殖には90cm角以上あるとよい

繁殖　箱巣（25cm角30cm高）を入れても十分飛翔できる広さの籠か禽舎にペアを収容します。春から始まるので前年の秋にはペアをつくっておき、繁殖用の籠か禽舎に入れて環境に慣れさせると成功率は高まります。発情には油脂分を多くする程度でよく、イネ科の穂も効果的です。4～6卵産み、18～20日抱卵後孵化、30日位で巣立ちます。メスが抱卵し、オスはメスに給餌します。

　セキセイインコより一回り大きいだけの地味ながら渋い色彩で人気のインコです。

　室内の籠でも60cm角あれば繁殖可能なほどに飼い鳥化されており、近年は色変わりも現れて多くの支持を得ています。

　その温和な性質はフィンチやセキセイインコ、オカメインコ、小型のハトやウズラ、ソフトビルとも同居可能な穏やかさです。

　しかし本来は飛翔力の強い鳥であり、広い禽舎での飼養が最も適しています。寒さにも強く、屋外禽舎でも防風シートで覆いをするだけで十分です。

キガシラアオハシインコ
黄頭青嘴鸚哥
Yellow-fronted Kakariki

Cyanoramphus auriceps　オウム目インコ科アオハシインコ属

原産地	ニュージーランド
住環境	標高の高い森林（樹洞に営巣）
大きさ	23cm
飼料	セキセイインコ用配合、エンバク、ヒマワリ、果物、青菜、ミネラル
性別	雌雄同色。科学判定が確実
籠	手乗り一羽飼いで45cm角。ペアでは90cm角以上

繁殖　飼い鳥化されているのでクサインコ類（特にココノエインコ）と同じ管理で成功します。6卵位産み、20日抱卵後に孵化します。養育飼料には昆虫（ミールワームや蟻の卵・蛹）やエッグフードを与えると効果的です。

　飼い鳥では珍しいニュージーランド原産です。野生種は絶滅の危機にあり、厳重な保護下にあります。幸い、飼い鳥化されているため、何の障害もなく入手できます。

　同じ仲間のアオハシインコより赤い模様がないので地味な感じがします。最近では色変わりもつくられ、パイドのなかには全身が黄色でルチノーと見間違うものもいます。

　温和な性質から手乗りにして可愛がることも多いようですが、繁殖期のオスは気性が荒くなりメスや他種を激しく攻撃することもあります。

　しかしよく馴れ、言葉を覚えるものもいて、愛玩飼養には適しています。ただ一生籠飼養するのは健康に良くないので、夏は禽舎に放したり、室内での運動は毎日必要です。

　全身が緑色で赤と青が頭部、翼、尾に散る美しいインコです。見た目の美しさ以上に飛ぶ速さがインコ類では一番早いことで知られ、英名も「速く飛ぶインコ」という意味です。原産地のタスマニアでは絶滅危惧種に指定され（1996年）、その原因は生息地であるユーカリ林の伐採です。

　分類的に特殊なインコで、以前はヒインコ科に、現在はインコ科に分類されています。それは彼らの舌がヒインコ科そのものであることや、習性も似ているためです。

　ユーカリ、特にブルーガムと呼ばれる種の花蜜を好み、大群で開花を追って漂行し、繁殖はタスマニアだけで行い、冬になるとビクトリア州、ニューサウスウェールズ州に渡ります。温和でフィンチやキキョウインコ属との雑居も可能です。

オトメインコ
乙女鸚哥
Swift Parrot

Lathamus discolor　オウム目インコ科オトメインコ属

原産地	オーストラリア南東部。繁殖はタスマニア
住環境	森林から農園、都市部に飛来することもある。高木（6～20m）の幹の穴に営巣し、ユーカリの木を中心に生活している
大きさ	23～26cm
飼料	カナリーシード、ヒマワリ、果物（リンゴ、梨、ブドウ、オレンジ、キウィ、メロン、スイカ）、青菜（ブロッコリー、コーン、セロリを含む）、ヒインコ用ペレット、蜂蜜に浸したカステラ、昆虫（ミールワーム、蟻の卵や蛹）、エッグフード
性別	メスは色彩が鈍く、顔の赤い範囲が狭いので判別可能
籠	飛翔力が強いので禽舎飼養（1m幅2m高3m奥）が原則。夜間に飛び立ち負傷することがあるため金網は柔らかい素材を使用する

繁殖　上記の禽舎で1ペア、2ペアなら2m幅2m高5m奥で可能で、箱巣はオカメインコ用で十分です。日光浴可能な場所で風通しの良いことが条件で、冬は保温が必要です。繁殖に入るときには昆虫やエッグフードで発情を促します。

3～5卵産み、20日で孵化します。養育飼料には多くの果物、昆虫、エッグフードが必要です。

第三章●種別解説　140

キンショウジョウインコ
金猩々鸚哥
Australian King Parrot

Alisterus scapularis オウム目インコ科キンショウジョウインコ属
Aprosmictus scapularis ハゴロモインコ属とする場合の学名

原産地：オーストラリア（東部沿岸）
住環境：密生した茂みのある林
大きさ：43cm
飼　料：セキセイインコ用配合にトウモロコシ、ヒマワリ、麻の実、果物、青菜、ミネラル
性　別：メスは上半身が緑色で、嘴が暗灰色
籠　　：単に鑑賞用でも、３ｍ幅２ｍ高３ｍ奥程度の禽舎が適している

鮮やかな色彩、品のある姿、そして堂々とした体格は、まさにキングパロットと呼ぶに相応しいインコです。性質は温和で雑居も可能です。繁殖にはこの種のみの飼養が適しています。

果物を好むので、できれば毎日与え、同時に新鮮な飲み水も与えます。古い英名ではKing Red Loryと表現されることもあるほどです。

繁殖は鳥自身が成熟しないとなかなか始めようとせず、スローブリーダーと呼ばれます。高価な鳥ですが長寿でもあり、インコ愛好家にとって憧れの的にもなっています。

十分な空間のある禽舎での飼養が基本で、冬の保温も必要です。順化後は保温しなくなる飼い主が多いのですが、このインコは禽舎の一部だけでも保温するようにします。また夏の暑さは苦手で、直射日光より木漏れ日のほうが適しています。

繁殖
容易ではありません。繁殖を開始するまでに時間がかかります。禽舎が気に入らなければいつまで経っても発情さえしないこともあります。箱巣は深い大型のものがよく、位置は床に直接置きます。繁殖期は短いので前準備を慎重に進めましょう。長寿であり、環境と管理がよければ１ペアからでも相当数の雛が得られます。

産卵数は３〜５個、抱卵日数は21日です。メスが主導権をもち、オスに対して攻撃的な態度をとることもあります。

ハゴロモインコ
羽衣鸚哥
Red-winged Parrot　Crimson-winged Parrot

Aprosmictus erythropterus オウム目インコ科ハゴロモインコ属

原産地：オーストラリア（北部〜東部）
住環境：水辺の高木帯。主に樹冠部で採食し、まれに地上に降りる
大きさ：32cm
飼　料：セキセイインコ用配合にエンバク、コムギを加えたもの、ヒマワリ、麻の実、果物、青菜、ミネラル、生の小枝
性　別：メスは背が黒くなく、翼の赤い部分も狭い
籠　　：２ｍ角以上

キンショウジョウインコと近縁で姿も似ていますが、豪華な色彩の前者に対してこのインコは落ち着いた上品さをもっています。

温和な性質ですが、体質がやや繊細で環境の変化や急激な温度変化には弱い面があります。広い飛翔空間を必要とするので、狭い籠での飼養は避けるべきです。

木の実や花、小枝も重要な飼料で、配合飼料だけでなく新鮮な生の小枝を与えるようにします。

繁殖
キンショウジョウインコと同じですが、難しい部類です。

テンニョインコ　ミカヅキインコ　Parakeet/Parrot

ミカヅキインコ
三日月鸚哥
Superb Parrot　Barraband's Parakeet
Polytelis swainsonii　オウム目インコ科ミカヅキインコ属

原産地：オーストラリア（南東部の狭い範囲）
住環境：水辺の林～サバンナ、さらに水辺から遠く離れた
　　　　土地や開けた明るい林までの広範囲
大きさ：40cm
飼　料：セキセイインコ用配合にエンバクとコムギ、少量の
　　　　ヒマワリ、麻の実。青菜、ミネラル、果物
性　別：メスは顔の黄色や赤の模様がない
籠　　：2m角以上の禽舎

BREEDING 繁殖　繁殖用禽舎（2m角以上）に慣らすことから始めます。春から繁殖を始めるので前年の秋にはペアを入れ、越冬させてからエッグフードやカステラ、リンゴ等の果物を与えます。
　クサインコより大型なので箱巣は40cm角60cm高は必要です。4～6卵産み、19～23日間メスが抱卵、孵化後35～40日位で巣立ちます。
　雛はメスと同じ色彩ですが、10ヵ月位から黄色と赤の羽毛が現れ、14ヵ月を過ぎると雌雄が明らかになります。

オスの前頭部から喉にかけて黄色く、その下が赤い三日月形なので名前の由来になっています。活動的なインコで特に木によじ登ることが得意です。
　そのため、禽舎内に自然の木を入れるとおもしろい行動がみられます。体が大きく飛翔力も強いので広い空間が必要な鳥です。
　馴れた鳥は籠飼養も可能ですが、禽舎飼養したい美しいインコです。花蜜や花芽、花自体も食べ、ベリー類も好むのでさまざまな飼料を与えましょう。

テンニョインコ
天女鸚哥
Princess of Wales's Parakeet　Rose-throated Parakeet
Polytelis alexandrae　オウム目インコ科ミカヅキインコ属

原産地：オーストラリア（中西部内陸部）
住環境：イネ科の豊富な水辺
大きさ：45cm
飼　料：セキセイインコ用配合にヒマワリ、麻の実を
　　　　少量加えたもの、エンバク、青菜、ミネラル
性　別：メスは色彩が淡く、尾も短いので判別可能
籠　　：2m角以上の禽舎

パステルカラーの優美なインコです。この美しさを維持するためには広い飛翔空間のある禽舎が必要です。
　籠飼養では長い尾や翼を傷つけやすく、また運動不足から健康障害になることもあります。
　原産地では主食のイネ科植物の熟す時期に合わせて繁殖を始めることが知られています。ときには繁殖が終わると一斉に他の土地へと移動することもあるようです。

BREEDING 繁殖　4～6卵産み、19～21日で孵化、35日位で巣立ちます。
　箱巣は45度の傾斜をつけるとよいとされます。雛は15ヵ月で成鳥となります。

第三章●種別解説　142

Parakeet/Parrot ホンセイインコ

ホンセイインコ
本青鸚哥
Ring-necked Parakeet
Psittacula krameri　オウム目インコ科ホンセイインコ属

▲ 色変わり　全身が青いブルー、灰色のグレー、赤目で黄色のルチノー、白いアルビノ等が作出されている

原産地：アフリカ（西部のギニア、セネガル～東部のエチオピア、ソマリア）。アジアではパキスタン～ヒマラヤ、ミャンマー、インド、スリランカ
住環境：高木とサバンナの混在する地域
大きさ：40cm
飼料：セキセイインコ用配合、エンバク、ヒマワリ、麻の実、ハト用配合、青菜、ミネラル、果物
性別：メスには首の周囲の環がない
籠：2m角以上の禽舎（手乗りは丈夫な60cm角以上の金網籠）

繁殖　頑丈な禽舎にペアを収容し、環境に慣らしてから始めます。2m幅2m高3m奥程度が適しています。
40cm角50cm高の大型の箱巣が必要です。エッグフード、食パン、カステラ等が発情・養育飼料になります。
神経質な鳥は途中放棄があるので、大型禽舎にするか手乗りから育てた人馴れした鳥をペアにするとよいでしょう。4～5卵産み、23～25日抱卵、40～45日で巣立ちます。孵化後は果物も良い飼料になります。

亜種のワカケホンセイ（環掛本青・P.k.manillensis：スリランカ、インド南部産でツキノワインコとも呼ばれる）が有名です。現在は親、雛とも野生の鳥の輸入はされていませんがヨーロッパから色変わりが輸入されてます。東京をはじめ各地で野生化していますが、ロンドンや香港等でも数千羽が野生化しています。
1990年代には別亜種キタワカケホンセイ（P.k.borealis：パキスタン北西部、インド北部、ネパール、ミャンマー産）の雛が手乗り用に多数輸入されていました。この亜種は全体的に色彩が淡く黄色みが強いのが特徴です。
アフリカ産亜種のセネガルホンセイ（P.k.krameri）も輸入されます。この亜種はワカケホンセイに似ていますが後頭部に灰色の部分が広がります。
とても丈夫で寒暑に強いのですが、嘴の力が強くて木製部分は破壊することがあり、禽舎は丈夫なものが必要です。馴れた鳥は籠飼養されますが、細い金網を破壊するものもいます。やや神経質で臆病な性質です。
常に木をかじるので枯れ木や無害な材木を与えておきましょう。ヒマワリや麻の実を好みますが、籠飼養では極力少なく与え、セキセイインコ用配合飼料を中心にします。繁殖は飼い鳥化された色変わりは確率が高く、野生鳥は途中放棄の可能性もあります。

オオホンセイインコ
大本青鸚哥
Alexandrine Parakeet
Psittacula eupatria　オウム目インコ科ホンセイインコ属

原産地：アフガニスタン〜パキスタン、インド、インドシナ、スリランカ、アンダマン諸島
住環境：ヤシの木があるサバンナ。夜は大群でヤシの木をねぐらにする
大きさ：55〜60cm
飼料：ヒマワリ、麻の実、エンバク、コムギ、セキセイインコ用配合、ハト用配合、果物、青菜、ミネラル
性別：メスは首の環がなく、小柄である
籠：2m角以上の禽舎

インドオウムという呼び方もあった大型のインコです。ヨーロッパに初めてオウム類が知られたのがこのインコで、かのアレキサンダー大王のインド遠征によりギリシャに持ち帰られました。

雌雄で大きさが異なり、オスは大きくみごとですが、嘴の力は強烈です。籠の木製部分は破壊されます。

飼養・管理はホンセイインコと同じですが、収容する籠や禽舎はさらに大型を用意しましょう。色変わりもつくられていて大型だけに迫力があります。

雛を手乗りに育てる場合に栄養が足りないことがあります。アワ玉とボレー粉だけをお湯に浸して与えるようなことでは健康に育ちません。現在では雛用の完全栄養飼料も市販されています。

特に本種のような大型種ではさまざまな栄養飼料を十分に与える必要があります。

繁殖　ホンセイインコと同じです。

バライロコセイインコ
薔薇色小青鸚哥
Blossom-headed Parakeet　Rose-headed Parakeet
Psittacula roseata　オウム目インコ科ホンセイインコ属

原産地：ヒマラヤ(アッサム〜ミャンマー)
住環境：森林地帯
大きさ：30cm
飼料：セキセイインコ用配合にヒマワリ、麻の実を少量加えたもの。ハト用配合、青菜、ミネラル、木の実も良い飼料だが、籠が小さい場合は与えないようにする
性別：メスは頭部が灰色で首の黒い環がない
籠：1m角以上の籠か禽舎（できれば2m角以上の禽舎）

よく知られている「コセイインコ」に似ていますが、顔の色が明るく、やや小型です。おとなしいインコですが、環境がよくないと短命なので飼養は慎重に行い、運動できる広さを確保する必要があります。

寒さより暑さを苦手としますが、温度管理は一定にしましょう。

▲野生のバライロコセイインコ

繁殖　ホンセイインコ参照。繁殖用に木の実を与えると効果的です。

ダルマインコ
達磨鸚哥
Moustached Parakeet

Psittacula alexandri　オウム目インコ科ホンセイインコ属

原産地：ヒマラヤ、ミャンマー、中国南部、アンダマン諸島、インドシナ半島、ジャワ島、バリ島
住環境：低地〜丘陵地。水田や穀物畑に大群で飛来することもある
大きさ：33cm
飼　料：セキセイインコ用配合、エンバク、コムギ、ヒマワリ、麻の実、ハト用配合、青菜、果物、ミネラル
性　別：メスは胸の色が鈍く判別可能
籠　　：一羽飼いで45cm角以上（禽舎が適している）

頬の下にある黒い帯を髭に見立てた命名です。英名も頬髭を表しています。以前は手乗り用に雛が大量に輸入されていましたが現在はみられなくなりました。長時間の輸送が雛の死亡率を高めているという指摘があったことも輸入されなくなった要因でしょう。

成鳥は丈夫で落ち着きがあり、ホンセイインコより馴れやすい面があります。特に雛から育てた鳥はよく馴れ、手乗りとしても繁殖用としても十分期待に応えてくれます。

嘴が強く、ミネラル源としてカトルボーンを与えるとその日のうちに粉々にされることがあります。ボレー粉、塩土も併用するとよいでしょう。

繁殖　ホンセイインコと同じです。ただ神経質なので成功率は低いようです。

オオダルマインコ
大達磨鸚哥
Derbyan Parakeet

Psittacula derbiana　オウム目インコ科ホンセイインコ属

原産地：ヒマラヤ（アッサム〜チベット、中国中南部）
住環境：森林地帯
大きさ：50cm
飼　料：ダルマインコと同じ。油脂分を多くする
　　　　木の実（松の実、アーモンド等）が適している
性　別：メスの嘴は黒いので判別可能
籠　　：観賞用でも1m角以上（できれば2m角以上の禽舎）

ダルマインコより一回り大型で存在感たっぷりのインコです。比較的寒冷な地方に分布しますが、温度管理は十分注意したいものです。夏の直射日光や急激な温度変化は避けるようにしましょう。

嘴の破壊力はすさまじく、籠の木製部分は金網や金属板で覆わないと粉々にされてしまいます。

馴れると鷹揚な性質になりますが、入手当初は神経質なので無理な接触はしないことです。鳥が嫌がることはしてはいけません。

果物や木の実を目の前に見せてから与えるようにすると人馴れも早くなります。いきなり好物を与えるのではなく、一度見せることで人からもらえるということを認識させるのです。馴れると首をなでてもらうことを喜ぶようになります。

繁殖　ホンセイインコ参照。成功例の少ない種です。

ズグロシロハラインコ　キモモシロハラインコ　Parakeet/Parrot

キモモシロハラインコ
黄腿白腹鸚哥
Yellow-thighed Caique

Pionites leucogaster xanthomeria　オウム目インコ科シロハラインコ属

原産地：アマゾン川上流域（ブラジル、エクアドル、ペルー、ボリビア）
住環境：川辺の森林にペアか家族群で生息
大きさ：23cm
飼　料：セキセイインコ用配合にヒマワリ、松の実、麻の実等を加えたもの、果物（特にベリー類）、木の実、青菜、ミネラル
性　別：雌雄同色。科学判定が確実
籠　　：一羽飼いで45cm角、ペアは1m角以上

基亜種のシロハラインコは脇腹から腿が緑色ですが、本種は鮮やかな黄色です。そのためすっきりとした上品な感じです。とてもよくなれ可愛いインコですが、騒がしく少々図々しい感じもします。

水浴びを好むので水盤を入れるか定期的にシャワーを浴びさせましょう。屋外禽舎では雨に打たれるのを好むので露天部を設けるとよいでしょう。シロハラインコと交雑されることもあります。

繁殖　禽舎に35cm角の箱巣を入れておきます。2～4卵産み、23日抱卵して孵化します。巣立ちまでは60日位です。

オスは繁殖期には攻撃的になるので注意しましょう。またさまざまな飼料を与えることが繁殖成功の秘訣です。

ズグロシロハラインコ
頭黒白腹鸚哥
Black-headed Caique

Pionites melanocephala　オウム目インコ科シロハラインコ属

原産地：アマゾン川北部（ブラジル、コロンビア、ガイアナ、ベネズエラ、エクアドル、ペルー）
住環境：川辺の森林やサバンナに小群で生息。騒がしいほどに鳴き交わす
大きさ：23cm
飼　料：セキセイインコ用配合にヒマワリ、松の実、麻の実等を加えたもの、果物（特にベリー類）木の実、青菜、ミネラル
性　別：雌雄同色で判別困難。科学判定が確実
籠　　：手乗りの一羽飼いで45cm角、ペアは1m角以上

小型ですがボウシインコ類と同じ管理が必要です。騒がしく、馴れた鳥は絶えず人の気をひこうとします。

この仲間は茹でたトウモロコシや果物、ナッツ類を好むので常時与えるようにしましょう。

繁殖　キモモシロハラインコと同じです。

第三章●種別解説　146

ワタボウシミドリインコ
綿帽子緑鸚哥
Grey-cheeked Parakeet
Brotogeris pyrrhopterus オウム目インコ科ミドリインコ属

原産地	南アメリカのアンデス西部（ペルー、エクアドル）
住環境	乾燥熱帯樹林帯に大群で生息し、熟した果実があれば全群で採食（白蟻塚に営巣）
大きさ	20cm
飼料	セキセイインコ用配合、エンバク、少量のヒマワリか麻の実、青菜、果物、ミネラル
性別	雌雄同色。科学判定が確実
籠	手乗りの一羽飼いで45cm角、ペアは60cm角以上

繁殖　2m角以上の屋外禽舎で可能です。このなかで環境に慣れたペアなら成功するでしょう。
　箱巣は25cm角40cm高、入口は10cm直径です。床に乾燥した水苔を厚さ4cm敷きます。
　4卵産み、メスが26日間抱卵します。この間オスがメスに給餌します。

　ミドリインコ属では小型ですが灰色の頭部、青い翼、そして翼の裏側は鮮やかなオレンジ色等、色彩的には最もカラフルなインコです。日本でペリコといえばミドリインコですが現地ではこの種のことをいうそうです。

　活発で馴れやすく単語も覚えます。ただ騒々しく、人と目が合うとしきりに話しかけてきます。複数いれば仲間うちでのおしゃべりですが、一羽飼いでは、人が相手をするまで大騒ぎします。

　丈夫ですが、最初の冬だけは25℃に保温します。狭い籠での長期間飼養には耐えられないということもあり、毎日室内に放して遊ばせるか、夏季は屋外禽舎に放すとよいでしょう。環境に慣れれば通年屋外禽舎での飼養が望まれます。他のインコ類や他種に対して意地悪で雑居には向きません。

オナガミドリインコ
尾長緑鸚哥
Plain Parakeet　All-green Parakeet
Brotogeris tirica オウム目インコ科ミドリインコ属

原産地	ブラジル南東部
住環境	平地の林や農園とその周囲に常に家族群で行動する。樹上の枝先に群ていて葉陰が保護色となり発見は困難だが、にぎやかなので存在は確認できる
大きさ	23～25cm
飼料	セキセイインコ用配合、エンバク、少量のヒマワリか麻の実、青菜、果物、ミネラル
性別	雌雄同色。科学判定が確実
籠	一羽飼いで45cm角、ペアは60cm角以上

　ほぼ全身が緑色でやや尾長型のインコです。よく知られているソデジロインコやミドリインコの仲間です。雛はもちろん、成鳥でも馴れやすく飼いやすいインコです。特に雛から育てたものは単語ならしゃべるものがいるので楽しみです。

　籠が狭いと長生きできません。毎日室内に放すか、夏季は屋外禽舎や大型籠で十分飛翔させる方が健康を維持できます。最初の冬だけは25℃に保温します。

　他の仲間は騒々しく活発ですが本種はやや温和な感じで他種との雑居も可能です。野生では常に群で生活しているので、単独では淋しさのあまり病気になることがあります。馴れた鳥では毎日必ず遊び、できるだけ人と接触できる環境におくべきです。できるならば人の出入りが多い場所に置くようにしましょう。

　人馴れしていない鳥は一羽での飼養は避けます。複数羽いなければ精神的に弱ってしまいます。ペアか小群飼養が適しています。この場合、多少彼らのおしゃべりをうるさく感じるかもしれません。また主食のほかに果物を毎日少量与えるとよいでしょう。

繁殖　ワタボウシミドリインコと同じです。禽舎に慣れたペアでは可能です。

| コガネメキシコインコ | ナナイロメキシコインコ | Parakeet/Parrot |

ナナイロメキシコインコ
七色墨西鸚哥
Jandaya Conure　Jendaya Conure　Yellow-headed Conure
Aratinga jandaya　オウム目インコ科クサビオインコ属

原産地：ブラジル北東部
住環境：森林〜植林地帯
大きさ：30cm
飼　料：セキセイインコ用配合にヒマワリ、麻の実、松の実等を加えたもの、果物、青菜、ミネラル
性　別：雌雄同色で判別困難。科学判定が確実
籠：よく馴れた鳥は60cm角程度の籠でも飼養されるが、これより小さな籠は避ける。繁殖には2m角以上の禽舎が必要。夜間は箱巣を常備

背は緑色ですが、頭部から首、胸、腹までは鮮やかな黄色とオレンジ色、翼や尾の縁は青く、体の各部に赤、青、黄色、緑等の羽毛が散らばるように現れます。

見るからに美しい鳥で、にぎやかなインコの代表格です。手乗りが多く飼われていますが、一羽飼いでも人に対して鳴きかけてきます。無視すると大変なストレスになるので、淋しさを感じさせないように話し相手になることが大切です。

また丈夫だからといって管理をおろそかにしてはいけません。ペア以上の複数飼養では騒音対策が必要なこともあります。

繁　殖　主に禽舎でのペア繁殖ですが、大型禽舎でのコロニー繁殖も可能で、こちらの方が敵しているようです。
箱巣は30cm角程度にし、底部分には小枝や乾燥した水苔を深く（8cm程度）敷き詰めるようにします。3〜4卵産み、雌雄ともに抱卵します。26日で孵化し、巣立ちまでは56日程度要します。この間、さまざまな果物、青菜、木の芽、発芽種子等を与えます。エッグフードも効果的です。

コガネメキシコインコ
黄金墨西哥鸚哥
Sun Conure
Aratinga solstitialis　オウム目インコ科クサビオインコ属

原産地：南アメリカ（ガイアナ〜ベネズエラ、ボリビア、ブラジル）
住環境：開けた森林、サバンナ、ヤシ畑
大きさ：30cm
飼　料：ナナイロメキシコインコと同じ
性　別：雌雄同色。科学判定が確実
籠：手乗りの一羽飼いでは45cm角でも飼養できるが、馴れ具合によっては大型籠にする

ナナイロメキシコインコ、ゴシキメキシコインコと同種であるとする説もあり、光り輝くような鮮やかな黄色とオレンジ色が特徴的で、この英名にも納得できます。

ナナイロメキシコインコより派手で色彩豊富です。騒がしさ、図々しさ、馴れやすさなど、この仲間を表現する言葉は多いのですが、性質ばかり強調され、美しい外見はあまり語られることがありません。

丈夫ですが入手当初は20℃を保ち、順化したら自然温度での飼養も可能です。夜は箱巣で寝るので、禽舎には必ず箱巣を入れておきましょう。

繁　殖　ナナイロメキシコインコと同じです。箱巣は25cm幅40cm高25cm奥程度にします。産卵は3〜6個、27日で抱卵、巣立ちまでは56日位でしょう。

Parakeet/Parrot　オグロウロコインコ　アカハラウロコインコ

オグロウロコインコ
尾黒鱗鸚哥
Maroon-tailed Conure

Pyrrhura melanura　オウム目インコ科ウロコメキシコインコ属

原産地：南アメリカに局地的に分布（ブラジル、パラグアイのアマゾン川流域、ペルー、ベネズエラ、エクアドル、コロンビア）
住環境：森林地帯。ときに大群をつくる
大きさ：26cm
飼　料：ヒマワリ、麻の実、セキセイインコ用配合、エンバク、リンゴ、ニンジン、食パン、ミネラル、青菜
性　別：雌雄同色。科学判定が確実
籠　　：手乗りの一羽飼いで60cm角、複数は禽舎

最近人気の出てきたウロコメキシコインコの仲間です。メキシコインコ類とともにコニュアと呼ばれますが、より小型で胸の模様がうろこ状になっているのが特徴です。

とても馴れやすく手乗りにするには最適といえるでしょう。色彩的には地味ですが、性質の良さが人気を支えています。

現在は海外で繁殖された鳥が輸入されています。国内で繁殖が行われるようになればさらに人気者になるでしょう。

また、この仲間は水浴びを好みます。毎日同じ時間にさせると鳥の方から時間前に催促するようになります。

繁　殖　確実な成功例の報告はありませんが、近縁種から推測すると広い禽舎では可能と思われます。3m幅2m高3m奥程度が適当でしょう。

5～8卵程産み、22～23日抱卵、5～7週で巣立ちつようです。箱巣は25cm角35cm高で6cm直径の入口が適しています。

アカハラウロコインコ
赤腹鱗鸚哥
Crimson-bellied Conure

Pyrrhura rhodogaster　オウム目インコ科ウロコメキシコインコ属

原産地：南アメリカ（アマゾン川～南部の限られた地域）
住環境：熱帯林
大きさ：24cm
飼　料：オグロウロコインコと同じ
性　別：雌雄同色。科学判定が確実
籠　　：一羽飼いで60cm角以上、ペアは禽舎

ウロコメキシコインコ属のなかで最も色彩豊かな種です。同属のシンジュウロコインコの亜種説もあります。胸腹部が鮮やかな赤で、Rose-bellied Conureの名もあります。

最近になって輸入されるようになった種でこれから人気が出てきそうです。詳しい習性は分かっていませんが、近縁種と同じ管理で飼養できます。

繁　殖　詳しい情報はなく、オグロウロコインコ同様の禽舎飼養で可能と思われます。

オキナインコ　シモフリインコ　Parakeet/Parrot

シモフリインコ
霜降り鸚哥
Dusky-headed Conure

Aratinga weddellii　オウム目インコ科クサビオインコ属

原産地	：南アメリカ中部（アンデス東部〜アマゾン川流域の広範囲）
住環境	：熱帯降雨林に小群で生息しているが、地味で動きも少ないため、目立たない
大きさ	：26cm
飼　料	：セキセイインコ用配合に麻の実を加えたもの、青菜、果物、ミネラル、枝豆等の豆類も良い副餌になる
性　別	：雌雄同色。科学判定が確実
籠	：主に45cm角（より大型がよく、禽舎ならなお可）

頭部が灰色で翼に青い羽毛をもつが、色彩的には派手さはありません。それでもこの仲間特有の馴れやすさから一度飼うと離れられなくなるという人もいます。

頭部の灰色の羽毛に暗褐色の縦縞があり、霜降りと名づけられました。他のメキシコインコ同様に陽気でにぎやかな性質です。原産地が高温多湿なので、乾燥しないように湿度には気をつけてください。また、水浴びできるようにしておくとよいでしょう。

繁殖　雌雄判別が困難なので、ペアを組ませることが前提になります。他のメキシコインコと同じ管理で成功するものと思われます。常に果物を与えるようにします。

オキナインコ
翁鸚哥
Monk Parakeet　Quaker Parakeet

Myiopsitta monachus　オウム目インコ科オキナインコ属

原産地	：ブラジル〜ボリビア、パラグアイ、ウルグアイ、アルゼンチン
住環境	：低地、開けた森林、水辺、サバンナ、耕作地周辺等
大きさ	：29cm
飼　料	：セキセイインコ用配合に少量のヒマワリと麻の実を加えたもの、青菜、果物、ミネラル
性　別	：雌雄同色。科学判定が確実
籠	：手乗りの一羽飼いで60cm角程度、ペアは2m角程度の禽舎

繁殖　1ペアではなかなか繁殖はしません。大型禽舎に3ペア位放し、小枝を与えると巣作りを始めます。巣を作り直してばかりで完成しないこともあります。これでもかと思うほどの枝を与える必要があります。

4〜6卵産み、26〜30日抱卵、巣立ちまで45日位です。特に果物を与えると雛の成長に効果的です。

●色変わり　オランダではブルーがつくられ、イエローも出現している。そのほかにシナモン、グレー、劣性グレーグリーン等もいる（右の写真は色変わりブルー）

陽気で馴れやすく手乗りとしての人気はもちろん、独特の営巣方法で繁殖もおもしろいインコです。インコでありながら洞ではなく小枝を集めて樹上に営巣し、しかもコロニー繁殖するのです。

この巣は何ペアもの鳥が小枝を組み合わせて作るので巨大な枝の塊になることもあります。また常に補修するのでとても忙しそうにしています。わが国でも籠から逃げ出したペアが野生化して営巣した記録があります。多芸で順応性は高く、特に手乗りはとても人馴れします。

そのため、留守にしがちだと淋しさから自分の羽毛を抜いてしまうこともあります。嘴は力強く、籠や禽舎は頑丈なものが必要です。

アケボノインコ
曙鸚哥
Blue-headed Parrot
Pionus menstruus オウム目インコ科アケボノインコ属

原産地：コスタリカ〜パナマ、コロンビア、エクアドル、ベネズエラ、ブラジル
住環境：明るい森林、丘陵地等に群で生息し、熟した果物や穀類を採食
大きさ：28cm
飼　料：セキセイインコ用配合にエンバク、ヒマワリ、木の実等を加えたもの、青菜、ミネラル、果物
性　別：雌雄同色。科学判定が確実
籠　　：手乗りの一羽飼いで45cm角、ペアは1m角以上、繁殖用は2m角以上

青い胸に濃桃色の羽毛が不規則に現れ、これを日の出に見立てて曙と命名されました。馴れやすく温和です。管理はやはりボウシインコ類同様に慎重さが求められます。柔らかな声なので室内飼養に適したインコといえるでしょう。

手乗りはよく人馴れします。入手当初は温度管理に注意し、慣れるまでは低温にならないようにします。他種とも協調性があり、雑居にも適しています。毎日少量でも果物を与える方が健康維持によく、夕方にすぐに食べられる量を与えるようにしましょう。

繁　殖　箱巣は35cm角程度、入口は10cm位が適しています。2〜4卵産み、25日で孵化します。青菜（ハコベやタンポポも可）と果物、エンバク、木の実が養育飼料として欠かせません。

スミレインコ
菫鸚哥
Dusky Parrot　Violet Parrot
Pionus fuscus オウム目インコ科アケボノインコ属

原産地：南アメリカ（ボリビア、ベネズエラ、コロンビア、ガイアナ、ブラジル）
住環境：低地の森林地帯
大きさ：26cm
飼　料：アケボノインコと同じ。果物は必須（リンゴを最も好む）
性　別：雌雄同色。科学判定が確実
籠　　：アケボノインコと同じ

微妙な色合いのインコであまり知られていません。アケボノインコの仲間で、体形、大きさともによく似ています。性質はアケボノインコ同様、馴れやすく温和なおとなしい鳥です。ただ朝夕は大きな声で鳴くので近隣への配慮も必要になります。

近縁のドウバネインコに似ていますが、下胸部から腹部にかけて赤い羽毛があり、耳の周囲には白い羽毛があることで区別できます。成鳥になるにつれて翼（風切羽）の紫色がはっきりして、菫そのものの美しさが現れます。

一羽飼いでは淋しさから毛引き症になりやすいので毎日一緒に過ごす時間を決めておきましょう。遊んでもらえる時間になるとうれしそうに動き回る姿は可愛いものです。また簡単な言葉なら覚えるものもいます。最初の冬は保温し、温度の急激な変化は避けるようにします。環境に慣れればとても丈夫になります。

繁　殖　アケボノインコと同じです。

| ドウバネインコ | メキシコシロガシラインコ | シロガシラインコ | Parakeet/Parrot |

シロガシラインコ
白頭鸚哥
White-headed Parrot

Pionus seniloides オウム目インコ科アケボノインコ属

原産地：南アメリカ北西部（ベネズエラ、コロンビア、エクアドル、ペルー）
住環境：1000～1500ｍの森林地帯。伐採で減少傾向にある
大きさ：30㎝
飼　料：ヒマワリ、麻の実、ハト用配合、青菜、ミネラル
性　別：雌雄同色。科学判定が確実
籠　　：一羽飼いで60㎝角（禽舎が適している）

　学名はメキシコシロガシラインコに似ているインコという意味です。そのためシロガシラモドキというありがたくない名称で呼ばれることの多い鳥です。たしかにパッとしない色彩ですが、アケボノインコ属特有の馴れやすく温和な性質をしています。
　最初の冬は保温し、その後は保温の必要はなくなります。本来は活発なインコですが、籠飼養では人からの誘いを待つだけのような感じです。毎日室内に放して運動させましょう。

繁殖　アケボノインコと同じです。数が少ないのでペアにすることが難しくなります。

メキシコシロガシラインコ
墨西哥白頭鸚哥
White capped Parrot

Pionus senilis オウム目インコ科アケボノインコ属

原産地：メキシコ南部～グアテマラ、コスタリカ、パナマ、ニカラグア
住環境：平地～2200ｍ。小群で森林、湿林、コーヒー園、松林等に生息
大きさ：24㎝
飼　料：ヒマワリ、麻の実、ハト用配合、青菜、ミネラル
性　別：雌雄同色。科学判定が確実
籠　　：一羽飼いで60㎝角（禽舎が最適）

　アケボノインコの仲間で額と喉が白いのが特徴です。手乗りとして一羽飼いされることが多く、温和で馴れやすく扱いやすい性質をしていて、人気種といえるでしょう。
　しかしオウム籠等で飼い続ける場合でも、毎日室内に放して飛翔運動させる必要があります。禽舎飼養ではこの必要はありません。
　最初の冬は寒さにさらさないよう禽舎では覆いをして保温もするとよく、室内飼養では温度変化のないように注意しましょう。

繁殖　アケボノインコと同じです。数が少なくペアにすることが困難です。

ドウバネインコ
銅羽鸚哥
Bronze-winged Parrot

Pionus chalcopterus オウム目インコ科アケボノインコ属

原産地：南アメリカ北西部（アンデス山脈西側、ベネズエラ、コロンビア、エクアドル、ペルー）
住環境：熱帯林にペアか小群で生息
大きさ：28㎝
飼　料：ヒマワリ、麻の実、ハト用配合、セキセイインコ用配合、青菜、ミネラル、果物
性　別：雌雄同色。科学判定が確実
籠　　：馴れた一羽飼いで60㎝角（本来は禽舎で保温可能なもの）

　その名の通り金属光沢のある翼が目立ちます。体質や性質はアケボノインコに似ています。
　色彩的にはより青みが強く、またところどころに白い羽毛が散るので個体識別の容易なインコです。
　いくぶん寒さに弱いので冬の保温は必要です。淋しがりなので、一羽飼いよりペア飼いをします。馴れやすく騒がしくないので手乗りは良いペットになります。ただ毎日一定時間（できれば定時刻）一緒に遊んでやらないと、ストレスで羽毛を抜いたり食べたりするものもいます。

繁殖　アケボノインコと同じです。小型禽舎での成功例はありますが、２ｍ幅３ｍ奥程度は必要です。
　２～４卵産み、26日で孵化します。抱卵はほとんどメスがします。

第三章●種別解説　152

Parakeet/Parrot　アオボウシインコ／コボウシインコ

アオボウシインコ
青帽子鸚哥
Blue-fronted Amazon

Amazona aestiva　オウム目インコ科ボウシインコ属

原産地	南アメリカ（アマゾン川以南のブラジル、パラグアイ、ボリビア、アルゼンチン）
住環境	明るい森林地帯
大きさ	37cm
飼料	エンバク、コムギ、トウモロコシ、フィンチ用配合、ヒマワリ、麻の実、ハト用配合等各種与える。生の枝豆等豆類、クルミ等木の実も有効。青菜、ニンジン、ミネラルも与え、果物は少量に抑える（偏食傾向があり、ペレットの方が健康維持には有効だが、好まない場合が多い。初めからペレットを食べる鳥を入手することは困難）
性別	雌雄同色。科学判定が確実
籠	一羽飼いで60cm角（繁殖を望む場合には2m角以上の禽舎）。大型禽舎ではオウム類やコンゴウインコ類との雑居も可能

古くから輸入され、物真似もヨウムと並ぶ巧みさをもっています。馴れやすいというより甘えん坊がぴったりするボウシインコを代表する種です。

丈夫で順化しやすく、人馴れすると数十年の長寿記録が多くあります。冬でも保温なしで過ごせますが、寒くない程度にしましょう。

また意外に繁殖も可能で、野生で減少しつつあるこのインコを飼養下で殖やすことは重要です。入手時には若鳥を選びます。老鳥では物真似をしないものもいます。若鳥は眼が大きく、虹彩は暗褐色で脚の表皮が柔らかく、羽毛も滑らかです。成鳥は虹彩がオレンジ色です。

若い時期に物真似を覚えさせ、成鳥になったら繁殖を試みるのも楽しいものです。初めから広い禽舎に放すと人馴れも物真似も思うようにしませんが、繁殖目的ならそれでもよいでしょう。

繁　殖　欧米では盛んに行われ、野生の鳥を輸入することはなくなっています。わが国でも可能性はありますが、ペアを入手することが難しいかもしれません。

2m幅3m高5m奥の禽舎が適していますが、2m角程度の小型禽舎でも人馴れした鳥は可能性があります。抱卵日数は26日です。

コボウシインコ
小帽子鸚哥
White-fronted Amazon

Amazona albifrons　オウム目インコ科ボウシインコ属

原産地	メキシコ〜コスタリカ
住環境	傾斜地、乾燥地帯、丘陵地、低山地等
大きさ	26cm
飼料	アオボウシインコと同じ
性別	メスは翼の赤い部分を欠くか少なく、体もやや小柄
籠	一羽飼いで45cm角、ペアは2m角以上の禽舎

小型のボウシインコで大正時代には最も多く輸入されました。飼いやすいと人気がありますが、やや臆病な面があります。

若鳥が入手できればこのような心配もなく、よく馴れて家族になってくれます。言葉も覚えるので教える楽しみもあります。興奮したり威嚇するときは首の羽毛を逆立てます。

繁　殖　きわめてまれで、雌雄いるからと簡単に繁殖するわけではありません。もともと集団見合いのように集まって、気に入ったもの同士のみがペアを形成するのです。しかしいったんペアができれば長年にわたって雛を得ることができます。

箱巣は40cm角程度、丸太をくり抜いたものや樽でも代用できます。抱卵期間は25日です。禽舎は他のボウシインコと同じ程度の大きさがよく、鳥が小型だからといって小さな禽舎だと繁殖しないこともあります。

オオキボウシインコ　キエリボウシインコ　Parakeet/Parrot

キエリボウシインコ
黄襟帽子鸚哥
Yellow-naped Amazon
Amazona ochrocephala auropalliata　オウム目インコ科ボウシインコ属

原産地：中央アメリカ太平洋側(メキシコ、グアテマラ、エルサルバドル、ホンジュラス、ニカラグア、コスタリカ)
住環境：森林地帯
大きさ：35cm
飼　料：アオボウシインコと同じだが、果物は毎日少量与え、バナナやリンゴ等水分の少ないものが適している。人の食べるものを欲しがるが、絶対に与えないこと。塩分や添加物は避けるべきで、青菜やニンジン、豆類、ミネラルは常時与えるようにする
性　別：雌雄同色。科学判定が確実
籠　　：一羽飼いで60cm角(繁殖を望む場合には2m角以上の禽舎が必要)

学名から分かるようにキビタイボウシインコの亜種です。後頭部に黄色い羽毛があり、頭部は緑色です。アオボウシインコと並んで物真似上手なインコで人気がありますが、やはり若鳥を選ばないと楽しめません。若鳥の虹彩は暗褐色で成鳥はオレンジ色です。

丈夫な体質ですが、乾燥は嫌うので湿度保持が必要です。特に冬は保温すると乾燥しがちなので気をつけましょう。

オウム籠での飼養がほとんどですが、日光浴や水浴び、保温等で籠の移動を頻繁にしないように注意しましょう。籠の位置は動かさないようにします。広い籠や禽舎飼養は馴れにくく、警戒心も強まります。

繁殖を試みるなら若鳥のうちに人馴れさせ、成鳥になったら禽舎でペアにする方法がよいでしょう。ただ相性が合わないこともあり、見合いをさせるようにします。

BREEDING 繁殖　アオボウシインコと同じです。

オオキボウシインコ
大黄帽子鸚哥
Double Yellow-headed Amazon　Levaillant's Amazon
Amazona ochrocephala oratrix　オウム目インコ科ボウシインコ属

原産地：メキシコ、ホンジュラス
住環境：雨林地帯
大きさ：38cm
飼　料：キエリボウシインコと同じ
性　別：雌雄同色。科学判定が確実
籠　　：一羽飼いで60cm角程度(繁殖には大型禽舎が必要)

キビタイボウシインコの亜種です。江戸時代にはすでに輸入され見世物で人気を集めていたようです。大型で色彩も堂々としていて、物真似もとても上手なので存在感の大きなインコです。

ボウシインコ類を選ぶ際に重要なのは感染症でない鳥を見極めることです。鼻孔や嘴、眼に異常のないことを確認しましょう。

一羽飼いでは淋しさのあまり、自分の羽毛を食べるものもいます。治りにくいので事前に予防することです。仲間がいるか、常に人と接することができるか、気を紛らわすものがあるか等々、十分気配りしましょう。

ボウシインコ類は一羽飼いされることが多く、淋しさを紛らわせるために見かけた人に対して声をかけることがよくあります。これを無視するのはいけません。たとえ一言でも返事をし、インコのほうを向いて相手になるようにしましょう。これをせずに無視すると表情の乏しい無気力なインコになってしまうことがあるからです。

特に本種やアオボウシインコは甘えん坊なのでしつこいと感じることがあるでしょうが、その感情をインコには伝えてはいけません。

BREEDING 繁殖　アオボウシインコと同じです。

第三章●種別解説

Parakeet/Parrot ヒオウギインコ

ヒオウギインコ
緋扇鸚哥
Hawk-headed Parrot
Deroptyus accipitrinus オウム目インコ科ヒオウギインコ属

原産地：南アメリカ北部(ベネズエラ、ガイアナ、エクアドル、コロンビア、ペルー、ブラジル)
住環境：河川林や開けた熱帯低地林ペアか小群で生息（樹洞やキツツキの古巣に営巣）
大きさ：35cm
飼　料：カナリーシードを多くしたセキセイインコ用配合、ヒマワリ、落花生、エンバク等を同量配合したもの、ミネラル、青菜、果物(ブドウ、イチジク、オレンジ等甘い物)
性　別：雌雄同色だが、メスは小柄で嘴も小さく、外側尾羽の赤斑を欠く
籠　　：一羽飼いでオウム籠（できれば広い籠や禽舎）

　一見、ボウシインコ類に似ていますが、大きな違いは首の羽毛が大きく長く、さらにはこれを扇状に広げるという点です。実にみごとですが普段はたたんでいます。興奮したり刺激を受けたときに開くのです。

　とっつきにくい感じですが利口で遊び好き、馴れやすい面はあるもののボウシインコのように言葉を覚えるのは容易ではないようです。

　狭いオウム籠に一生飼うのでは健康を維持できないでしょう。一羽飼いでも定期的に広い場所に放して飛翔させましょう。ペアには禽舎が理想的です。寒さに弱いため、冬は保温が必要です。

　英名が鷹のようなインコというだけに精悍な表情で手乗りより禽舎での生態を楽しむ人もいます。人馴れしていない鳥は臆病で、隠れ家や高い位置の止まり木にこだわります。初めから広い禽舎に放すより、禽舎内の一部を囲った状態にして人に慣らしてから放す方がよいかもしれません。

◀冠羽をたたんでもこのように美しい色彩がくっきりと見える。無理に冠羽を広げさせないようにする

繁 殖　きわめてまれです。ボウシインコ類より大型の禽舎がよく、産卵は2〜3卵、孵化までは28日程、9週間で巣立ちです。
　この間の飼料はボウシインコ類と同じです。ただ与える種子は多種類にします。カステラや果物も良い飼料です。

ネズミガシラハネナガインコ　ムラクモインコ　Parakeet/Parrot

ムラクモインコ
群雲鸚哥
Meyer's Parrot

Poicephalus meyeri　オウム目インコ科ハネナガインコ属

原産地	アフリカ（スーダン、アンゴラ、エチオピア、ケニア、ウガンダ、ルワンダ、コンゴ、中央アフリカ、モザンビーク、ナミビア）
住環境	アカシアやバオバブの林にペアか小群で生息。注意深く臆病で樹洞やゴシキドリの古巣、寄生植物等をねぐらや巣とし利用。穀物畑の害鳥
大きさ	21〜25cm
飼料	カナリーシードを中心にハト用配合、ヒマワリ、麻の実、落花生、ミネラル、青菜、果物少量
性別	雌雄同色。科学判定が確実
籠	一羽飼いで45cm角90cm高以上、ペアは禽舎

地 味な色彩の中型インコです。アフリカ産で臆病な面があり、成鳥は馴れるまでに時間がかかります。体質は丈夫で環境に慣れれば保温不要です。体形から籠飼養可能と思われがちですが、実際は十分な運動量の確保が必要です。馴れた若鳥でなければ禽舎飼養をお勧めします。特に日光浴を好み、日当りの良い環境が求められます。

いくつかの亜種があり、額や頭頂が黄色いものや黒褐色のものがいます。ハネナガインコ属の代表種ですが、ネズミガシラの方が人気が高くあまり知られていませんが、飼養下で繁殖させた若鳥が輸入されるので新たな魅力を今後提供してくれると思われます。

繁殖 大型禽舎では可能です。環境に慣れたペアで行い、オカメインコ用箱巣を使います。4卵位産み、26日間メスが抱卵し、巣立ちまでは2ヵ月以上かかります。

ネズミガシラハネナガインコ
鼠頭羽長鸚哥
Senegal Parrot

Poicephalus senegalus　オウム目インコ科ハネナガインコ属

原産地	アフリカ西部（セネガル、ガンビア、ギニア、ナイジェリア、コートジボワール、カメルーン、トーゴ）
住環境	乾燥地の林（特にバオバブを好み小群で行動）林の果実を主食に畑の穀物を食害する
大きさ	23〜25cm
飼料	セキセイインコ用配合に同量のカナリーシードを加えたもの、ヒマワリ、麻の実、落花生、ミネラル、果物、青菜
性別	メスは嘴が小さく腹部のオレンジ色も薄いので判別可能
籠	一羽飼いで60cm角、ペアは禽舎

繁殖 屋外禽舎で可能です。3m幅2m高3m奥で1ペアです。箱巣はオカメインコ用を使います。

3〜4卵産み、メスが26日抱卵、巣立ちまでは2ヵ月以上かかります。果物を欠かさず与えます。

▶アカハラハネナガインコ

和 名より英名のセネガルパロットの名でよく知られています。以前は野生の鳥が輸入されていたため性質の荒い鳥という評価もありましたが、現在は飼養下での繁殖鳥なのでよく馴れて丈夫な飼いやすいインコになっています。

ただ活発で遊び好きな面がときに粗暴な振る舞いに見えたり、奇声を出したり、興奮して人の手を噛んだりとマイナスイメージをもたれることもあります。

教えると単語くらいはしゃべるものもいます。手乗りとして飼われることが多く、狭い籠での飼養も見かけますが、その場合は室内に放しての十分な運動は定期的にさせる必要があります。もちろん破壊力が強いことには注意してください。禽舎でなら何の心配もなく保温も不要なほどです。

乾燥を好み日光浴が必要です。多湿には十分注意しましょう。主食のほかに果物も毎日少量与えると健康維持をすることができます。

第三章●種別解説　156

Parakeet/Parrot ヨウム

ヨウム
洋鵡
African Grey Parrot
Psittacus erithacus オウム目インコ科ヨウム属

原産地：アフリカ（西部ギニア湾沿岸〜中央アフリカ、ケニア、タンザニア、アンゴラ）
住環境：森林地帯
大きさ：33〜35cm
飼料：エンバク、コムギ、ヒマワリ、麻の実、ハト用配合、フィンチ用配合等、多種類を混合したものを与える（単品で与えると偏食傾向が強まる）
　　　果物、ミネラル、青菜も毎日少量与える
性別：雌雄同色。科学判定が確実
籠：一羽飼いで60cm角程度、ペア以上は広い禽舎

物真似上手な鳥のナンバーワンとよくいわれています。昔は野生の鳥を捕獲して輸入していましたが、現在では世界各地で繁殖が順調に行われ、若い健康な鳥を入手することが容易になりました。

成鳥は臆病で寒さに弱く、大声で泣き叫ぶことがあり、人馴れするまでに時間がかかることがあります。また特定の人にだけ馴れ、他の人には攻撃的になることもあるので要注意です。若鳥は初めての冬を保温して乗り切れば丈夫になります。

亜種のコイネズミヨウム（濃鼠洋鵡・Timneh Grey Parrot *P.e.timneh*）は、ヨウムより一回り小型で体色が濃く、尾は暗赤色なので区別は容易です。

人馴れのよさから人気が高いようです。ヨウムのなかには赤い羽毛が胸から腹にかけて現れるものがいます。この赤い羽毛が多いほど珍重されますが、別種や亜種というわけではなく、個体変異です。

将来的にはこうした変異を系統繁殖させることによって、色変わりヨウムが出現するかもしれません。

繁殖 難しいと思われるかもしれませんが、現在流通しているヨウムの多くは海外の繁殖施設（南アフリカ、オーストラリア等）で作出されています。つまり、飼養下での繁殖が軌道に乗り、設備さえあれば繁殖の可能性は高いといえるのです。

しかし、産卵した卵を取り出して人工孵化・人工育雛するために、自ら抱卵・育雛するかどうかは不明です。抱卵日数は28日です。

繁殖に支障のない環境、広く静かで邪魔の入らない禽舎（2m幅3m高4m奥）にペアを収容し、深い箱巣かくり抜いた丸太を与えます。

▶コイネズミヨウム

キバタン
黄巴旦
Greater Sulphur-crested Cockatoo
Cacatua galerita オウム目オウム科オウム属

▲ エレノラキバタン　インドネシアのアルー諸島産亜種。キバタン4亜種中最小なので中キバタンとも呼ばれる。また原産地からアルーキバタンとも呼ばれる。目の周囲が青いが成鳥になると白くなる

原産地：ニューギニア、パラウ諸島、アルー諸島、オーストラリア
住環境：サバンナ、開けた林、耕作地周辺等
大きさ：50cm
飼　料：エンバク、コムギ、ハト用配合、フィンチ用配合、ヒマワリ、麻の実等混合したもの、青菜、果物、ミネラル
性　別：オスの虹彩は暗黒褐色、メスは赤褐色（明るい場所で確認）
籠　：一羽飼いで60cm角以上、ペア以上は禽舎

繁殖 BREEDING
禽舎では可能です。抱卵日数は30日です。ペアを形成してから数年後に繁殖に入ることがあり、忍耐力が必要です。

2〜5卵産み、夜はメス、昼はオスが抱卵します。75日位で巣立ちます。箱巣は70cm角で1mの深さがあるとよいでしょう。

白い大型オウムの代表種です。黄色い羽冠が目立ち、特に興奮したときや威嚇するときにはこの羽冠を前向きに立てるので、意思表示に役目があるようです。

オウム類をバタンと呼びますが、これはおそらく江戸時代に輸入されたオウムの多くがスマトラ島のパダン、ジャワ島のバンタムから出荷されたため、パダン・バンタムがなまってバタンとなったと思われます。

原産地のオーストラリアでは穀物の害鳥として銃で撃ち殺されるほどの厄介者ですが、ペットとしては存在感のある鳥です。ときに攻撃的な態度をとるものや、実際に噛みつくものもいます。入手時にはこうした悪癖のない素直な若鳥を選ぶことです。

人馴れした若鳥が販売されますが、ヨウム同様に飼養下で繁殖させ、人工育雛したいものです。自分で十分に餌を食べることができるか確認しましょう。人工給餌の必要がある雛は詳しい育て方を知っておかないと健康に育たないことになります。言葉を教えるのは若いうちです。親鳥はあまり覚えません。

目の周囲が青みがかった亜種、アオメキバタン（青眼黄巴旦・Triton Cockatoo *C.g.triton*）も人気があり、よく飼われています。1849年にニューギニア沿岸を調査したオランダ船トリトン号の名をとってテミンクが命名しました。

Parakeet/Parrot　コバタン／コキサカオウム

コバタン
小巴旦
Lesser Sulphur-crested Cockatoo
Cacatua sulphurea　オウム目オウム科オウム属

原産地	スラウェシ島、小スンダ諸島
住環境	森林地帯
大きさ	33cm
飼料	エンバク、コムギ、フィンチ用配合、ハト用配合、ヒマワリ等を混合したもの、果物、青菜、ミネラル
性別	オスの虹彩は暗黒褐色、メスは明るい赤褐色
籠	小型なので45cm角程度の籠でも飼養可能だが60cm角でもよい

白いオウムの仲間では最も小さく、また多く飼われています。馴れやすく丈夫といわれますが、悪癖をもつ鳥もいます。

狭い籠で飼われる場合が多く、自分の羽毛を抜いたり突然叫ぶものもいます。あまり自由にすると馴れにくくなり物真似もしませんが、逆にそのほうが繁殖には好都合であるという見方もあります。

一羽飼いのストレス解消には、気を紛らわせるものや玩具類、自然木の枝、蔓を与えるとよく遊びますが、できるだけ相手をしてやることが大切です。

また白粉が多いので水浴びは欠かせません。鳥が嫌がらないようにシャワーにするか、濡らした草束も効果的です。

BREEDING 繁殖

2m幅2m高3m奥程度の禽舎でも可能です。人馴れした鳥同士か、片方が人馴れしていなくてもペアになれば可能でしょう。箱巣は40cm角50cm高位のものを与えます。禽舎は丈夫な作りにしないと破壊されます。

1～3卵産み、24～28日抱卵、巣立ちまで3ヵ月かかります。親鳥に攻撃されることもあるので、雛は自力で餌を食べるようになったら別居させます。

人工育雛する場合には全部の雛を取り出すようにしないと、巣の中に残っている雛を育てなくなる親鳥もいます。

コキサカオウム
濃黄冠鸚鵡
Citron-crested Cockatoo
Cacatua sulphurea citrinocristata　オウム目オウム科オウム属

原産地	インドネシア(スンバ島)
住環境	森林地帯
大きさ	38cm
飼料	コバタンと同じ
性別	オスの虹彩は暗黒褐色、メスは赤褐色
籠	一羽飼いで45cm角程度だが、より広い方がよい

学名で分かるように独立した種ではなく、コバタンのスンバ島産亜種で古くからよく知られたオウムです。

コバタンより大型で冠羽と頬が濃いオレンジ色という特徴があります。まれに見ることがありますが数の少ないオウムです。

飼養・管理はコバタンと同じです。コバタンより高級といわれますが、数が少ないだけで鳥に格があるわけではありません。

BREEDING 繁殖　コバタンと同じです。

タイハクオウム
大白鸚鵡
Umbrella Cockatoo　Great White Cockatoo
Cacatua alba　オウム目オウム科オウム属

原産地	インドネシア（モルッカ諸島北部）
住環境	森林や耕地周辺
大きさ	46～50cm
飼料	エンバク、コムギ、フィンチ用配合、ハト用配合、ヒマワリ、麻の実等を混合したもの、果物、青菜、ミネラル
性別	オスの虹彩は暗黒褐色、メスは赤褐色
籠	一羽飼いで60cm角。予備の止まり木を用意する

BREEDING　繁　殖

3m幅3m高4m奥程度の広さは必要です。
　キバタンと同じ管理で可能性はありますが、確実性に欠けるかもしれません。

　昔は白いオウムの代表種でした。全身が白く、目立たない下尾筒だけが黄色みを帯び、冠羽を逆立てるととても豪華な印象を与えてくれます。
　物真似は単語をいくつかしゃべる程度ですが、人馴れしやすく温和な性質で好まれます。しかしときに発する絶叫は間近で聞くには耐えられないほどの音量で、住宅密集地での飼養は困難です。
　嘴の力は強力で止まり木をかじって折ってしまうので常に木片や木の枝を与えておき、籠も丈夫な金属製のものにします。禽舎に放すにしても、木製部分は金網か金属板で覆わなければ破壊されます。
　また一羽飼いのストレスは毛抜きや食毛などになって現れます。気を紛らわす玩具や自然木も必要なので、用意してあげましょう。もちろん人とのスキンシップなどの接触が十分であればこうした心配はありません。
　オウムの仲間は狭い籠は別として、止まり木には水平なものばかりではなく、蔓や曲がりくねった枝も与えてみましょう。よじ登るのも運動、かじって短くするのもストレス解消と考えるべきです。当然これらの枝や蔓は消耗品です。なかにはこうした自然のオモチャをよろこんで待ち望むオウムもいます。

Parakeet/Parrot クルマサカオウム

クルマサカオウム
車冠鸚鵡
Leadbeater's Cockatoo Major Mitchell's Cockatoo Pink Cockatoo
Cakatua leadbeateri　オウム目オウム科オウム属

原産地	オーストラリア西南部の内陸部
住環境	乾燥地帯の林、川の両側を覆う背丈のあるゴムの木と低木のベルト地帯
大きさ	35cm
飼料	フィンチ用配合、ハト用配合、エンバク、コムギ、ヒマワリ、麻の実等の混合、果物、青菜、ミネラル
性別	オスの虹彩は暗褐色、メスは赤褐色
籠	ペアを禽舎飼養（籠での一羽飼いには適していない）

繁殖　広い禽舎の場合、可能性があります。3～6卵産み、25～30日抱卵します。

　オウム属中、最も美麗な種といわれるだけに、ピンク色の体色、赤と黄色の帯がある冠羽は実にみごとです。丈夫で馴れやすいのですが、物真似は上手ではなく、広い禽舎での飼養による鑑賞、繁殖の方が主流です。

　籠による飼養は物足りなさを感じます。また一羽よりペア飼養がはるかに健康で活発なので、禽舎飼養をお勧めします。

　脂粉が目立ち、ときに薄汚れた鳥を見かけます。水浴びやシャワーで美しさを保つようにします。英名のレッドビーターとはロンドンの剥製企業の創始者の名前からとったものです。

　仲の良いペアは繁殖の際、日中はオス、夜間はメスが抱卵し、雛が孵化すると共同で給餌します。比較的丈夫で保温なしでも越冬可能といわれますが、保温するにこしたことはありません。

アカビタイムジオウム　モモイロインコ　Parakeet/Parrot

モモイロインコ
桃色鸚哥
Galah　Roseate Cockatoo
Eolophus roseicapillus　オウム目オウム科モモイロインコ属

原産地：オーストラリア（ほとんどの内陸部）
住環境：耕地や乾燥した荒地、公園まで広範囲（ユーカリの樹幹にある穴で繁殖する）
大きさ：35cm
飼　料：フィンチ用配合、エンバク、コムギ、ハト用配合、ヒマワリ、麻の実等を混合したもの、果物、青菜、ミネラル
性　別：オスの虹彩は暗褐色、メスは赤
籠　　：ペアを禽舎飼養（一羽飼いで60cm角）

濃い桃色が印象的なオウムです。オウム類としては嘴が小さく目立ちません。物真似や手乗りとして愛玩するより禽舎での鑑賞や繁殖に人気があります。

狭い籠での飼養には向かず、常にペアか小群で生活しているため、禽舎飼養が適しています。原産地のオーストラリアでは牧畜用の溜池や灌漑用水によって飲み水の確保ができ、大幅に増えているようです。

◀興奮して冠毛を逆立てているモモイロインコ

繁　殖　大型禽舎に箱巣を設置します。50cm角2m深が必要とされます。小枝や木の葉を親鳥が巣に運んで巣作りします。
2～5卵産み、24日抱卵、50日位で巣立ちますが、その後も一ヵ月は親鳥の給餌を必要とします。繁殖期にはミルクに浸した食パン、ヒマワリの発芽種子やトウモロコシの完熟前のもの、エンバクやコムギ、穂アワ等が効果的です。

アカビタイムジオウム
赤額無地鸚鵡
Bare-eyed Cockatoo　Little Corella
Cacatua sanguinea　オウム目オウム科オウム属

原産地：オーストラリア（北部・東部）。ニューギニア南部
住環境：常に群で生活し、川岸のゴムノキに営巣。樹上での休息と地上での採食を繰り返す。夜間はねぐらの集合する
大きさ：35～43cm
飼　料：キバタンと同じ
性　別：メスはやや小型。虹彩での判別は不可能
籠　　：一羽飼いで60cm角

目の周囲の輪、小さな冠羽、目先の赤い色、翼と尾の裏側の黄色と特徴の多いオウムです。あまり馴染みがないかもしれませんが、馴れやすさ、温和な性質、かなりの言葉を覚える点、丈夫で順化が早い等、コンパニオンバードとしての評価は非常に高く、今後はペットとしても人気が高まるのではないかと思われます。

原産地のオーストラリアでは大群で生息し、特に繁殖期が終わると数千羽にも達するそうです。オウム類としては珍しく地上での採食が中心で、種子や根、球根、樹木の皮等を食べます。

繁　殖　モモイロインコと同じです。オウム類のなかでは比較的多くの例があり、通常3卵産み、24日抱卵します。

第三章●種別解説　162

Parakeet/Parrot オオハナインコ

オオハナインコ
大鼻鸚哥
Eclectus Parrot
Eclectus roratus オウム目インコ科オオハナインコ属

▲左がオス、右のメスはオオムラサキインコと呼ばれる

原産地：モルッカ諸島、小スンダ諸島、パプア諸島、ニューギニア、ビスマルク群島、ソロモン諸島、オーストラリアのヨーク岬半島
住環境：密生した雨林や開けた背丈のあるユーカリ林
大きさ：35cm
飼料：フィンチ用配合、エンバク、コムギ、ヒマワリ、ハト用配合、果物、青菜、ミネラル
性別：雌雄の外見が完全に異なる
籠：基本的に禽舎飼養

　オスとメスとではまったく外見が異なり、オスをオオハナインコ、メスをオオムラサキインコもしくはアカムラサキインコとして別種と考えていた時期がありました。現地での観察とドイツでの繁殖によって同じ種であることが確認されました。

　亜種間の差もオスではあまり感じられませんが、メスでは羽彩に明らかな違いがあり、それも雌雄別種と思わせる大きな原因でしょう。

　オオハナインコの名の由来は、アオハネ（青羽）が誤ってオオハナ（大鼻）になり、さらに大花に変わったといわれています。

　大型のインコですが環境に慣れないうちは弱く、温度管理や環境整備は慎重にしたいものです。順化すると丈夫になり保温なしでも飼養できるようになります。温和で落ち着いたインコですが、狭い籠では運動不足から健康維持が困難になるため、禽舎飼養するべきです。

繁殖　近年、わが国でも成功記録が多くなっています。

▲右がオス、左のメスはアカムラサキインコと呼ばれる

コンゴウインコ
金剛鸚哥
Scarlet Macaw

Ara macao オウム目インコ科コンゴウインコ属

原産地：中央アメリカ〜南アメリカ
（メキシコ、グアテマラ、ベリーズ、ホンジュラス、ニカラグア、コスタリカ、パナマ、コロンビア、ベネズエラ、ガイアナ、スリナム、エクアドル、ペルー、ボリビア、ブラジル）
住環境：明るい林やサバンナにペアか家族群で生息
大きさ：85cm
飼　料：エンバク、コムギ、ヒマワリ、麻の実、ナッツ類、果物、青菜、ミネラル
性　別：雌雄同色。科学判定が確実
籠　　：大きさから籠飼養は特大のものが必要で、少なくとも2m角はないと尾が擦り切れてしまう。1m角程度の狭い籠で尾が半分ほどになったコンゴウインコを見ることがあるが、馴れているからと独りよがりの判断はしないで、鳥自身がゆったりできる空間を与える

繁殖 大型禽舎にペアを入れ、大型の箱巣（70cm角、樽でも可）を設置し、入るようになるのを待ちます。
　2〜3卵産み、メスが28日間抱卵します。雛が巣立ちするまでは3ヵ月かかります。この間、オレンジ、バナナ、ベリー類、ニンジン、トマト、食パン、木の実、小枝等が養育飼料として効果的です。

翼が青と黄色、体色は朱色で明るい色彩です。この仲間では最も明るい色彩で人気種でしたが、残念ながら減少したため、入手が困難になりました。動物園や公園等で見かける大型インコです。

馴れやすく温和な性質で、小型の檻や鎖でつながれて長年健康に暮らしているものもいます。できることなら十分な運動ができる禽舎で自由に飛翔させたいものです。体質は丈夫で寒暑に強いのですが、極端な温度変化のないようにしましょう。近くで聞く鳴き声は耐えられないほどの絶叫です。近隣に迷惑がかからない管理が必要です。若鳥なら言葉を覚えるものもいて、また多少の芸もします。

飼い主はもちろん、人の顔を覚え、見知らぬ人には攻撃的な態度をとるものもいます。水浴びを好み、屋外ではシャワー代わりの雨に打たれて気持ちよさそうにします。

ベニコンゴウインコ
紅金剛鸚哥
Green-winged Macaw
Ara chloroptera オウム目インコ科コンゴウインコ属

原産地：中央アメリカ〜南アメリカの広範囲（パナマ、コロンビア、ベネズエラ、ガイアナ、エクアドル、ブラジル、ボリビア、パラグアイ、アルゼンチン）
住環境：森林、丘陵地
大きさ：90cm
飼　料：コンゴウインコと同じ
性　別：雌雄同色。科学判定が確実
籠：2m角以上

深紅の体色、青と緑の翼でコンゴウインコと区別できます。近年アメリカを中心に繁殖が盛んになり、雛や若鳥の入手が可能になっています。

アマゾン川や中央アメリカの自然を紹介するテレビ番組ではよく野生のベニコンゴウインコが出てきます。近縁種とともに行動し、その飛翔は迫力があります。

大きな体と長い尾を持て余すことのないよう、できるだけ大型の施設で飼養します。尾の擦り切れたインコを見るのはつらいものです。

室内に放すと家具を破壊される恐れがあり、普段から自由に動き回れる空間を用意しましょう。

繁殖 この大型のインコも意外なほど繁殖はされています。国内ではなくアメリカの話ですが、それほど大きくはない禽舎でも成功しており、ペアが揃えば困難ではないようです。

ルリコンゴウインコ
瑠璃金剛鸚哥
Blue-and-Gold Macaw　Blue-and-Yellow Macaw
Ara ararauna オウム目インコ科コンゴウインコ属

原産地：中央アメリカ〜南アメリカ（パナマ、コロンビア、エクアドル、ペル　、ベネズエラ、スリナム、ガイアナ、ブラジル、ボリビア、パラグアイ、アルゼンチン）
住環境：森林、サバンナ、水辺等
大きさ：86cm
飼　料：コンゴウインコと同じ
性　別：雌雄同色。科学判定が確実
籠：2m角以上

一度見ると忘れられないほど強い印象を受ける青いコンゴウインコです。背面の青、下面の黄色が対照的です。

やはり世界各地で繁殖が進められ、健康な雛や若鳥の入手が可能になりました。飼い鳥化されているので丈夫で飼いやすくなっています。

近年、青い背と赤い（橙色）腹部のコンゴウインコがよく見られるようになりました。これはルリコンゴウインコとベニコンゴウインコの雑種でハルクインと呼ばれています。繁殖能力はないものの美しさから人気はあるようです。本来は交雑するべきではありません。コンゴウインコの仲間では比較的繁殖されていて、特にアメリカでは盛んです。

繁殖 コンゴウインコ参照。

コミドリコンゴウインコ　ヒメコンゴウインコ　Parakeet/Parrot

ヒメコンゴウインコ
姫金剛鸚哥
Chestnut-fronted Macaw
Ara severa 　オウム目インコ科コンゴウインコ属

原産地	南アメリカ北部の広範囲（パナマ〜コロンビア、ベネズエラ、スリナム、ガイアナ、ボリビア、ブラジル）
住環境	熱帯林、湿原林
大きさ	46cm
飼　料	コンゴウインコと同じ。籠飼養では油脂分は少なくするカナリーシード、キビ、木の実、ベリー類、新鮮な木の小枝、青菜は欠かせない
性　別	雌雄同色。科学判定が確実
籠	小型のコンゴウインコだが50cm近くもあり、馴れた鳥なら60cm角程度の籠でも飼養可能だが、尾が傷つきやすいので1m角程度は欲しい

　コンゴウインコ属では小さく、籠飼養のできる大きさです。とても人馴れし、お互いの眼が合うと遊んでやらなければおさまらないほどの図々しさもあります。

　軽快な運動が得意です。自分から要求することもあり、運動不足にならないように毎日するとよいでしょう。禽舎では枯れ木や蔓を使って上り下りできる環境を作りましょう。

繁　殖　禽舎に45cm角の箱巣を設置します。底には乾燥した苔類を敷くとよいとされます。2〜3卵産み、28日位で孵化、60日程で巣立ちます。

コミドリコンゴウインコ
小緑金剛
Red-shouldered Macaw
Ara nobilis　オウム目インコ科コンゴウインコ属

原産地	南アメリカ北東部（ベネズエラ、ガイアナ、スリナム、仏領ギアナ、ブラジル、ボリビア、ペルー）
住環境	沿岸部の森林
大きさ	32〜35cm
飼　料	ヒメコンゴウインコと同じ
性　別	雌雄同色。科学判定が確実
籠	一羽飼いで60cm角以上（禽舎が最適）

　大きなインコとして有名なコンゴウインコ属のなかでは最も小さなインコです。目の周囲の裸出部の範囲が狭いのでパラキートのようにも見えます。

　馴れの良さ、言葉を覚えることの上手さには定評があり、コンゴウインコ類でありながら籠飼養できるという有利な面が多くあります。小型とはいえ、尾が擦り切れるような狭い籠での飼養はやめて動き回れる程度の大きさの籠を準備します。

　コンゴウインコの仲間は圧倒的な存在感からあまり物真似はしないように思われますが、意外によくしゃべるものがいます。本種のなかにも50を超える言葉を話すものがいたという記録があります。

　小型だけに教えやすく、また馴れやすいので覚えがよいようです。反面、一羽飼いでは淋しさから毛引き症やストレスによるふさぎ込みもみられます。同種との同居が最適なのですが、他のインコが隣の籠にいるだけでかなりの効果があります。

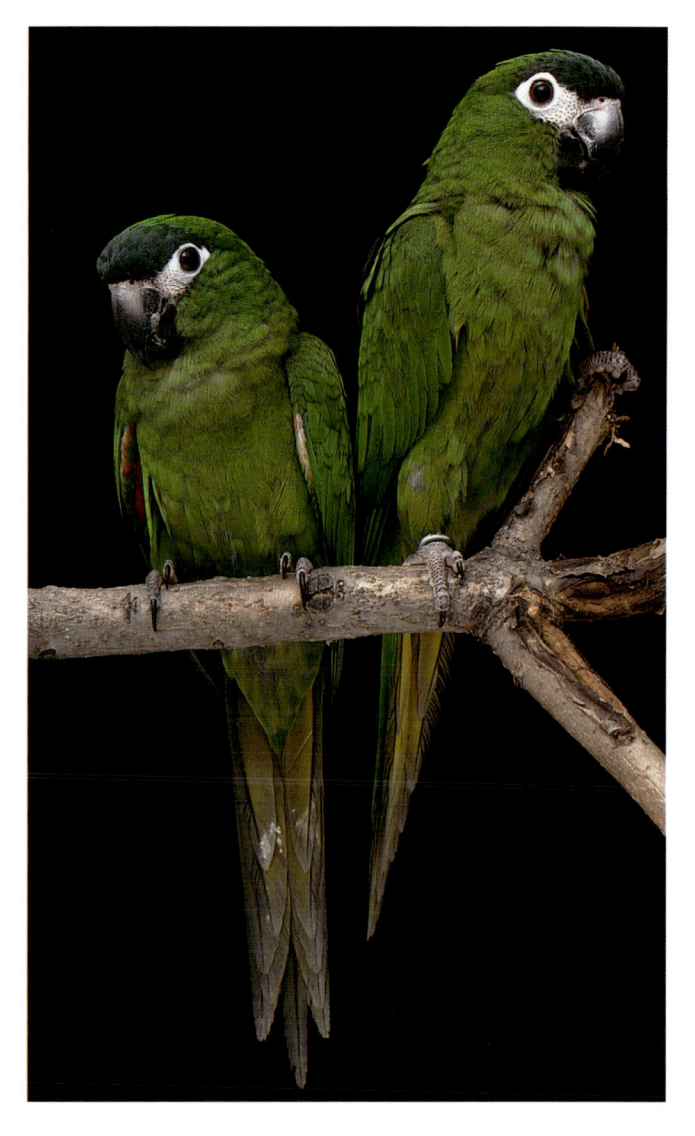

繁　殖　ヒメコンゴウインコと同じです。禽舎での成功例は古くからあります。

第三章●種別解説

Parakeet/Parrot スミレコンゴウインコ

スミレコンゴウインコ
菫金剛鸚哥
Hyacinth Macaw

Anodorhynchus hyacinthinus オウム目インコ科スミレコンゴウインコ属

原産地	ブラジル
住環境	水辺の高木（特にオウギヤシの林にペアか家族群で生息）
大きさ	100cm
飼料	ヒマワリ、麻の実、カナリーシード、落花生、エンバク、小麦、果物、ミネラル、青菜（若鳥には食パン、ビスケットも良い飼料になる）
性別	雌雄同色。科学判定が確実
籠	2m角以上

繁殖 2m角8m長の禽舎での成功例があります。現在はすべて飼養下で繁殖した鳥なので禽舎にさえ慣れれば難しくはないでしょう。箱巣は150cm角180cm高が適しています。

全身すみれ色で目の周囲と下嘴基部が鮮やかな黄色です。最も大きなインコですが非常に減少し、CITES（ワシントン条約）I類にも指定された入手の困難な種でしたが、飼養下での繁殖が軌道に乗り、輸入可能なところまで回復しています。それでも高価な鳥です。大きな嘴は破壊力をもち、丈夫な体質です。

昔のように鎖につないで飼われたり狭い籠で飼われることはさすがになくなったようです。禽舎飼養が当然視されるようになったことは喜ばしいことです。

よく馴れ、温和で近くにおきたい気持ちは理解できますが、このインコのためを思えばある程度の行動の自由を与えるべきです。一羽では人にべったりなつく反面、ペアになると排他的になり、自分たちの世界に浸る面があります。

入手可能になったとはいえ、数が飛躍的に増えたわけではなく容易ではありません。そのためペアをつくるにも苦労するかもしれません。希少種なので飼い主同士が交流を深めて繁殖にも協力するようにするとよいでしょう。

コンゴウインコの仲間の運動

コンゴウインコの仲間は体が大きく、運動させるにも難しい面があります。広々とした禽舎があれば問題はありません。しかし一羽飼いで撞木につないでいる、あるいは丈夫な金網籠で飼っているといった場合には、運動量が絶対的に不足します。

他のインコのように室内に放して飛翔させるには大きすぎ、また飛ぼうともしません。かといって室内を自由に動き回らせると強力な嘴で家具どころか家屋自体さえ破壊しかねません。

そこで運動を兼ねたオモチャを与えましょう。上り下りできるロープは重宝します。また太さの異なる木をやぐらのように組み立てて遊ばせるのも効果的です。この場合、嘴でかじって破壊するかもしれませんが、それは彼らの遊びでありまた重要な運動でもあるのです。木の替りなら容易に用意できるでしょう。コンゴウインコ類にとっては翼を使わず、嘴と脚で運動することも大切なことなのです。

コセイガイインコ　ゴシキセイガイインコ　Parakeet/Parrot

ゴシキセイガイインコ
五色青海鸚哥
Rainbow Lorikeet

Trichoglossus haematodus　オウム目ヒインコ科セイガイインコ属

原産地	バリ島～スンダ列島、モルッカ諸島、ニューギニア島、オーストラリアまでの広範囲
住環境	オーストラリアではユーカリの花を中心に、熱帯アジアではさまざまな花を求めて樹冠部を群で移動、採食と遊び中心に枝を器用に伝い歩く
大きさ	26～30cm
飼料	ヒマワリに慣らす方が健康を保ちやすいため主食にする。そのほかにヒインコ用ペレット、エッグフード、果物少々、発芽種子
性別	雌雄同色。科学判定が確実
籠	人馴れした鳥を狭い籠で飼うことがあるが、できれば一羽でも60cm角以上が望ましく、ペア以上の数では禽舎が適している

繁殖　ヒインコ科では比較的多く繁殖されています。2m角以上の禽舎にペアを収容し、25cm角40cm高の箱巣を与えます。この時期は24℃以上を保ち、湿度も50%以上を保つべきです。
　産卵数は2個と少なく、24日で孵化します。巣立ちまでは80日程度かかります。養育飼料は果物と蜂蜜を浸したパンがよく、補助的にエッグフードも効果的です。

ハケシタインコの代表種です。カラフルな体色、陽気な性質、飼いやすさ等から、ヒインコ科で最も人気のあるインコです。セイガイインコとは体にある縞模様を青海波に見立てて命名されました。分布域が広く、亜種が21種類もあり、それぞれ少しずつ色彩が異なります。

果物やネクター、ソフトフード等が主食でもあり、その糞は液状です。狭い籠では汚れが早く、鳥の尾や翼まで糞で汚れることもあります。掃除を頻繁にする必要があります。

インコ科やオウム科のように木をかじって壊すことはなく、樹木を植えた禽舎飼養も楽しめます。バードパークや動物園で群になって人の手から餌をもらうのはよく知られています。それだけ馴れやすいインコです。冬は保温し15℃以上に保つとよいでしょう。

コセイガイインコ
小青海鸚哥
Scaly-breasted Lorikeet

Trichoglossus chlorolepidotus
オウム目ヒインコ科セイガイインコ属

原産地	オーストラリア(ニューサウスウェールズ州)
住環境	沿岸部の平原林や耕作地周辺林、ユーカリ林、果樹園等。ユーカリの開花を追って漂行する。果樹園の害鳥
大きさ	24cm
飼料	ゴシキセイガイインコと同じ
性別	雌雄同色。科学判定が確実
籠	60cm角以上。温室禽舎が適している

派手なゴシキセイガイインコの仲間ですが、全身黄緑色で胸腹部の黄色い青海模様が目立つ落着いた色彩で、翼を広げると裏面の赤が鮮やかです。

丈夫で鳴き声も大きくはありませんが、性質に難があり、同属に対して意地悪な鳥もいます。このため多数飼養や雑居には向きません。広い禽舎ではこの心配はありません。

バードパーク等でゴシキセイガイインコに混ざっているのを見かけます。ヒマワリ、麻の実につきやすいのですが、ときに偏食傾向の鳥がいます。

ヒインコ用ペレットや果物も食べるように適切な管理をしましょう。

繁殖　ゴシキセイガイインコと同じです。

ショウジョウインコ
猩々鸚哥
Chattering Lory

Lorius garrulus オウム目ヒインコ科オビロインコ属

原産地：インドネシア（ハルマヘラ島、モロタイ島、バチャン島、オビ諸島）
住環境：ヤシ林や果樹にペアか小群で生息
大きさ：30cm
飼　料：ヒマワリかヒインコ用ペレットを主食に、毎日果物を少量（バナナなら3分の1本程度）。ときどき、蜂蜜をつけた食パンやカステラ、発芽させたアワ穂も与えると喜ぶ
性　別：雌雄同色。科学判定が確実
籠　　：一羽飼いで60cm角。ペアは禽舎を常備する

ヒインコより明るい朱色で人気の美しいインコです。人によく馴れ、物真似も上手です。丈夫で活発です。せめて全身で運動できる60cm角の籠は欲しいところです。狭い籠は感心できません。

また入手最初の冬は保温しましょう。翌年からは保温不要です。室内に放して運動させることは大切です。

ヒマワリを主食に、果物少量を副食にするときは発芽させたアワ穂を与えます。ペレット主食では栄養的に問題ないのですが、精神的に多少物足りないようなのでやはり発芽させたアワ穂は有効です。また初夏から秋にかけて出るイネ科の穂も良い飼料です。

そのほかにも果樹の花や蕾、昆虫（ミールワーム）を週に一度位の割合で与えると健康維持に効果的です。屋外禽舎があれば放すこともよく、大切な運動になります。

繁　殖　屋外禽舎に慣れたペアでは容易です。箱巣も同じでよく、2卵産み、26日間メスが抱卵します。夜間はオスも箱巣に入りますが抱卵はメスだけです。2ヵ月半で巣立ちます。

オスが雛を殺すこともあります。これを防ぐために、巣立ち後はすぐに分けて人工給餌することも考えましょう。

コムラサキインコ
小紫鸚哥
Violet-necked Lory

Eos squamata オウム目ヒインコ科ヒインコ属

原産地：インドネシア（西パプア諸島、モルッカ諸島）
住環境：低地林やヤシ畑
大きさ：22～25cm
飼　料：ショウジョウインコと同じ。ブドウやベリー類のような水分の多い甘味の強い果物を好む
性　別：雌雄同色。科学判定が確実
籠　　：ペア飼いで60cm角以上（湿度管理可能なもの）

江戸時代には輸入された記録のあるヒインコの仲間です。鮮やかな赤と紫色が美しいインコですが、体が小さいので温度管理には十分注意しましょう。熱帯降雨林原産なので高温多湿を好みます。温室禽舎が最適ですが、室内であれば温度・湿度を一定に保つようにすると健康的に飼養できます。温度25℃以上と湿度75％以上の環境を好みます。

人馴れしやすいのもこの仲間の特徴です。人の心を読めるのかと思うほど飼い主の視線には敏感です。それだけ常に人を見ていて、目が合うとうれしそうな表情になります。遊び好きで性質は温和です。

繁殖を考えるならペア飼養が原則です。この場合、人馴れしている鳥同士でも発情すると人に対してよそよそしくなるように感じられます。しかしこれは繁殖のためには避けられないことです。もちろん、馴れたまま繁殖するペアもいます。ヒインコの仲間では比較的容易に飼養・繁殖ができます。

繁　殖　保湿部分を備え、飛翔空間を3m程度確保できる禽舎では可能です。箱巣は25cm角45cm高、入口は直径8cmのものを使用します。2卵産み、雌雄交代で抱卵し、24～26日で孵化、8～10週で巣立ちます。親鳥が邪魔にしない限り同居させるようにします。8ヶ月位から換羽し、成鳥羽になります。

| キスジインコ | クラカケヒインコ | Parakeet/Parrot |

クラカケヒインコ
鞍掛緋鸚哥
Black-winged Lory
Eos cyanogenia オウム目ヒインコ科ヒインコ属

原産地：ニューギニア北西部（ビアク島とその周辺）
住環境：花の多い樹木やヤシ畑
大きさ：30cm
飼　料：果物を主食とする場合はバナナやリンゴを中心にして、朝と夕方与える。ミルクや蜂蜜に浸したパンも欠かせない飼料になる。穀類で飼養する場合はカナリーシードを中心に、麻の実、ヒマワリを配合するが少なくとも毎日少量の果物は与えないと健康を維持できない。いずれの場合も青菜、ミネラルは常時与える。さらにエッグフードも効果的な補助飼料になる
性　別：雌雄同色。科学判定が確実
籠　　：よく馴れた鳥は45cm角程度の籠で飼われているが、これより狭くしないこと。禽舎に放すととても活発で、樹木があればおもしろい行動をみせてくれる

鮮明な赤と青、黒の3色からなる色彩は派手で、馴れやすく図々しいほどの性質とともに、この仲間は手乗りを超えてコンパニオンペットとして人気が高まりつつあります。この仲間は江戸時代から輸入され、言葉を話したり芸を見せるので人気が高かったようです。

禽舎飼養では内部を蔓や自然の枝で演出すると楽しい行動がみられるでしょう。単調な止まり木だけの内部では行動も単調になることもあるようです。

とても丈夫なヒインコで室内では無加温で越冬可能です。ただ水分の多い飼料が多く、液状の糞なので清潔さを保つには掃除が欠かせません。日光浴、水浴びともに非常に好むので可能な限りさせてやります。その方が健康維持にも効果的です。

繁　殖　ゴシキセイガイインコと同じです。

キスジインコ
黄筋鸚哥
Yellow-streaked Lory　Red-fronted Lory
Chalcopsitta sintillata オウム目ヒインコ科テリハインコ属

原産地：アルー諸島〜ニューギニア島
住環境：低地のサバンナ、森林（水辺近くにペアか小群で生息）
大きさ：32cm
飼　料：ヒマワリかヒインコ用ペレットを中心に果物、ネクター、セキセイインコ用配合、麻の実、蜂蜜をつけたパンやカステラ、青菜、ミネラル
性　別：雌雄同色。科学判定が確実
籠　　：狭い籠で飼うべきではなく、禽舎でのペアか小群飼養が最適

ヒインコ科でも独特な色彩のグループ、テリハインコ属の仲間です。緑色の羽毛に黄色い筋が入ることから、この名がつけられました。個体ごとに首から胸腹部にかけて色彩に変異がみられ、緑色の多いもの、黒に近いもの、赤い羽毛が多いもの等さまざまです。

ハケシタインコの仲間なので果物中心の飼料ですが、アワやトウモロコシを煮たもの、ご飯等に蜂蜜や砂糖を加えて甘くしたものを与えるのも補助食として有効です。高温多湿が飼養の原則です。したがって、温室内での飼養、温室禽舎が理想的です。

繁　殖　きわめてまれです。奥行きの深い禽舎で行います。箱巣は40cm角50cm高で、温度は24℃以上、ペアのみ収容します。2卵産み、23日抱卵後孵化、巣立ちまで60日位です。
繁殖期にはフルーツパルプ（リンゴ、ナシ、イチゴ、パイナップル、ニンジン、キュウリを砕いて混ぜたものに米粉を同量、エッグフード、シリアル、ブドウ糖、蜂蜜、マルチビタミン、海草等を添加したもの）が効果的です。

アオスジヒインコ
青筋緋鸚哥
Blue-streaked Lory

Eos reticulata オウム目ヒインコ科ヒインコ属

原産地	インドネシア（タニンバル諸島）。カイ諸島、ダマール諸島には移入
住環境	海岸部の林
大きさ	30cm
飼料	ゴシキセイガイインコと同じ。甘味の強いブドウ等を好む
性別	雌雄同色。メスはやや小型だが科学判定が確実
籠	手乗りの一羽飼いで60cm角（保温可能のものがよく、糞を周囲に飛ばすので覆いも必要）。ペアは温室禽舎

　その名の通り赤い背に青い小さな筋があるので、他のヒインコ属と見誤ることはないでしょう。鳴き声はヒインコ類独特の金属的な響きがありますが、近隣に迷惑がかからないようにしましょう。
　利口でとてもよく馴れ、手乗りとしての価値は高いものがあります。それ以上にペア間のディスプレイは楽しいので、繁殖はやりがいがあります。やはり温室禽舎が理想的ですが、手乗りの場合は室内であれば温度管理を誤らなければ十分楽しめます。

繁殖 広く植物を植え込んだ温室禽舎であれば可能です。抱卵期間は26日です。

オナガパプアインコ
尾長パプア鸚哥
Papuan Lorikeet

Charmosyna papou オウム目ヒインコ科イロドリインコ属

原産地	ニューギニア山岳部
住環境	山岳森林地帯に小群で生息
大きさ	42cm（半分近くは尾）
飼料	ゴシキセイガイインコと同じ
性別	雌雄同色。メスの腰には黄色い羽毛があり、判別可能
籠	尾が長く活発なので基本的に禽舎飼養

▲赤型

　一枚の中央尾羽がとても長く伸びた美しく品のあるインコです。色彩に二通りあり、赤色型と黒色型に分けられます。これは種内変異で、いくつかの鳥や哺乳類にもみられます。
　クロサギ（白色型と黒色形）やカワリサンコウチョウ（褐色型と白色型）、コキンチョウの頭部（黒、赤、橙色）はよく知られています。形態が変わっているので飼養も難しいと思われるでしょうが、他のヒインコ類と同じ管理で十分です。もちろん熱帯産なので温度管理は一定にし、湿度は高く設定した温室禽舎が理想的です。

繁殖 ゴシキセイガイインコと同じです。環境の整った温室禽舎であれば可能です。

▲黒型

コシジロインコ　ジャコウインコ　Parakeet/Parrot

ジャコウインコ
麝香鸚哥
Musk Lorikeet　Red-eared Lorikeet
Glossopsitta concinna　オウム目ヒインコ科ジャコウインコ属

原産地	オーストラリア（クイーンズランド州南東部、ニューサウスウェールズ州、ビクトリア州）
住環境	ユーカリ林や果樹園に夏から秋にかけてゴシキセイガイやヒメジャコウ、ムラサキガシラジャコウ等と混群で飛来し花蜜や果実を荒し、繁殖は主にゴムの樹に営巣。緩やかなコロニーを形成し、1本の樹に数ペアが営巣することもある
大きさ	30cm
飼料	ゴシキセイガイインコと同じ
性別	雌雄同色。メスには頭部の青みを欠くものもいる
籠	禽舎飼養（籠は不適）

繁殖　3m以上の飛翔空間をもつ禽舎を必要とします。

　麝香を発することから命名されました。個体より営巣場所でその香りをかぐことができます。手乗りとしてよく馴れますが他種に排他的な面があり要注意です。

　禽舎（屋内・屋外）飼いでは保温の必要はありませんが、籠では不健康になりやすいようです。常に鋭い声で鳴きますが、それは活動中であり元気な証拠です。飛翔できなければ健康維持は難しいようです。

コシジロインコ
腰白鸚哥
Dusky Lory
Pseudeos fuscata　オウム目ヒインコ科コシジロインコ属

原産地	ニューギニア島、西パプア諸島
住環境	森林〜サバンナ、また2000mを超える高山にまで生息している。大群で花蜜、果実等を採食する
大きさ	25cm
飼料	ゴシキセイガイインコと同じ
性別	メスには腰が銀白色のものがいるが、雌雄同色と考える方がよい
籠	一羽飼いで45cm角以上、ペアは60cm角以上（できれば温室禽舎）

　一見地味ですが、胸と腹に赤、黄色の帯があり腰の白さが目立ちます。この胸と腹の帯には赤いものと黄色いものの二通りがあり野生でも同様です。

　野性的な外見とは逆に、とてもよくしかも容易に馴れます。また言葉をしゃべるのも上手なので教えると楽しいでしょう。

　それ以上に温室禽舎での植物を渡り歩く姿、木々の間を飛び回る姿は楽しくそして美しく、さらには繁殖させることの喜びもほかには変えられないものがあります。

繁殖　1m幅1m高2m奥の小型禽舎での成功例がありますが、2m角以上が安心です。温室禽舎か春から秋までなら屋外禽舎でも可能です。

　箱巣は25cm角45cm高、入口は9cm直径が適しています。2卵産み、24日で孵化、10〜12週で巣立ちます。親鳥が邪魔扱いしない限りはできるだけ長い期間同居させるようにします。7ヵ月で成鳥羽になります。

Parakeet/Parrot　ヨダレカケズグロインコ／オトメズグロインコ

ヨダレカケズグロインコ
涎掛頭黒鸚哥
Yellow-bibbed Lory

Lorius chlorocercus　オウム目ヒインコ科オビロインコ属

原産地	ソロモン諸島
住環境	低地〜900m程度の林、ヤシ畑
大きさ	28cm
飼料	ゴシキセイガイインコと同じ（ヒマワリに馴れると丈夫になる）
性別	雌雄同色。科学判定が確実
籠	保温可能な60cm角以上、温室禽舎

英名、和名ともに、胸の黄色い帯を涎掛に見立てた命名は情けない感じもしますが、美しい色彩のヒインコです。人馴れしますがまれに輸入される程度で、入手は困難でしょう。オトメズグロインコに最も近縁な種です。

繁殖　正確な記録はありませんが、オトメズグロインコと同じ管理で成功すると思われます。

オトメズグロインコ
乙女頭黒鸚哥
Black-capped Lory

Lorius lory　オウム目ヒインコ科オビロインコ属

原産地	ニューギニア（中央山地を除く）
住環境	沿岸部〜1600m。原生林より矮性林に生息し、大群で花蜜、果実、昆虫、花粉、種子等を採食
大きさ	30cm
飼料	ゴシキセイガイインコと同じ（ヒマワリやエンバク、セキセイインコ用配合にも慣らすとよい）
性別	雌雄同色。科学判定が確実
籠	60cm角以上（できれば温室禽舎）

亜種が多く少しずつ色彩の濃淡、模様の位置が変わります。とてもよく馴れますが、他の鳥には排他的、攻撃的なので要注意です。

活発なので狭い籠は不向きです。温室禽舎では興味深い行動がみられます。飛び散る糞の掃除を考えると狭い籠では鳥自身が汚れてしまいます。ヒインコ類のなかでは耳障りな声にもかかわらずよく知られた人気種です。

おしゃべりもしますし、遊び好きなのでペットとしては最高の価値があります。ただ健康を維持するためには十分な運動量の確保が必要です。

また夜間は箱巣で寝る習性があります。一羽飼いでも箱巣を用意しましょう。

繁殖　禽舎に40cm幅45cm高40cm奥で、直径10cmの入口の箱巣を入れます。2卵産み、26日で孵化します。日中はメスが抱卵し、夜間は雌雄ともに箱巣に入ります。雛は75日位で巣立ちします。

雛が飛べるようになるとオスが攻撃することがあります。自力で採食できるのを確認して親分けしましょう。

繁殖期には新鮮な柳の枝、花付きの果樹の枝、イネ科の生穂、ハコベ、昆虫、ミミズ等も与えると効果的です。

ウスユキバト
薄雪鳩
Diamond Dove
Geopelia cuneata　ハト目ハト科チョウショウバト属

- 原産地：オーストラリア
- 住環境：森林地帯
- 大きさ：20cm
- 飼　料：アワ、キビとエゴマ、麻の実を等分配合したもの（粒の小さな鶏用配合でも可）、青菜、ミネラル。ヒエとカナリーシードはほとんど食べず、フィンチ用配合を与えても無駄がでる。またハト用配合では粒が大きすぎて飲み込むことができない
- 性　別：メスは褐色みがある。オスは尾を広げたディスプレイする
- 籠　　：ペアで45cm角以上（止まり木は極力減らし、飛翔空間を大きくとる）

◀ シルバーパイド

▲ シナモングレー

◀ パイド

繁　殖　季節に関係なく年中可能です。籠の大きさは45cm角のもので可能です。カナリア用の皿巣を取り付けますが、しっかり固定しましょう。巣材は松の枯葉やパーム一掴み程度で十分です。

特に発情飼料は必要ありませんが、養育飼料としてエッグフードやアワ玉は有効です。2卵産み、日中はオスが夜間はメスが中心に抱卵します。わずか11日で孵化し、その後12日程度でまだ飛べない状態のまま巣立ちます。

あまりに早い巣立ちであり、しかも羽毛も生え揃っていないため巣から落ちたと勘違いするほどです。ただ厳冬期は避けたほうが無難です。

独立できるまでさらに10日程度親鳥から給餌されます。巣立ち後、オス親が攻撃することもあり、自分で餌を十分に食べるのを確認できたら別居させましょう。親鳥はつづけて繁殖しますが、3回程度で中止しましょう。

　小形のハト類（Dove）では最も飼い鳥化されていて、小さな籠でも繁殖可能なほどです。しかしこの仲間特有の臆病さがなかなか抜けず、籠が狭いと翼や尾が損傷しやすいので、なるべく大型の籠で飼養しましょう。十分空間をとって旋回飛翔できるようにしたいものです。環境に慣れると落ち着き、おっとりとした鳥になります。

オスのディスプレイはクジャクのように尾を広げるもので実にみごとです。ハト特有のクークーあるいはポーポーという鳴き声ですが、慣れないうちは夜中に鳴き出して驚かされることもあります。

非常に丈夫で管理しやすいのですが、オス同士は激しく争うことが多いので気をつけましょう。逃げ場を失って殺されてしまう鳥もいます。そのかわり他種には無関心で、フィンチやインコ、ソフトビル、ウズラ等あらゆる種との雑居ができます。

しかし、カナリアや肉食傾向の強い鳥には羽毛や羽軸を抜かれ、出血部をつつかれて弱ることもあります。それでも抵抗しないので雑居は温和な種に限定するべきです。

地上を歩くことが多く、床は清潔にしましょう。また糞は大きくすぐに乾燥するので溜まると粉状になり飛散します。これを防ぐには毎日の掃除が不可欠です。餌の種子は殻ごと丸呑みにするので、ゴミは糞と抜けた羽毛だけです。水浴びはしませんが日光浴を好み、床で翼を広げて休む姿がみられます。

近年は色変わりが増え、灰白色や淡褐色、パイドもいます。ペアができると季節に関係なく繁殖しますが、盛夏と真冬は避けましょう。

Pigeon ジュズカケバト

ジュズカケバト
数珠掛鳩（斑鳩）
Barbary Dove

Streptopelia risoria　ハト目ハト科キジバト属

　このハトが飼い鳥化されたのは3000年以上前のことです。体格からかなり広い籠が必要と思われますが、45㎝角籠でも繁殖するほどで、これだけ手間のかからない鳥はいないといわれています。

　小さな籠で飼えるとはいっても、より広い籠が適しているのはいうまでもありません。オス同士は激しく争い、ときに一方が死ぬことさえあり、ペア飼養が原則です。

　他のフィンチやインコ、ソフトビル等には無関心で雑居可能です。特にブンチョウとの雑居ではお互いが寄り添って休むことが知られています。日本にも生息しているシラコバト（Collared Dove *S.decaocto*）と混同されますが、本種の方が色彩は淡く区別は容易です。

　また全身白色で手品にもよく登場するギンバト（Java Dove）は本種の色変わりで、全身淡褐色で首の模様が目立つものもいます。ヨーロッパでは40以上の色変わりが作出されています。

　原種はアフリカに生息するバライロシラコバト（African Collared Dove *S.roseogri-sea*）説が最有力ですが、シラコバトをはじめ近縁種と交配されて妊性雑種も生じ、正確な原種は特定することが困難です。

原産地：飼い鳥であり自然分布はしていないが、ロサンゼルスには野生化したものがいる
住環境：飼い鳥なので籠や禽舎に適応
大きさ：23cm
飼　料：フィンチ用配合に若干のエゴマや麻の実を加えたもの、ハト用配合の粒の小さなもの、鶏用配合の粉の少ないもの、青菜、ミネラル
性　別：雌雄同色。オスは鳴きながら尾を広げるディスプレイをする
籠　　：45cm角でも繁殖可能だが、ペアなら60cm角程度はあった方がよい（禽舎でなくても木製の小屋も可）

繁殖

　ペアで飼っていれば繁殖し、ジュウシマツ並みに容易な鳥です。籠にハト用皿巣を入れるだけで準備完了ですが、巣材として細い小枝やワラ、松葉等を一握り与えると営巣します。巣材の量はあまり多くする必要はありません。

　特に発情・養育飼料は必要ありませんが、エッグフードは効果的です。またエゴマや麻の実を若干増量するのもよいでしょう。ペアのみでの繁殖、あるいはフィンチやキジ類との雑居も可能です。

　2卵産み、14日で孵化します。雛が自分で餌を食べるようになると親鳥に攻撃されることもあるので、別の籠に移します。広い禽舎ではこの心配は少なく、群飼養が可能です。

▲ギンバトと呼ばれる手品で御馴染みの白色品種

シッポウバト　チョウショウバト　Pigeon

チョウショウバト
長嘯鳩
Zebra Dove

Geopelia striata　ハト目ハト科チョウショウバト属

原産地：マレー半島、カリマンタン島、スンダ列島、フィリピン、インドシナ半島〜ニューギニア島
住環境：やや開けた森林〜農耕地
大きさ：22〜23cm
飼　料：ウスユキバト同様、アワとキビにエゴマと麻の実を加えたものを主食とし、青菜、ミネラルも与える。エッグフードや鶏用配合（粉の少ないもの）も少量与えるとよい
性　別：オスは頭部の灰青色が鮮やかで、尾を扇のように広げるディスプレイをする
籠　：ウスユキバトより一回り大きいので60cm角以上は必要（臆病さを順化させるにもこの程度がよい）。できれば禽舎飼養

東南アジアでは広く愛好されている小型のハトです。鳴き声を競うアセアン（ASEAN）大会が毎年開催され、飼養法や繁殖も研究されており、飼いやすい丈夫なハトです。鳴き声の良いもの、上手なものを選んで交配し、血統書もあるほどです。

また各国独特の籠があり、タイでは竹製の半球形・紡錘形、インドネシアは四角、シンガポールとマレーシアは下が箱型で上が角錐形のものが好まれます。英名通り縞模様の美しいハトで、鳴き声も静かで良いものです。飼い鳥化されたとはいえ、ウスユキバトほどではなく、臆病な性質なので広い籠か禽舎が適しています。

わが国には江戸時代から輸入されていましたが、一般的には知られていません。フィンチや温和なインコ類との雑居が可能です。

繁　殖　2m角程度の禽舎に樹木を植えるか遮蔽物で隠れ場所を作ります。カナリア用の皿巣やザルを取り付けると営巣場所にします。ウスユキバトのように人前で抱卵・育雛すると考えてはいけません。途中放棄もあります。

産卵するまでに環境に慣れさせる必要がありますが、静かに見守るだけです。2卵産み、11日抱卵、12日での巣立ちはウスユキバトと同じです。

シッポウバト
七宝鳩
Cape Dove　Namaqua Dove

Oena capensis　ハト目ハト科シッポウバト属

原産地：アフリカ（サハラ砂漠以南の中央森林帯を除くほぼ全土）アラビア半島、中東の一部にも分布
住環境：開けた乾燥地、低木林、農耕地等（水や餌がなければ放浪し、豊富にあれば定着）
大きさ：25cm
飼　料：ウスユキバトと同じ
性　別：メスには顔の黒い模様がない
籠　：60cm角程度（できれば禽舎飼養）

オスの額から喉にかけての黒斑が印象的な小型のハトです。大きさや体形からウスユキバトと近縁と思われるかもしれませんがアフリカ産で別属です。

ハトには珍しく雌雄で羽彩が異なり、ペア組は容易です。野生の鳥であり順化には時間がかかります。また環境や人に慣れても元来臆病なので、驚くと上方に一気に飛び上がるため、天井に頭を打ちつけて負傷することがあります。天井部分は柔らかな魚網にするか木の葉で覆っておくとよいでしょう。

ウスユキバトのように飼い鳥化されていないため、狭い籠での飼養は避けたいものです。特にオス同士の同居は殺し合いに発展しかねません。乾燥地に生息するので湿気は避けます。また初めての冬も保温するようにします。

繁　殖　野生鳥であり容易ではありませんが、樹木を植えた禽舎では可能性が高いでしょう。神経質で営巣場所を覗いただけで途中放棄することも珍しくありません。2卵産みます。

産卵したらウスユキバトに卵を預けて育ててもらうこともできますが、できるだけ自育できるような飼養法をとるべきです。

第三章　種別解説　176

Pigeon　ボタンバト　カルカヤバト　ノドジロヒメアオバト　クロオビヒメアオバト　キビタイヒメアオバト

果物を主食とする美しいハトです。サルやサイチョウ、テナガザル等の落とした果物、枝先に実った果実、樹木に寄生する果樹の実、ベリー類が主な食べ物です。果物が主食といっても柔らかいものより硬いものを多く食べるようです。

特に熱帯アジアに多いイチジクの実は、日本のものと異なり小さくて硬いのですが、これは多くの鳥やサルの好物です。身近にある木の実でも十分代用できます。

野鳥の好む木の実があれば、この果実食のハトにも与えてみましょう。ピラカンサ、ネズミモチ、ヤツデ等は良い飼料になります。わが国には大正時代に輸入されています。

ボタンバト
牡丹鳩
Jambu Fruit Dove

Ptilinopus jambu　ハト目ハト科ヒメアオバト属

原産地：マレー半島、スマトラ島、カリマンタン島
住環境：森林地帯、マングローブ林、入り江等の葉陰に生息する
大きさ：23cm
飼　料：果物(バナナとリンゴを主に季節のもの)、ミネラル、カステラ、蜂蜜に浸したパン
性　別：オスは美麗だがメスは色が鈍く、腹部は白いので判別は容易
籠　　：2m角以上の禽舎(籠は不適)

繁　殖　樹木を植えた禽舎では成功します。木の枝に小枝で粗末な巣を作り、1〜2卵産み、14日抱卵後孵化、14日で巣立ちます。このときはまだ飛べませんが枝伝いに移動します。
禽舎の樹木は数本を並べるとよいでしょう。移動に失敗して地面に落ちる雛もいますが、静かに枝に戻します。生後9ヵ月で成鳥羽に換羽します。

カルカヤバト
刈萱鳩
Black-naped Fruit Dove

Ptilinopus melanospila　ハト目ハト科ヒメアオバト属

原産地：フィリピン、モルッカ諸島、スラウェシ島、小スンダ諸島(バリ〜アロール島)
住環境：熱帯降雨林の樹冠部で果物を求めて少数で移動
大きさ：23cm
飼　料：果物を主食にパンやカステラ、蒸したサツマイモ、甘味を加えた擂餌
性　別：メスの頭部は緑色で下腹部と下尾筒も薄い色
籠　　：2m角以上の禽舎

繁　殖　大型の温室禽舎では可能性があります。年中一定した温度に保ち湿度75％程度に設定し、順応すると営巣行動が始まります。ある程度樹木を植えておくと枝に小枝や木の葉を運びます。
神経質ですが一度繁殖行動が始まると成功するまで繰り返す傾向にあり、比較的可能性は高いでしょう。もちろん環境が整っていることが絶対条件です。

オスとメスで色彩が異なりますが、きれいなハトです。英名のフルーツダブは、果物を主食とするヒメアオバト属の呼び名です。木の枝に実ったイチジクをはじめさまざまな果物を食べますが、ほかにもベリー類を好みます。

飼養下でも果物が主食になるので、単調にならないように注意しましょう。季節ごとの果物を与えますが、基本的にはバナナとリンゴを主食にすると入手面では楽になります。果物以外には蜂蜜に浸したパンやカステラも食べます。

とても臆病で驚くと金網に突進して負傷することがあります。そのためイギリスではカミカゼダブとも呼ばれます。

飛翔力が強い鳥で、飛ぶことにより運動量を確保するので禽舎飼養が原則で、狭い籠は適しません。禽舎には樹木を植えて隠れ家を作りましょう。熱帯産なので冬は20℃以上に保つ必要があります。

▶クロオビヒメアオバト

▲ノドジロヒメアオバト　　◀キビタイヒメアオバト

ウズラ
鶉
Japanese Quail
Coturnix japonica キジ目キジ科ウズラ属

原産地	日本、サハリン（中国南東部、台湾、インドシナへ渡る）
住環境	草原、河原
大きさ	19cm
飼料	粒の小さな鶏用配合が最も適しているが、フィンチ用配合と動物質の混合でもよく何でも食べる。青菜、ミネラルは欠かせず、たんぱく質は雛と産卵期のメスには多く与える
性別	オスは顔と胸が褐色で、メスは白い筋があり判別可能
籠	床が砂か土の屋外の禽舎や小屋（市販の金網籠や庭箱は不適）

▲ 右がウズラの雛。左はニワトリ（コエヨシ）の雛

食用、採卵用として大量生産されていますが、ペットにしても楽しい鳥です。地味なのでウズラ単独で飼うよりフィンチ等の放飼禽舎の床に放すことが多いようです。飼い鳥用の飼料なら何でも食べ、丈夫で手間のかからない鳥です。

糞のにおいが強いので床に砂を敷くとよく、屋外ではあまり気にならないでしょう。乾燥した砂や土で床面を覆うと自分で穴を掘って砂浴びをします。飼養が容易であり、安価で入手しやすいことから手を抜いた飼い方をされることがあります。少なくとも彼らが歩き回れる程度の広さ（45cm角以上）と砂や土を敷いた床面は必要です。

メスは年間200個程度を産卵するので、ペットとして飼いながら、卵は食用になります。飼養の歴史は古く、言継卿記（1564年）に籠でウズラを飼う習慣があったと記されていて、慶安年間（1648～1651年）にはウズラ飼養専門書（鶉書）が出版されています。発育が早く、産卵は孵化後6週程度から始まります。そのぶん、飼料のたんぱく質は鶏より多く必要となり、雛で22％、産卵期で24％となります。エッグフードやアワ玉、小さな昆虫、ゆで卵の黄身等が適しています。

繁華街や駅前等で、シマドリなどという名称でウズラのオス雛を売っていることがあります。育て方はヒメウズラと同じです。

繁殖

産卵は容易です。オスがいれば有精卵を得るのも確実ですが、自分で抱卵・育雛するものはほとんどいません。これはすべて人工孵化、人工育雛されるためです。したがって自然を模した禽舎でも産卵だけに終わるため、試みることもしません。

残念ですが産卵したら孵卵器に入れて孵化させるか、チャボに預ける方法がほとんどです。ジュズカケバトに抱卵させ孵化後は人工育雛することもできます。ごくまれに自ら抱卵・育雛するものがいるかもしれませんが、確率は非常に低いでしょう。

人工孵化、雛の育て方はヒメウズラと同じです。有精卵を得るにはオス1羽に対し、メス2～3羽の同居が確実です。1羽ずつのペアではオスがメスを傷つけてしまうことがあります。

Quail　ヒメウズラ

ヒメウズラ
姫 鶉
Painted Quail　Indian(Chinese) Blue Quail
Excalfactoria chinensis　キジ目キジ科ヒメウズラ属

原産地：インド〜中国南部、インドシナ、スマトラ島、カリマンタン島、ジャワ島、スラウェシ島、モルッカ諸島、スンダ列島、ニューギニア島、オーストラリア
住環境：草原や沼地
大きさ：11〜15cm
飼　料：小粒の鶏用配合、青菜、ミネラル、昆虫（エッグフードでも可）、フィンチ用配合やペレットも食べる
性　別：オスは色彩豊かでメスは地味
籠　：土か砂のある禽舎や小屋（籠飼養は不適）。1m角程度にフィンチ等と雑居してもよい

繁殖　大量生産のため、自分で抱卵・育雛しない場合があります。砂場と草むらの混在する広い環境では自ら子育てする可能性が高まります。フィンチとの雑居でも可能です。草の根元に自分で営巣し、5〜8卵産み、メスだけで抱卵、オスは周囲の警戒にあたります。雛は孵化後すぐに自分で餌を食べ、親鳥は保温と警戒が主な仕事になります。

産卵はしても自分では抱卵しないときには人工孵化の方法があります。孵卵器を使い孵化させる方法です。またウスユキバトやジュズカケバトに卵を預け、孵化したら人工育雛することもできます。孵化した雛は保温可能な箱に入れ36〜38℃を保ち、湿度も60％程度必要です。

孵化後30時間経ってから餌を与えましょう。鶏の初生雛用配合、刻んだ青菜、ゆで卵の黄身（エッグフードでも可）を与え、水を切らさないことです。孵化2〜3週間で温度を33〜28℃まで下げます。孵化後4週間でほぼ親鳥と変わらなくなります。保温は孵化後4週間まででよく、それ以降は常温でかまいません。

小さな美しいウズラです。人工孵化によって大量生産され、安価で飼いやすく丈夫です。地上をチョコチョコ歩くので、屋外禽舎や小屋が適しています。驚くと真上に飛び上がり、天井に頭を打ちつけることもあるので籠での飼養は適しません。フィンチやインコ等を放している禽舎に雑居させる飼い方が多いようです。

地面に背丈の低い草を植え、隠れ家にすると安心するようです。また砂浴びを好むので床には砂を敷く必要があります。雌雄で色彩が異なるのでペアで地上を歩いている姿は微笑ましいものです。

オスの囀りは単調ですがかなり響き、室内では灯りがあると夜間でも鳴き出します。飼養・管理は容易ですが、乾燥しすぎや逆に植物が多すぎことによる多湿は健康に有害です。

適度な砂場と草むらが混在する環境を作りましょう。広い禽舎ではいつのまにか繁殖し、親子連れで歩く姿が見られます。

◀色変わり　原種のオスは色彩豊か。色変わりにはシルバー、パイド、白等がみられる。いずれも模様で雌雄の判別可能

カンムリシャコ
冠鷓鴣
Crested Wood Partridge

Rollulus rouloul　キジ目キジ科カンムリシャコ属

原産地：マレー半島、スマトラ島、カリマンタン島
住環境：熱帯低地の森林地帯
大きさ：26cm
飼　料：鶏用配合、フィンチ用配合、果物、野菜（ニンジン、サツマイモ、ブロッコリー等）、青菜、昆虫、ミネフル、エッグフード
性　別：メスは冠羽がなく、色彩も地味
籠　：禽舎（籠は不適）

繁　殖　大型で保温設備のある禽舎では年中繁殖可能です。樹木の下に草を植えておけばそこに営巣します。地面を浅く掘り、松葉や小枝、ワラ等を巣材にトンネル状の巣を作ります。
　4〜6卵産み、18〜19日で孵化します。実際には産卵は難しく、自ら抱卵させるには温室禽舎が適しています。そうでない場合は孵卵器かチャボ仮母に預けます。雛は初生雛用配合飼料と小さなミールワーム等の昆虫を与えます。ほとんど虫食で、小型の昆虫の確保が必要です。

オスには扇状の冠羽があります。すでに大正時代から輸入されていましたが、熱帯産なので保温しないと弱いため普及しなかったようです。また感染症にかかりやすく、他の家禽が飼われた場所での飼養は避けるべきです。
　地面に敷く砂や土は新しいものを用意しましょう。チャボ程度の大きさですが、植生のある保温可能な禽舎での飼養が理想的です。
　臆病な性質で金網に脚を挟む事故を起こすことがあります。禽舎の地面から10cm程度は木の板かアクリル等で覆うようにします。美しいシャコであり飼い鳥化したい種です。
　熱帯の森林に生息するので保温と保湿が必要になります。他のウズラやシャコより動物質を多くします。週二回は昆虫を、補助的にエッグフードも常時与えます。

Quail　ツノウズラ／ズアカカンムリウズラ／ウロコウズラ

ツノウズラ
角鶉
Mountain Quail

Oreortyx picta　キジ目キジ科ツノウズラ属

独特の装飾的な鳥です。角と表現されている冠羽は長く印象的です。

他のウズラ同様に地面で採食をしますが、種子や果物を中心に食べます。秋なら木の実、冬はキノコが主な食べ物です。

ウズラ類は乾燥を好むものが多いのですが、ツノウズラは比較的湿度が高くても順応するのであまり神経質に考える必要はありません。また温帯地域に生息するため、日本の気候には馴染みやすいようです。

原産地：アメリカ西海岸、ワシントン〜カリフォルニア州、メキシコ
住環境：乾燥した高地、砂利地、砂地、広々とした森林、内陸部の低木林等に小群で生息（冬は大群で海岸付近の暖地に移動）
大きさ：23cm
飼　料：鶏用配合、フィンチ用配合、果物、青菜、ミネラル
　　　　動物質は成鳥5％、雛20％必要とされ、昆虫やエッグフードがよい
性　別：雌雄同色。メスは色彩が淡く判別可能
籠　　：低木を植えた禽舎（臆病な性質なので籠は不適）

繁殖　相当に大型で植生豊富な禽舎では自ら抱卵しますが、通常は産卵だけで抱卵しない場合が多いのが実情です。

基本的にオスメス1羽ずつのペアで地面に浅い窪みを作り、10〜12卵産み、24日抱卵後孵化します。人工孵化・人工育雛が行われます。雛はウズラ同様に管理しますが、動物質飼料を20％与えます。

ズアカカンムリウズラ
頭赤冠鶉
Gambel's Quail

Lophortyx gambelii　キジ目キジ科カンムリウズラ属

原産地：アメリカ南西部（カリフォルニア州南東部、アリゾナ州、ニューメキシコ州、テキサス州南部）
住環境：砂漠地帯のさまざまな環境に適応している
　　　　サボテンや砂漠植物の種子や葉を採食
大きさ：28cm
飼　料：ツノウズラと同じ
性　別：オスの冠や頭部の模様がメスにはない
籠　　：1m角以上（できれば禽舎）

繁殖　産卵だけなら2m幅1m高2m奥の禽舎に砂を敷き、産卵場所となる木箱を取り付けます。乾燥に強い植物も植え、起伏のある床面を作ります。自育させるならさらに広い禽舎がよいでしょう。

雌雄一羽ずつのペアがよく、群や複数のオスは繁殖を失敗する原因になります。

春から夏までが繁殖期で、一度に10〜15卵程産み、21〜24日で孵化します。雛には動物質を多めに与えます。

カンムリウズラに似ていますが後頭部が栗色です。アメリカ南西部の砂漠地帯に生息するので飼養下でも乾燥状態を保つ方がよいと考えられるかもしれませんが、雨量が少ないなかサボテンをはじめ多くの砂漠植物が繁茂した場所を好み、それらの種子や葉を主食にしているので、砂や岩だけの味気ない禽舎より生きた植物や枯れ草（市販の牧草）を敷いた環境が適しています。

吼えるような鳴き声をしますが、これは見通しのきかない環境においての仲間同士の連絡方法です。繁殖期にはペアとその子供たち、非繁殖期にはそれが集合した家族群で暮らすので、常に複数で飼養するようにします。

ウロコウズラ
鱗鶉
Scaled Quail

Callipepla squamata　キジ目キジ科ウロコウズラ属

色彩は地味ながら独特の鱗模様が美しいウズラです。早朝と夕方に採食することが報告されています。他のウズラより油脂分を多く食べるようで、飼料に麻の実やエゴマ、ニガーシードを加えるとよいでしょう。

臆病なため急に飛び上がり、禽舎の天井にぶつかり負傷することがあります。天井部分を魚網等の柔らかな素材にすると防げます。

乾燥地に生息するが雛を育てるときは乾燥しないように湿度に注意します。

また禽舎には体が隠れる程度の草原があると落ち着きます。休むときには木の枝に止まる習性があるので、止まり木か小木を入れておくとよいでしょう。

原産地：アメリカ西部、コロラド州、カンザス〜アリゾナ州、テキサス州、ニューメキシコ州、メキシコ（各地に移入されている）
住環境：乾燥地域の下草もまばらな地帯に生息
大きさ：25〜30cm
飼　料：鶏用配合、フィンチ用配合、エッグフード、青菜、ミネラル
性　別：雌雄同色。メスは淡く判別可能
籠　　：禽舎（籠は不適）

繁殖　砂場と草原のある禽舎が適しています。オス1羽にメス1羽のペアです。草の根元の地面に浅い窪みを作り、10〜14卵産みます。5〜9月が繁殖期ですが、飼養下では環境によっては長くなることも短くなることもあるようです。

繁殖の条件には昆虫の確保と草木の新芽が必要になります。補助的にエッグフードや発芽種子も効果的でしょう。

第四章

健康管理

衛生管理

毎日、しかも定期的に掃除することに熱心ではない飼い主も多々いるようです。たしかに古い書物にはフィンチ類はあまり汚さないから掃除は年一回で十分であるとも記されています。

しかし衛生面からも掃除を軽視してはいけません。鳥は自分の糞についた餌でも食べてしまいます。少なくとも目に見えるゴミや糞は、定期的に取り除くようにしなければなりません。

掃除

鳥を飼っていれば餌の殻や食べ残し、食べ散らかし、糞や抜けた羽毛等汚物が出てきます。これをそのまま放置しておくと、籠の中は不潔になります。梅雨から夏にかけてはカビが発生しておく、ハエの仲間が集まってきて繁殖を始めます。また夜間、ゴキブリが侵入してきて鳥を驚かして自傷事故を起こすこともあります。さらに細菌による病気の大きな原因にもなります。

こうしたことを防ぐためにも定期的に（できれば毎日）掃除を行います。通常は床を清潔にしますが、止まり木や餌入れ、水入れ等の器具も見過ごしてはいけません。

まず床掃除をします。床に落ちて溜まった汚物やゴミは毎日取り除くようにしましょう。床部分が引き出し状あるいは簡単に取り外せる籠の場合は新聞紙や砂を敷いておき、毎日取り替えます。また一羽やペアなら月一回、多数飼養なら週一回は床全体を取り外して洗い、乾燥させます。

止まり木は糞が付着しやすく、青菜の食べカスやゴミが染みつくことがあります。止まり木というものは単に鳥が止まるところではなく、嘴をきれいにするためにこすりつける場でもあり、常に清潔であることが求められます。予備を用意しておき、汚れたらすぐにきれいなものと交換し、汚れたものは洗って乾燥させておきます。鳥によっては新鮮な生の木の枝を使用するほうがよいこともあり、これも常時交換可能なように用意しておきましょう。

餌入れやボレー粉入れはあまり気がつかないものですが、餌残しや殻、カス等が粉状になって溜まりやすく、固形状に溜まることもあり、ひどいときにはダニが発生することもあります。週に一度は洗って乾燥させましょう。

水入れは毎日洗わないと水垢が付着してヌルヌルするようになります。水洗いだけでなくスポンジ等で汚れや見えない水垢を落とし、一度は洗って乾燥させましょう。水入れは毎日洗わないと水垢が付着してヌルヌルするようになります。水を飲むだけだから汚れないというわけではなく、細菌類の発生源になりやすいのです。

清潔なものにしておきましょう。これは給水器では特に注意してください。水を飲むだけだから汚れないというわけではなく、細菌類の発生源になりやすいのです。

青菜挿しも要注意です。洗わないと以前の青菜の腐敗したものが残っていて悪臭を出し、また青菜挿しの水を飲む鳥もいるので毎日洗う必要があります。熱湯消毒するぐらいの気を配るべきです。

こうした掃除は年中定期的に行いますが、繁殖期には汚れ部分だけを掃除する人もいます。飼い鳥化された鳥なら繁殖中でも通常のまま掃除してもかまいません。抱卵中のコキンチョウやカナリアの籠全体の掃除も繁殖中でなければ月一回は行いましょう。鳥を別の籠に移して籠を洗い、乾燥させます。特に梅雨から夏の間は必ず籠自体を洗うことが大切です。寄生虫が発生しやすい時期だけに洗うことで予防し、直射日光で完全乾燥させると効果的です。これは特に木製庭箱では必要なことです。

掃除は必要最低限にしておいたほうがよいでしょう。ただ神経質な鳥は繁殖中の庭箱内を掃除機で吸い取ることが大切です。寄生虫が発生しやすい時期だけに洗うことで予防し、直射日光で完全乾燥させると効果的です。これは特に木製庭箱では必要なことです。

温度管理

野生の生息地の温度をそのまま飼養下でも実現することは可能です。ただし野生での生息条件と飼養下での条件が大きく異なることも知っておいてください。

ほとんどの熱帯や亜熱帯地域の温度は25～35℃（高地では昼夜の温度差が大きい）で、年間を通してそれほど変わらず、鳥も生活しやすいのです。そして彼らの餌となる植物や昆虫が豊富なのは雨期で、あわせてこの時期に繁殖もするのです。

つまり飼養下でも繁殖期には本来の温度で過ごすことができ、また健康を維持することができるなら、外気温で過ごすことも問題ないでしょう。

健康を維持できる温度は重要です。年中同じ温度に一定させる、

衛生管理

真夏の昼下がり、気温35℃を超えるようなとき、籠の中のジュウシマツは暑さにぐったりしてツボ巣の入口から首を垂らし、死んでいるのかと錯覚するほどです。ところが隣の籠ではコキンチョウが元気に飛び回っているという光景を目にすることがあります。

同じ条件なのに何故と不思議な思いをされることがあるでしょう。これはジュウシマツが暑さに弱い、コキンチョウは暑さに強いという単純なものではありません。

野生ではジュウシマツの原種であるコシジロキンパラは35℃程度の気温のとき、日向より気温の低い草陰に避難して涼しくなるのを待ちます。そして、涼しくなるとそこら中にあるイネ科植物の種子を食べ始めるのです。

一方、コキンチョウは平気で採食します。暑い乾季には食べるものが極端に減るので食べておかなければいつ餓えるとも限らないからで、気温の高さは気にしません。

このように同じ気温でも種によって対処の仕方が異なります。原産地はどこか、どのような環境で生活しているのか等を考えて夏の暑さ対策をしましょう。

最低温度を設定してそれ以下にならないようにする、まったくの自然温度で飼養するという三通りが考えられます。冬の加温、夏の冷房が必要となります。エアコン設備をすることになりますが、オウムやインコの繁殖には大切です。特に夏の暑さは大敵となることもあるので要注意です。

また、この飼養法では温度と同時に湿度管理も大切になります。野生鳥、輸入鳥にとって快適で理想的な環境ですが、自然環境と異なり、鳥は季節感を意識することができなくなります。

最低温度を設定しての飼養は多くのブリーダーが採用しています。冬の寒さを防いで、後は自然温度で飼養するのです。室内暖房からペットヒーターまで規模はさまざまですが、寒さに弱い鳥には大切になります。

日本の気候そのままでの飼養は、冬の寒さ対策なしでは困難な鳥が多くいます。室内でも5℃位まで下がるところでは越冬不可能な鳥がいるからです。

しかし、種によっては春頃から飼っていれば順応して越冬できる鳥もいますが、飼料や籠に工夫が必要です。

ジュウシマツ、ブンチョウ、カナリア、セキセイインコ、オカメインコ、ボタンインコ類等、日本の自然温度で一年を通して飼養可能な種の飼い鳥は多くいます。

またアジア産のフィンチ、インコ、ソフトビル（中型）にも丈夫な種が多くいます。オーストラリア産フィンチのコキンチョウやサクラスズメ等も最近は丈夫になり、自然温度で飼養できるようになっています。

クサインコやアフリカ産フィンチ、小型のソフトビルは冬の寒ささえ防げば、二年目からは自然温度でも十分過ごせるぐらい丈夫になる鳥も多くいます。

年間の温度管理は冬、室内でガラス越しに日光浴をさせると、場合によっては30℃位になることもあり、鳥は元気に活動しています。ところが夜間冷え込んで5℃位になるとその差は25℃です。一日のうちでこれだけ大きな温度差があると健康を維持するのは困難です。できるだけ大きな温度差が出ない、しかも低下しない工夫が必要です。

湿度管理

温度は気になるが湿度はまったく気にしない、あるいは乾いていればよいと思っている人もいます。実は温度以上に湿度は飼養条件下で重要になります。

日本では冬の湿度が低く、梅雨頃が最高になります。もちろん気象条件によって変化しますが、湿度と飼養条件は密接な関係にあることを知っておいてください。

コキンチョウはオーストラリア北部の亜熱帯地域原産です。ここでは年間を通して温度は25～30℃と一定しています。しかし雨季の湿度は80％以上、乾季の湿度は20％以下なのです。雨季には植物も昆虫も豊富で繁殖期となります。

乾季になると植物は枯れ、昆虫は姿を消したり食べられない成虫となってしまいます。食べ物は地面に落下した種子だけとなり、多くの鳥が餓死します。ところが飼養下では湿度の低い秋から冬が繁殖期となり、彼らの好む高温多湿をつくり出さないと繁殖率は下がってしまいます。

一方、セキセイインコやオカメインコ、シマコキン等は、同じオーストラリアでも内陸部の乾燥地帯に生息します。彼らは飲み水さえあれば乾燥している状態を好むのです。

オウム類は高温多湿の森林に生息しているので、乾燥した状態は苦手です。日本の冬は低温低湿度で、彼らにとって快適ではありません。保温保湿が必要です。

多くのソフトビルも、熱帯から温帯の常緑樹林の生活者です。高温多湿を好み、湿気を与えることが重要になります。

湿度を必要とするのは繁殖期と換羽期です。乾燥していると新しい羽毛がきれいに生え揃わないこともあります。幸い、日本の梅雨頃に多くの鳥が換羽期となるのでこれまで重要視されなかったのですが、乾燥した時期に換羽するときは加湿するほうがよいでしょう。湿度の目安は気温25℃で75％、20℃で60％位です。

鳥に食べられないよう少し離して置くとよいです。できるだけ大きな水槽に水草やメダカを入れたものを置くのも同じ効果があります。鳥にする簡単な方法は籠の周囲に植物を植えた植木鉢を置くことです。小さな水槽に水草やメダカを入れたものを置くのも同じ効果があります。

衛生管理

キュウカンチョウに水浴びをさせている

水浴び兼用水入れ

水浴びをする鳥にも個性があります。大胆に水をはね飛ばすブンチョウ、人が風呂に浸かるように水の中で目を細めるダルマインコ、大きな水浴び容器では人の子供のように端から端まで泳いだり潜ったりするコキンチョウ、家族で順番に入るジュウシマツ等それぞれが個性的な水浴びをします。種特有の水浴びとなると、ツバメのように空中から水の中に一瞬飛び込むものもいます。

飼い鳥では水浴び容器によってかなり行動が制限されがちです。条件が許す範囲でできるだけ大型の水浴び容器を使うと面白いでしょう。基本的に鳥の脚が立つ深さが適当です。

通風

鳥の生活の場である籠や禽舎の空気が清潔なものである必要性はいうまでもありません。汚れた空気を出して快適な環境に保つために常に換気できる環境が必要です。室内やバードルームでは温度や湿度との関係を考慮して換気扇を使用するのがよいでしょう。

一方、換気扇を使用しない場合でも風通しの良い場所を選ぶようにしましょう。しかし風通しが良いといっても、鳥籠に直接風が吹き込む場所や、常に吹きさらしのような場所は逆効果です。鳥は体熱を奪われ体調を崩してしまいます。特に高層住宅のベランダでの換気は風が通るように工夫しましょう。

通風の良さは冬の隙間風の原因になることもあります。冷たい風が鳥籠に吹き込むと鳥は一気に弱ってしまいます。季節や状況に合わせた通風を考えてください。

日光浴

鳥は明るい場所で活動するものが多く、日光浴も好みます。ただ限られた空間である籠全体に夏の直射日光が当たると非常に危険です。禽舎のように日陰があればよいのですが、小さな籠ではそれもできません。夏の直射日光は避けたほうがよいでしょう。

逆に冬は日光浴で温度を上げる効果も期待できます。ただ日中と夜間の温度差が大きくならないよう注意しましょう。できることなら一年を通して籠の一部にだけ日光が当たるような場所の方が、鳥自身が日光浴するのに適しています。

繁殖中は巣に直射日光が当たらないようにします。巣の中が暑くなり内部まで明るくなると、親鳥は巣を放棄することもあります。

日光浴の効果は単に明るい、暖かいというだけでなく、寄生虫駆除や習性を満たす効果もあります。ウズラ類は砂浴びと同時に日光浴もして、羽毛に寄生する害虫を防いでいるのです。ハト類が日光を浴びて翼を広げている姿を目にすることがあるでしょう。これも羽毛の消毒効果があるといわれています。

森林に生息するオウムやインコ、ソフトビルの仲間は直射日光より木の葉の間からの木漏れ日を好むものもいます。薄い布を使って演出してみるのもよいでしょう。

水浴び

多くの鳥が水浴びを好みます。水浴びは人間が風呂に入るのと同じ感覚と思っている人が多いようです。たしかに体を清潔に保つために水浴びをします。しかしそれだけではありません。体熱の放散という意味もあります。また発情やディスプレイ行動であることもあります。

一般的に水浴び用の水入れは陶器の小判型が多く、飲み水容器と兼用している人がほとんどでしょう。鳥にとっては飲み水も水浴び用の水も変わらず、浴びたければ小さな容器の水でも水浴びしようとします。

水浴びをするときには水の中に入り、頭を水中に入れて翼を震わせながら頭を上げ、尾を水に入れ全身の羽毛を膨らませるという行動を繰り返します。ここで重要なのは水の深さ、容器の型と大きさです。

深さは鳥が水中に入ったときに下半身が浸かる程度です。カナリアクラスで3cm、カエデチョウ類で2cm位が適当です。浅すぎるのではないかと思われるでしょうが、鳥は体重が軽いので深いと浮き上がってしまうのです。それ以上に鳥自身が深いところには入ろうとしないのです。

次に容器の型ですが、鳥が入って嘴の先から尾の先までが容器に触れない大きさで、翼を半分位広げても両端に触れない容器が適しています。小判型では狭い場合があり、大型のものを使うか丸型を使うようにします。陶器にこだわらず、適度な重さのプラスチック製やメラミン樹脂製の食器を利用するのもよいでしょう。容器が小さすぎると鳥は水の中に入らず、頭だけ入れて全身水浴びしたかのようになってしまいます。

水浴びといっても水の中に入らないで水浴びをする鳥もいます。雨、木の葉や草についた露を浴びる習性の鳥で、インコ類に多くみられフィンチにもいます。こうした習性の鳥には水浴び専用の籠を用意して園芸用のじょうろでシャワーをさせるか、葉のついた小枝やイネ科の草束をたっぷりの水で濡らして籠の中へ入れる方法があります。屋外禽舎なら露天部(雨がかかる部分)や草があればそれを利用するでしょう。

第四章 健康管理 186

衛生管理

日光浴しているルリコンゴウインコ

籠や禽舎を消毒したいがどのような薬剤をどこで販売しているのか分からないという声もあります。インターネットで検索するのが最も手っ取り早いのですが、パソコンをもたない人もいることでしょう。薬局では一般的なハエ、カ、ゴキブリ用あるいはダニ、シロアリ用程度しかないこともあります。ダニ用でかなりの効果が期待できますが、鳥をすべて移動させるという煩雑さがあります。農協には養鶏用の薬剤があり、それを使用法とともに入手するほうがよいでしょう。

いずれもニワトリ用や家庭用であり、ペットの小鳥用ではありません。使用法や使用量に十分注意して使うようにしましょう。

水浴びは毎日新しい水に替えるようになります。一日に何回も水を替えるとそのつど水浴びをする鳥もいます。特にジュウシマツ、ブンチョウ、カナリアは水浴びが大好きです。禽舎で常に清潔な水が流れている状態では朝と午後の二回することが多いようです。ときには他の鳥が水浴びしているのを見て始めるものもいます。

水浴びは季節や繁殖に関係なく毎日させるようにしましょう。一度でも二度でもよく、特に夏は朝と午後の二回水を替えて水浴びさせるようにしたいものです。また冬でも冷たい水で十分です。お湯は水浴び後の羽繕いに悪影響を及ぼすので絶対使ってはいけません。尾の付け根にある脂腺から出る脂を嘴で羽毛に塗りつけて羽毛の防水性・断熱性を保っているので、お湯を使うとこの脂が溶けてしまい、羽毛は防水性も保温性も失って、鳥は寒さから身を守ることができずに死んでしまいます。

水浴び容器の置き場所はなるべく汚れないように、止まり木の下や餌入れの近くには置かないことです。また水が籠中に飛び散らないようにカバーをする場合は最初からしておかないと鳥が警戒して水浴びしなくなることもあります。

水浴びによって鳥は健康になり清潔さを保つのですが、ブンチョウのように籠中が水浸しになるほど水を散らす鳥は、水浴び専用の籠を用意したほうが賢明です。

消毒

鳥籠を掃除し消毒しないとダニが発生することがあります。特に多数の籠（庭箱）があり換気が悪く湿度が高いと梅雨頃から夏にかけて大発生し、さまざまな害を及ぼすことがあります。

血を吸うワクモ、喉に寄生し呼吸障害を起こす気嚢ダニ、嘴に寄生するヒゼンダニ等が知られていますが、このほかにも人や他の動物にまで寄生するマダニや羽毛を食べる羽虫等、駆除しなければ鳥だけでなく寄生する人にまで影響を及ぼすこともあります。

消毒は掃除と一緒に行い、効果的にしましょう。特に繁殖期の前後、梅雨前後が有効です。昔から行われていた方法は鳥を別の籠に移し、籠を徹底的に洗い、直射日光で完全乾燥させるもので、繁殖を行わない盛夏がこの消毒に適した季節です。これは直射日光による消毒ですが、加えて殺虫剤や駆除剤（鳥に害のないもの）を併用するとよいでしょう。特に巣を設置する場所や籠の上部、奥や四隅に散布するか固定して定期的に新しいものと交換します。

殺虫剤や駆除剤は、それぞれ漂白剤やそのほかの消毒剤・バードルームの消毒は、目的別や対象となるダニ等の種類によって数種類用意したほうがよいかもしれません。ダニは発生してから駆除するより、発生させないよう予防するほうが大切です。

籠自体の消毒や禽舎・バードルームを使用しますが、薬剤が付着したままにならないように注意しましょう。バードルームをダニ防止のためペンキ塗りするのも良い方法ですが、ペンキが乾かないうちに鳥を入れると一日で全滅することもあります。完全に乾燥させたうえで換気を十分にしてから鳥を入れましょう。

消毒をしてある籠にもかかわらず、新しく入手した鳥をそのまま同居させたり隣の籠に入れたりしたときに、ダニが発生する場合があります。入手した鳥は必ず二～三週間を目安に、一定期間隔離して病気や寄生虫がいないことを確認してください。

殺虫剤のなかには強力な効果がある一方で、鳥に対しても有害なものがあります。入手する際に薬剤師の助言を受けるか、鳥専門の病院で相談するか、ベテラン飼育家で何を使用し何が効果的かを教えてくれる人に尋ねましょう。

籠や鳥、禽舎やバードルームとともに飼料の保管場所も、場合によっては消毒が必要になることがあります。少数飼養なら心配ありませんが、多数飼いでは飼料も大量に保管するようになります。その場所が清潔でなければ、鳥に与える飼料が劣化してしまいます。よくあるのがネズミと害虫です。ネズミは穀物を食べるだけでなく、糞や尿をするので飼料が汚染され、ときには寄生虫や病原菌を伝染させる原因になります。害虫は穀物を食べ、中で繁殖してしまいます。飼料はネズミが入らない容器にし、周囲にこぼさないことです。また穀物用の害虫駆除剤を置いて発生を防ぎましょう。

木製の庭箱にキクイムシが発生する、屋外禽舎の木製部分がシロアリの被害にあうということもあります。どちらも鳥には害のない駆除剤で対処しましょう。これらは被害が拡大してから気づくことが多いものです。常に清潔を保ち、定期的に消毒をしていれば発生を防げます。

病気

疥癬の症状が嘴に出ているコキンチョウ

呼吸器系

鳥が動かず苦しそうに嘴を開いて荒い息をしているときは、かなりの重症です。投薬だけで治療できるのは軽症時だけなので、鳥の健康状態を把握しておくのは大切です。

とはいっても鳥自身が軽症のときは健康であるかのように振舞うものなので、症状が表れたときは手遅れという場合が多くあります。そのなかでも呼吸器系の病気は初期症状の確認が困難で、有効な薬や治療法はないに等しい状態です。

インコ類では鼻孔からの分泌物で鼻詰まりになっていることがあります。この場合には投薬治療が可能です。ジュウシマツやカナリアでも同様な症状が表れることがあります。鼻孔を清潔にしてから薬を投入すれば治ります。

このとき、他の鳥に感染していないか確認しましょう。複数の鳥が同じような症状であるなら鳥専門医の診断を受けるべきです。一羽だけなら完全に治るまで隔離したほうが安全です。狭い籠に入れ運動を制限し、温度は30℃位に保ち湿度も高くします。乾燥していると投薬効果が薄くなることがあるからです。

人間と同じように風邪の場合もあり、他の鳥への感染は避けるべきです。禽舎での集団感染は治療が難しいのですが、遠赤外線ランプの使用で、禽舎全体に温度の高い場所を作ると非常に効果的です。これに加えて飲み水に薬を混入しておけば、軽い症状なら2〜3日で全快します。ただ水を多く飲むような症状は重症です。

消化器系

一つの病気ではなく、腸やそ嚢等各消化器官の疾病を表していて、原因も症状もさまざまです。通常、元気はよく、羽毛を膨らませて丸くなるという症状にまでは至りませんが、糞の状態が通常とは異なることで気がつくはずです。青菜や果物を大量に食べたわけでもないのに下痢状の糞をし、餌が未消化で排出されないて緑色の糞（液状）をするのは腸炎と呼ばれます。腹部が膨張して緑色の糞（液状）をするのは腸炎と呼ばれます。肛門の周囲が腫れている場合もあります。軽症ならやはり隔離して保温し、オリーブ油を飲ませるか投薬します。鳥が止まり木の下で丸くなっているほどの重症の場合、専門医に診断してもらうべきです。

糞をするのに何度も腰を上下に振るような動作を見ることがあるかもしれません。これは便秘です。穀物食なら青菜や果物を、ソフトビルなら昆虫を与え、ヒマシ油かオリーブ油を飲ませると回復するものです。

これら消化器官疾病の原因の主なものに、飼料の劣化があげられます。ネズミの糞や尿で汚れているもの、腐敗しているもの、鳥自身の糞や汚物で飼料が汚れることもあります。またそれが感染源となってほかに広がることもあるので、飼料はもちろん、餌入れ等を清潔にし飼料の保管にも十分気をつけましょう。

ブンチョウやセキセイインコの雛を手乗りに育てようとしているとき、餌を食べなくなり、そ嚢の中の餌が消化されずに固まってしまうことがあります。これも炎症が原因で、初期なら投薬で治りますが、重症の場合には切開する必要があるので病院に連れていきましょう。

雛を育てるとき、異物を飲み込ませないよう注意しましょう。ワラや乾燥牧草、新聞紙等を床に敷いていると飲み込んでしまうことがあり、これがそ嚢炎の原因になります。

栄養不良

きちんと餌を与えているのに病気になってしまうこともあります。それは鳥が好むままに偏食させている場合が多く、また誤った配合（穀類対脂質、擂餌等）のこともあります。

よろこんで食べるからといって鳥の運動量や環境を考えずに好物ばかり与えてはいけません。特に人によく馴れた鳥は好物をもらお

病気

主な病気と症状

病因	病名	症状
ウイルス	ニューカッスル病	法定伝染病でニューカッスル病ウイルスが原因体です。病原性の強さから強毒、中等毒、弱毒の3型に大別されます。鶏のほか、水禽類や多くの鳥類が感染発症します。消化管の出血病変、呼吸器症状の2通りに大別され、病変として気管、腸管粘膜、リンパ系の臓器の炎症、充出血、壊死等が特徴です。生ワクチンか不活化ワクチンの投与による予防、環境衛生の徹底が求められます。
	家禽ペスト (高病原性鳥インフルエンザ)	原因体はA型インフルエンザH5N1型です。水鳥や野鳥の腸管内に高率で保有されるインフルエンザウイルスです。感染性は強く全身感染を起こし甚急性の経過で死亡する法定伝染病です。鳥から鳥だけでなく、鳥から人への感染も起こるようになり、人獣共通感染症として予防が急務です。野生の鳥、特に水鳥との接触のないような管理が求められます。
	鶏痘 (鳥ジフテリア)	届出伝染病でポックスウイルスが原因体です。各種鳥類に固有のウイルスが皮膚、粘膜に特徴的な発痘を発現します。伝播はヌカカによる媒介と創傷感染があります。生ワクチンによる予防が可能です。
	ウズラ気管支炎	アデノウイルスが原因体です。発病すると気管の捻発音、咳、くしゃみ、流涙、結膜炎を示し、幼鳥の感受性が高い特徴があります。ワクチンはありません。
	ロタウイルス病	原因体はロタウイルスです。各種鳥類の幼鳥が感染し、腸炎、下痢、肝炎、死亡、発育不良を示します。
細菌	サルモネラ症	ネズミチフス菌、腸炎菌が含まれます。
	鶏結核病	原因体は鳥結核菌です。病鳥糞を食べた場合や気道感染します。
	鳥ビブリオ肝炎 (鳥カンピロバクター症)	各種鳥類が感染しますが発病はまれです。
	リケッチア病	ナガヒメダニが中間宿主で各種鳥類に感染します。発熱、溶血性貧血、緑色下痢便、衰弱を伴う幼鳥に重篤な症状を示します。
	クラミジア症 (オウム病)	人獣共通感染症で、症状は元気消失、食欲不振、羽毛逆立、削痩、目やに、鼻汁漏出、下痢等です。治療にはテトラサイクリン系抗生物質が有効です。野鳥や輸入鳥からの感染が考えられ、徹底した隔離予防が求められます。
	マイコプラズマ症	各種マイコプラズマ感染によって起こる伝染性関節膜炎です。鶏と七面鳥は届出伝染病です。滑膜炎は呼吸感染による病巣から関節腔に移行したマイコプラズマにより発現すると考えられています。ワクチンはありません。
真菌	カンジダ症 (そ嚢真菌症)	主に*Candida albicans*感染による家禽類の疾病です。一般に特異症状は発現しませんが、発育遅延、そ嚢炎、慢性下痢等がみられます。硫酸銅の応用が治療・予防に有効な人獣共通感染症です。
	アスペルギルス症 (黴性肺炎)	*Aspergillus*属の真菌感染による家禽の急性呼吸器病です。肺、気管、気嚢に急性炎症像と結節形成がみられます。人獣共通感染症です。
	皮膚糸状菌症 (黄癬、白癬)	*Microsporum gallinae*, *Trychophyton simii*感染による家禽の肉冠、肉垂等に白色粉状鱗屑、帯黄色痂皮、皿状腫脹の形成がみられる疾病です。動物から動物へ連鎖感染が起こりやすい人獣共通感染症です。
原虫	ロイコチトゾーン病	ニワトリヌカカに刺されての感染で、喀血、貧血、緑色下痢便、発育不全、卵殻異常、産卵率低下等の症状をきたす届出伝染病です。ヌカカ対策とワクチン使用で予防します。
	コクシジウム病	*Eimeria*属原虫の腸管感染によって起こる血便を含む下痢便を特徴とする疾病です。急性、慢性に大別されます。経口感染です。予防薬はサリノマイシン、モネシンの抗生物質投与、三種混合生ワクチンも使用されます。
	ヒストモナス病 (黒頭病)	*Histomonas meleagridis*感染による各種鳥類の肉冠のチアノーゼ、貧血、水様性下痢、沈鬱状態を示す疾病です。罹患鳥の糞便の早急処理と原虫を媒介する鶏盲腸虫の駆除により感染の拡大を防ぐ必要があります。
	クリプトスポリジウム症	*Cryptosporidium*属原虫が各種愛玩鳥のファブリキウス嚢、結・直腸に寄生しますが、症状はほとんどの場合発現しません。まれに上部気道の粘膜上皮に寄生し、呼吸器症状等を引き起こします。効果的な治療法はありません。

品評会

> **ショーバード**
> 品評会用につくり出された品種をショーバードと呼びます。ほとんどがマニアの間で飼われていますが、まれに小鳥店やペットショップでも見られます。種としては日本細カナリア、巻毛カナリア、大型セキセイインコ、ハイブリッド系ジュウシマツです。これらにはそれぞれの品種に合わせた理想型になるような独特の飼養法があるのです。
> そのほかにもキンカチョウ、各種スタイルカナリアにショーバードはいますが、日本では大型という言葉で片づけられることが多く、それだけ品評会というものが理解されていないのでしょう。

日本スタイルカナリア会の品評会で審査をする筆者

飼い鳥のなかには品評会に出すことを主目的に飼養される種が少なくありません。その品評会ですが、種あるいは品種ごとの理想的な鳥をつくり上げるという目的をもった人たちによって運営されています。

そして理想鳥とはどういう鳥なのかという審査基準が存在します。審査基準は絶対的なものなのですが、流行や好みの変化によって少しずつ修正されていくこともあります。

最も品評会が盛んなのはカナリアの世界です。鳴き、色彩、スタイルの三方向に分かれて毎年全国的に開催されます。

次いでセキセイインコも盛大です。品評会用品種ともいえる大型セキセイインコをはじめ、羽毛の巻き上がった芸物、さまざまな色彩の高級セキセイインコが審査されます。

この二種の鳥以外にもジュウシマツ、コキンチョウ、キンカチョウ等のフィンチの品評会もありますが、カナリアやセキセイインコほどには専門化しておらず、初心者でも十分に優勝できる可能性はあります。

品評会に出す鳥は基本的に自分で繁殖させた当歳鳥(その年生まれ)が対象になります。もちろんそうした若鳥を購入して出品することも可能です。

基準の緩やかな品評会では、若鳥でなく親鳥や輸入鳥でも出品できるところもあります。これはカナリアやセキセイインコではほとんど認められておらず、フィンチや数の少ない種に限られています。

飼っている鳥が種(品種)として正しく成長しているのか知りたい、あるいは自分の鳥はすばらしく美しいと思う人もいるでしょう。また繁殖した鳥のなかで特に美しいものができた、珍しい変異が出たというときに多くの人に見てもらいたい、専門家に審査してもらいたいと思う人もいるでしょう。さらに本当に良い鳥というものを知りたい人もいるはずです。

品評会とはそうした人々にも参加を呼びかけている場でもあるのです。全国にある小鳥のクラブでは単独であるいは共同で品評会を開催しているところが多くあります。出品するのに会員であることが求められる場合が多いのですが、その場で入会できるようになっています。

なかには会員でなくとも誰でも自由に参加できるクラブもあります。さらに小鳥業界で全国の愛好家に呼びかけて開催する品評会も数年ごとに行われています。

品評会はそれぞれの種(品種)の最も良い鳥を選ぶ場です。参加はもちろん、見学するだけでも十分参考になり、自身の飼育にも役に立つでしょう。

特にカナリアは巻き毛や日本細、赤というように品種を限定した品評会が多く、長年に渡って品種を維持・改良してきただけに見ごたえがあります。

また大型セキセイインコは品評会のために改良され発展した鳥でもあり、優美な鳥が多く並ぶので鳥の質を見分ける場になります。店頭では見ることのできない優秀鳥が一同に集まる品評会は研鑽の場でもあり、お祭りでもあるのです。

品評会を見学するとき、その会の人あるいは係員に質問や写真撮影の許可をもらうことも必要です。審査中は審査員以外立ち入り禁止になることが多く、勝手な行動は審査妨害になるからです。気に入ればその場で入会もできますし、同好の人と話ができる絶好の場にもなります。

通常、品評会はそれぞれの種が最もコンディションの良い時期に開催されます。カナリアなら春に生まれ、換羽を終えて最も美しくなる秋に開催されるのです。単一種だけでなく多種の合同品評会の場合は、五月、十月頃に多く開催されます。

一般の人や初心者も気軽に参加できる会では審査員による審査だけでなく、参加者全員の人気投票を実施しているところもあり、この場合、特に手乗りや輸入鳥の出品が多くみられます。

第四章●健康管理　194

品評会

ヨーロッパでは鳥種を問わず同じショーケージ（コンテストケージ）が使われます。品評会では個人所有のケージも審査対象になります。
わが国で使われるショーケージはクラブごとに異なります。そのほとんどはクラブ所有で、審査とは無関係です。主なショーケージは竹籠と金網籠です。
東南アジアでのチョウショウバトの品評会には各国独自の竹籠があります。

ヨーロッパで使用される公式コンテストゲージ

大和籠に入れられた巻き毛カナリアの品評会
（日本スタイルカナリア会）

標準型と原種

品評会で審査する基準は種によって異なります。

たとえばカナリアの品評会といっても色彩のみの審査（赤、レモン）、囀り（ローラー）、姿形（スタイル）と分かれていて別々に開催されます。

逆にフィンチでは種単独で開催されるのはジュウシマツやキンカチョウ位で規模も小さく、ほとんどが多種混合の審査です。

ローラーカナリアでは囀りの歌節まで決められていて、それをきちんと囀らなければ高得点は望めません。スタイルカナリアは品種によって大きさ、体形、姿勢等が決められています。

特に姿勢を重視する品種（日本細、ヨークシャー）では若鳥のうちから品評会用の籠に移し、独特の姿勢を取るように訓練します。この訓練がなければどんなに優秀な系統の鳥でも品評会で理想の姿勢をしてくれません。

訓練というと厳しいものを想像されるかもしれません。しかし実際は訓練用の籠に好物を入れて鳥自ら普段の籠（庭箱）から移動するようにし、この籠に入れば好きなものを食べられるという条件を覚えさせ、このなかでは警戒することなく伸び伸びと理想の姿勢を取るようにするものです。

そこで大切なのが種（品種）の最も理想的な形（色・模様・大きさ・型・鳴き等）を表す標準型です。この標準型という言葉はあくまでも理想を目指すという目的からは誤解を招くかもしれません。現実の標準ではなく、最高の理想型なのです。

赤カナリアの標準型は単に赤いだけでなく、鮮やかで色むらがなく均一であるとされています。ところが多くの赤カナリアには部分的に色が薄いものや色むらのある鳥がみられます。こうした欠点のない鳥に仕上げてこそ標準型に近づいたと判断されます。満点に達する鳥はほとんど出現しませんが、それでも愛好家は高得点を目指して努力しています。

一方、カナリアやセキセイインコと異なり、ほとんど野生の原種と同じ姿形を保っているフィンチでの標準型は、現在のところジュウシマツだけが確立されているといってもよく、大きさや姿勢、体形にまで細分した審査をするところはないようです。

どんなに改良が進んでも人々の支持がなければ普及することはありません。その意味で原種はいつまでも残しておきたいものです。

それではどのような審査をするのかというと、色彩や模様が鮮明で乱れがなく、全体のバランスが良く、体格の良い鳥、というように集約され、経験豊かな審査員の判断によって決められます。フィンチでは新たな色変わりや大型化による新品種の登場も珍しくありません。ただそれが固定され多くの人に認められるためには、品評会での審査や標準型の確立が必要です。

またそうした変異を改良して固定するときにも、何を求めてどのようにつくり上げていくのかという標準型がなければ、中途半端な鳥ばかりが増えてしまいます。

新たな標準型を必要とする新品種がいる一方、野生のままの姿をした原種の存在は欠かせません。原種がいてこそ、新しい色彩や模様、姿勢が価値あるものと認められるのです。

カナリアの場合は原種が飼い鳥ではないため、その存在を知らない人がほとんどです。ジュウシマツも野生には存在せず原種が確定されませんが、コシジロキンパラが母体であることは認識されています。この二種以外は原種がいて主流として多く飼われています。

標準型を設定するにあたって、原種を基本とすることが多いのですが、飼育歴によって体格や体長が大型化する傾向があります。すべてのカナリア、ジュウシマツは原種より大型です。これは長い飼養歴で籠の中という環境に適応し、餓えることなく生活できることから体格が良くなったと考えられます。

もちろん飼料や飼養環境によってより大型化も可能ですし、大型セキセイインコのように品評会用に大きくつくり上げることもできます。他種でも若干の大型化がみられます。

標準型では外見とともに、健康度についての基準もあり、どんなに美しくて新しい色や模様の鳥でも、不健康な場合は審査対象外になります。新品種の作出や改良には強引ともいえる交配（親子や同腹等直系）がつきものです。そうしてつくられた鳥のなかには先天的な欠陥をもつものが出現することもあります。また交配によっては致死遺伝子をもつ（生まれても育たないで死ぬ）ものもあり、そうした欠点を明確に説明することも標準型設定時の重要な役割です。

195　鳥の飼育大図鑑

日本で作出されたショーバード

日本細カナリア、巻毛カナリアは明治時代に原種が輸入され、100年以上経つ今でも保存されているわが国特産のショーバードです。それぞれJapan Hoso, Makigeとしてヨーロッパにも紹介されています。

ジュウシマツについては1990年代にパールという品種が関田伊佐雄氏によってつくられました。従来のジュウシマツとは羽彩の異なる渋い品種です。

日本と欧米のショーバードの相違点は大きさです。ヨーロッパのジュウシマツは二回りも大きく、カナリアも同じ種とは思えないほどの大きさをしています。また日本では何かと規格化しがちですが、ヨーロッパでは鳥の個性を重んじて、根気強く良い面を伸ばしていくようです。

品種維持と改良

鳥は人に飼養され世代を重ねていくうちに変異を生じることがあります。それだけでは個体変異ですが、この変異を固定し、増殖させると品種として認知されます。

つまり原種と異なる外見（色彩や模様、体形や体格等）を保持しているグループです。そしてこの品種は人為的に維持されなければ元の原種に戻るようになってしまうのです。

たとえばカナリアの一品種である日本細。この品種は最も小型のカナリアですが、細く三日月形の体形が特徴です。より細く美しい三日月形を目指して改良するということは、太い体形や普通体形を排除するということでもあるのです。同じ日本細同士の交配でなければこの品種は維持できません。

ところがカナリアであれば巻き毛や赤、レモン等と交配することは可能で、もちろん雛も生まれます。そして生まれた雛は日本細といえない中途半端な体形になってしまいます。

このように一つの品種を維持するためには同じ品種同士の交配が鉄則です。長い年月の改良で作出された品種であっても、それを乱すような交配はしないことです。これは体形だけに限らず、色や模様に関しても同じです。

セキセイインコの美しい色彩も同品種か同色系統の交配でなければ、他の色が混入し模様に乱れが出ることもあります。

ブンチョウもいくつかの色変わりがありますが、異なる色変わり同士を交配して新しい品種をつくろうと思っても、生まれてくるのはほとんど原種と同じものです。

遺伝的に色変わり因子はもっているのですが、それをよく理解して長期計画を立てて交配しないと、色変わり因子をもたない原種ばかりになってしまうことになります。

実際には品種の維持は愛好家やクラブで行われているので、一般家庭での興味本位の異品種間交配は許されるとの意見もあります。たしかに法的な制約があるわけではなく、趣味の世界ですから自由かもしれません。

ただ産まれた鳥がどの品種でもない交雑鳥であり、美しくもなく中途半端なものであったとき、しかも何羽もの数になったときにど

うするかをよく考えてみてください。

一方で新しい品種をつくろうとするときには前記のような異品種間交配が行われます。これは確固とした目標をもった愛好家グループによって、計画的に一定数以上の交配をするものです。

日本細に赤カナリアを交配して赤い日本細を作出するときがその良い例です。両者は体格・体形が異なるため、交配第一世代は中途半端な赤い鳥ですが、日本細との交配比率を高めることで赤く細いカナリアへと改良されました。そして、日本細に赤色色素を導入できた時点でこの異品種間交配は終了し、以後は赤日本細として固定改良されるのです。

この間に産まれた多くの改良途中の鳥は、品評会にも出せず小鳥店にも売るわけにいかず、それぞれの手元に残るのです。これが新品種作出の際に必ずつきまとうことです。

品種として完成するまでの数世代は一見無価値の鳥を大量に飼うことになります。しかし、それは目標をもった人たちの当然のことと考えられていて、新品種作出までの苦労をともにする仲間でもあるのです。

個人で数ペアを交配するだけでは思い通りにならないことが多く、成功率は低いと言わざるを得ません。

品種を維持し改良するということは、同一品種内だけでも必要な品種のなかでもいくつかの異なる系統をつくることが、愛好家の間でも良いとされています。

特徴を知り、鳥の個性を見極め、一つの品種のなかでもいくつかの異なる系統をつくることが、愛好家の間でも良いとされています。

専門家や名人と呼ばれる人は特にこの系統作りの重要さを知っていて、毎年のように優秀な鳥を作出しています。

コキンチョウでは原種だけでなく、改良された色変わりも当然美しく価値も高いのです。そこでさまざまな品種を掛け合わせてみようという人もいます。しかし生まれるのは色々な鳥であって、新しい品種ではありません。

コキンチョウは色素消失による変異ばかりなので、色彩が乱れるようなことはないのです。

以上のような飼い主による身勝手な行動は将来美しいとはいえないものではありません。異なる品種間の交配は決してほめられたものではなく、色彩を生み出しかねないからです。

クラブと情報の活用

クラブの存在

どんな趣味でも同好の人たちが集まるクラブやサークルはあるものです。鳥を飼う人たちも例外ではなく、さまざまなクラブがあります。

鳥を飼ってはいるが、クラブの存在を知らないという人も多くいます。またクラブに入りたいが地方なので参加できないため、入会を諦めている人もいます。クラブの存在をどこで知るのかは大きな問題です。鳥専門誌をひもといたり、身近な小鳥店で聞いてみるのもよいでしょう。何軒か回ればクラブ関係者が常連になっている店が見つかるかもしれません。

クラブの特徴

まず単一の種（品種）だけを扱うクラブ。カナリア、セキセイインコ、ジュウシマツ、オカメインコが代表的です。

ローラーカナリア、赤カナリアのクラブは、ほぼ全国の都道府県の支部があり、店にカナリアが多くいれば関係者の出入りがあるかもしれません。

セキセイインコやフィンチでも特定種を多くおいている店はその可能性が高いでしょう。一度聞いてみてはいかがでしょうか。

地方で好みのクラブがない場合でも大都市圏のクラブに入ると会報が送られてきます。クラブによっては毎月、隔月、季刊とさまざまですが、それぞれのクラブや会員の情報が得られます。

特にカナリアは囀り、色彩、姿形と三分野に分かれているだけでなく、姿のなかでも東京巻き毛だけのクラブもあるほど専門化しています。

品評会が主目的であり、そのために研究をしている人が多く、長い経験をもつ、いわゆるマニアのクラブです。初心者は入会できないというわけではなく、各クラブとも歓迎してくれます。ただ知識も経験もない人では品評会で入賞できるような鳥をつくり上げるのは難しく、賞を取れるまで数年かかることも珍しくありません。逆にいえば他の鳥には見向きもせず、単一種に熱中するほど奥深く魅力のある世界でもあるのです。

品評会目的とはいってもそのための飼養法、管理、交配等研修会も定期的に開催され、鳥に対する真剣な姿勢と研究心をもったクラブといってもよいでしょう。

一方で鳥種は決めずに鳥好きなら誰でも入会できるクラブもあります。初心者は入りやすくさまざまな助言や協力を得られやすいのが特徴です。

フィンチやインコ類のように一般家庭でペットとして飼っている鳥が中心であり、人的交流が盛んです。品評会もありますが、鳥の交換会や即売会、鳥関連のグッズ販売等、幅広い行事を開催しています。

クラブの活用

ほとんどのクラブは年会費制です。各会員の納入した会費で運営されています。年会費と最初は入会金が必要なところもあります。会費のなかから品評会の会場費、会報作成費、送料等が支出されますが、規模の小さなクラブでは赤字の状態で運営されているところも少なくありません。それだけに会の運営は会員全員の協力が必要となります。少人数でも和気あいあいで活動しているクラブも楽しいものです。

クラブに入る最大のメリットは鳥の話を十分にできる点にあるでしょう。鳥好きが集まれば話は終わらないものです。飼っている鳥は一羽のインコだけでも、毎回の会合が楽しみで参加する人が多くいます。飼っている鳥が繁殖するという人が殖えたとき、クラブ内で欲しい鳥を介して新しい出会いの場があるのです。

情報の入手

飼い鳥の世界では統一された機関はなく、したがって機関紙もそれぞれの業者団体内で発行されている程度です。一般向けに発行されている雑誌は書店やペットショップ、小鳥店、通販で販売されています。そのぶん情報は少なく、また遅れがちといえるかもしれません。現在では、インターネットによる情報が増えていて、自分の鳥自慢から鳥関連のニュース、学術的な報告、仲間募集等さまざまな形で利用されています。

自分の鳥や飼い方その他、色々なことをもっと知りたい、あるいは自分のもっている情報を多くの人に知らせたいと思うとき、本やネットを活用することでより幅広いものを得ることができます。本やクラブの会報への投稿、ネットへの書き込み等、色々な方法がありますが、鳥を飼うという共通点をもつ人のつながりが広がるのは良いことです。

海外の本や新聞を購読するのも大きな情報源です。わが国ではあまり飼養例のない種や未輸入の種について詳しく紹介されているものも多く、実際の繁殖例が取り上げられているのでとても参考になります。

さまざまな媒体で知りえた情報はそのまま自分の飼養環境に当てはまるとは限りません。よく整理してから取り入れることが大切です。

たとえば飼料を安く売っているという情報を得たからと購入してみたものの配合や品質に問題がある、高品質の飼料を知り購入したが繁殖用のものであり観賞用の鳥が肥満になった、効果的とされる飼料を購入したが鳥が食べようとしない等々のトラブルがよく発生します。

これは情報に何の疑問ももたず、また一方的に都合よく解釈する受け手側にも責任があるのです。提供される情報には、珍しい種や新品種を入手することもでき、その逆もあるでしょう。クラブには鳥を介して新しい出会いの場があるのです。

地仔（captive-bred bird）
　飼養する鳥のなかで飼養下で生まれたもの

地鳴き（call）
　短い普通の鳴き声。オスもメスも鳴く

中央尾羽
　尾の中央が特別に伸びている場合に使う言葉。コキンチョウ、オナガキンセイチョウ等

中止卵
　受精しながら途中で死んだ卵

ツボ巣
　通常、フィンチ用の巣あるいは隠れ家として使われる、わら製のもの。小型で繁殖しないときの一羽かペア用。繁殖用は大型がよい

爪傷（つまきず）
　足の爪が何らかの原因で欠けてしまったもの。品評会では失格となる。繁殖にはほとんど影響はなく、種禽として安価に購入する人もいる

ディスプレイ（display）
　発情したオスがメスに対して囀りとともに行う独特の行動。種によって尾羽を広げたり、歩き回ったり、踊るような仕草をする

動物たんぱく質
　昆虫や鶏卵、肉類。代用としてエッグフード、アワ玉、ゆで卵がある

独立
　雛鳥が親鳥に頼らず、自力で生活できること。巣立ち後かなりの日数を要する種もある

トリミング（trimming）
　品評会に出す鳥の最終仕上げ。羽毛の乱れをなくし、きれいにすること。日本ではあまり行われないが欧米では必要なこととされる。また伸びすぎた爪を切ること

ナ行

ネクター
　花蜜食鳥用の人工飼料。粉末、液状等がある

ハ行

配合飼料（mixed seeds）
　フィンチやカナリア、インコ類、ハト、鶏の飼料である穀類をあらかじめ数種類混ぜて市販しているもの。そのまま主食として使用できるが自分流に配合することもある

パイド（pied　斑）
　セルフからところどころ模様がなくなった鳥

ハイブリッド（hybrid）
　異なる種同士を交配して得られた鳥。雑種。同属の近縁種では妊性のある場合もあるが、属が異なると不妊鳥しか得られない場合が多い

箱巣
　木製の箱型の巣。インコ用、ブンチョウ用等が市販されている。フィンチには上部が半分開いた半開巣箱が適している

バタン（巴旦）
　白いオウム類の総称。江戸時代の交易港インドネシアのバダンが語源とされる

ハッカチョウ類（mynah）
　ムクドリ科ムクドリ亜科のハッカチョウ属およびキュウカンチョウ属の総称

発情飼料
　繁殖に向け、性ホルモンの活動を促す飼料。鶏卵や昆虫等の動物たんぱく質、発芽種子等の植物たんぱく質を多く含む

パロットフィンチ（parrotfinch）
　カエデチョウ科セイコウチョウ属の総称

半砂漠
　砂だけの砂漠ではなく土があり若干の植物も点在する。水さえあれば多くの鳥の生息場所になる

伴性遺伝（sex link）
　雌雄一方に偏って遺伝する形質

眉斑（びはん　front line）
　眼の上のある有色の線。アトリ科、ホオジロ科の多くにみられ、種特有の色もある

ヒヨドリ類（bulbul）
　ヒヨドリ科の総称

品種（race）
　飼養下で原種と異なる色彩や体形に固定したグループ。ニワトリ、ハト、カナリア、セキセイインコ等では数多くの品種がつくられた

品評会（show）
　それぞれの種あるいは品種の最高の鳥を審査して選び出す催事

フィンチ（finch）
　小型の穀食鳥の総称。嘴が太く短い

フォーン（fawn）
　メラニン色素(黒色色素)欠乏によって黒い羽毛が淡褐色になったもの。フィンチやカナリアに多くみられる。シナモン（cinnamon）とも呼ばれる

孵卵器
　産卵した卵を温め孵化させる機械

ブリーダー（breeder）
　繁殖専門家。専業ブリーダーは一般的な種を、マニアブリーダーは改良品種を手がけることが多い

フルーツダヴ（fruit dove）
　果実食のヒメアオバト類の総称

糞切り
　金網籠の床面に敷かれる金網。活動的なフィンチにはけがのもとになるので使わない場合が多い。野鳥用の竹籠にも同様の網がある

ペア（pair）
　通常、オスとメスの夫婦を示すが、単にオス一羽とメス一羽を示すこともある

ペットヒーター
　明かりを伴わない保温器。寒くなってから設置するより寒くなる前に設置し、鳥が慣れるようにするとよい

抱卵斑（blood-patch）
　メスの腹部が抱卵の際、体熱が伝わりやすいように羽毛のない部分が広がっているところを示す

保温
　熱帯産の鳥を越冬させるためにはヒーターやエアコンでの加温が必要な場合がある。通常25℃、少なくとも20℃あれば安心。丈夫な鳥でも15℃以上はあるとよい。10℃以下では弱い鳥は越冬できない。病気の鳥、ウズラ類の人工育雛では35℃を保つと効果的。手乗りの雛も30℃は必要

補助飼料
　主食では得られない栄養素を含み、少量でも欠かせない飼料。ミネラル、ビタミン等

梵天（ぼんてん　crest）
　頭部の羽毛が逆立ったり、花びらのようになった変異。カナリアではコロナ、コピー等の呼び方もある

マ行

マニキンス（mannikins munia nun）
　カエデチョウ科キンパラ属の呼び名

ミールワーム（mealworm）
　チャイロコメノゴミムシダマシという昆虫の幼虫。穀類やその粉を主食とし、容易に養殖できる

密着性群居
　群で生活し、多数が体を密着させて休むもの。お互いの休が触れ合うことを好む。メジロ類、コシジロキンパラ類、ギンパシ、オキナワウ等。狭い籠でも仲良く暮らす。家族群以外でも密着する

ミュール（mule）
　カナリアとアトリ科フィンチのハイブリッド。ムネアカヒワとの間には妊性メスが得られ、ショウジョウヒワとの間で得られたミュールからは赤カナリアがつくられた

ミルクサブ（milksup）
　牛乳に浸した食パン。ほとんどの鳥の栄養食

ムキアワ
　アワの皮を剥いたもの。アワ玉に利用する

ムクドリ類（starling）
　ムクドリ科ムクドリ亜科の多くの種の総称

無精卵
　受精しなかった卵

無覆輪（intensive）
　カナリアの羽毛の型。硬く艶があり、縁取りはなく、色彩を強調する

ヤ行

優性遺伝（dominant）
　遺伝的に優勢でノーマルと交配してもその仔に現れる

有精卵
　受精した卵

有覆輪（non-intensive）
　カナリアの羽毛の型。柔らかく白く縁取られ、淡い色彩となる

床材
　籠の床に敷くもの。古新聞紙、砂、牧草、藁等がある。種ごとの生態に合わせて使い分ける方がよい。新聞紙は交換が容易であるが床で行動する種では脚が汚れやすくなる。砂（川砂、海砂）は重量があるが清潔さを保つには最適。乾燥した牧草、藁は地面で採食する種には適しているが、汚れたらすぐに交換する必要がある

養育飼料
　孵化した雛の成長を促す飼料。発情飼料と同じ場合もあり、また種によっては特定の飼料もある

ラ行

ラインブリード（line-breed）
　近親交配、親子兄弟以外の同系統による交配。系統作りのための交配

卵歯
　孵化した雛の上嘴先端にある鋭い突起。孵化の際、これで卵殻を割る。孵化後消滅する

離間性群居
　群で生活しながら休むときには一羽ずつ離れて休むもの。体が触れ合うことを嫌う。カラス、セキレイ類、スズメ、ツバメ、インコ・オウム類、ハタオリドリ類、ブンチョウ、キンパラ類が知られる。狭い籠では争う。家族群が集まって形成される

リング（ring）
　脚に入れる環。金属製、プラスチック製があり、用途によって使い分ける

林床部
　森林の地面。森林の構成樹木によって植物が豊富な場合と貧弱な場合がある

ルチノー（lutino）
　黄色色素（lutein）だけが残った色素欠乏。全身が黄色。目は赤い

劣性遺伝（recessive）
　色変わりの過程で現れる変異で、ノーマルと交配してもスプリットとノーマルが現れる

蝋膜
　インコ・オウム類の鼻の穴周囲のある部分。目立つものと目立たないものがある

ローリー（lory）
　オウム目ヒインコ科の尾の短い鳥に使われる便宜的な呼び名

ロリキート（lorikeet）
　尾の長いオウム目ヒインコ科に使われる便宜的な呼び名

ワ行

ワクモ（red mite）
　鳥の血を吸うダニの一種。カナリアに多く寄生する。熱湯消毒や直射日光での駆除をする。薬剤も効果がある

ワックスビル（waxbill）
　カエデチョウ科フィンチのなかでも小型で嘴に艶のあるものの呼び名。分類とは異なる

用 語

ア行

淡黄（あいき buff）
スタイルカナリアでの有覆輪を示す

亜種（sub-species）
同じ種ではあるが、地域によって変異したもの

荒鳥（wild-caught bird）
飼養する鳥が野生種を捕獲したものであるときの呼称。手乗りではない地仔を示すこともある

アルビノ（albino）
全身の全色素を失い真っ白になったもの。目は赤い

アワ玉
ムキアワに鶏卵を混ぜた日本独特のフィンチ用発情・養育飼料。ミネラルやビタミン類の添加もできる

イネ科の穂（spray-millet）
市販されているのはアワ。野草のなかにも有用なものは多い

色揚げ剤（colour food）
カナリア等の色彩を際立たせる飼料。市販品や自作できるカンタキサンチン、唐辛子、ニンジン等がある。通常は換羽前から換羽直後まで与える

色変わり（colour-mutation）
原種と異なる色彩品種。多くは特定の色素欠乏からなる

インコ（parakeet）
尾の長いオウム目の鳥に使われる便宜的な呼び名

インブリード（inbreed）
近親交配、親子や同腹鳥を交配すること。系統や血統づくりには欠かせないが、通常は避ける

餌離れ
挿餌で飼養しているソフトビルが、果物や昆虫ばかり食べて挿餌を食べなくなること。副食は季節や量を考慮して与える必要がある

エッグフード（eggfood）
鶏卵と小麦を中心につくられた栄養飼料。ヨーロッパからの輸入品。発情・養育飼料であり、ソフトビルには主食にもなる

塩土
赤土と塩、貝殻等を混ぜて固めたもの。ハト用とされるが、オウム類やウズラ類にも利用できる

オウム（parrot）
オウム目の鳥。便宜的な呼び名であり、分類とは関係ない。通常、オウム属に使われるが、尾の短いオウム目の鳥の総称にも使われる

カ行

過眼線（かがんせん）
嘴の付け根から眼を通りすぎる有色の線。種独特の色をもつ場合が多い

角質部
嘴、脚、爪等羽毛のない部分を指す

家族群
ペアとその子で形成された群

カトルフィッシュボーン（cuttlefish bone）
コウイカの甲。ミネラル源として有効。インコだけでなくフィンチも食べる

下尾筒（かびとう）
肛門付近から尾の下側を覆う羽毛。通常淡い色彩だが特有の色をもつ種もある

仮母（かぼ foster-parent）
親鳥に代わって卵や雛を育てる鳥。キジ類ではチャボやウコッケイ、カエデチョウ科フィンチではジュウシマツやキンカチョウ、アトリ科ではカナリア、小型ハト類ではジュズカケバトやウスユキバト、小型インコ類ではセキセイインコが使われる

擬似巣（dummy nest）
営巣したのに産卵もせずに放置される巣。産卵する本当の巣より粗末で小型のことが多い。オナガカエデチョウが多く作る。ほかにも作る種がある。外敵の目をそらす目的があるとされる

気嚢ダニ
鳥の喉に寄生するダニ。呼吸するときに苦しそうにしたり、咳き込むようになる。薬剤で駆除する

給水器
金網部分に取り付ける飲み水容器、サイフォン式床置き型等ある

擬卵
陶器やプラスチックでつくられた人工的な卵。カナリア、ハトに多く使われるが、食卵癖にも応用することがある

グラスフィンチ（grassfinch）
カエデチョウ科のオーストラリア産フィンチのうち、主に草原に生息するフィンチ（キンセイチョウ属、アサヒスズメ属等）の総称

クリア（clear 無地）
全身無地で模様のない鳥

群居性
常に群で行動し、繁殖もコロニーで行う性質

消し炭
意外にも鳥は食べるもので、小片を与えると整腸剤になる

検卵
卵が受精しているか検査すること。卵を光に当て中の血管を透かし見る

虹彩（irides）
瞳の色。オウム類では虹彩の色の違いで雌雄判別する。若鳥では鮮明でない

ゴールド（gold）
リザードカナリアの無覆輪を示す

子飼い
人工給餌によって育てられた鳥

極黄（ごっき yellow）
スタイルカナリアでの無覆輪を示す

コニュア（conure）
インコ科クサビオインコ属、ウロコメキシコインコ属等中南米産インコの総称

コロニー（colony）
ペアがいくつか集まって同じ場所や近い場所に営巣すること。ハタオリドリの仲間はコロニー繁殖するものが多い

サ行

囀り（song）
オスの縄張り主張、メスの誘引、他のオスへの威嚇等で鳴くこと。特にスズメ目で発達している

サシ（ハエの幼虫・蛆虫）
ソフトビルやフィンチ、インコ類の養育飼料。釣具店で販売されるのは養殖したもの

差し毛
通常の色彩のなかに色素を失った羽毛が現れたもの。パイドの原型

挿し棒
カナリア、特にスタイルカナリアの品評会において、籠からショーケージへの移動や止まり木間の移動を鳥に指図する棒。棒の動きだけで鳥を移動させるよう訓練する必要がある

皿巣（さらす）
カナリア用として市販されるが、アトリ科やカエデチョウ科フィンチ、小型ハト類にも使用できる

産座
巣の内側の卵を産む場所。スズメ目では羽毛や獣毛の柔らかな巣材を使うものが多い

しみ（ticked）
無地（クリア）にわずかな斑点が現れたもの

シェルター（shelter）
禽舎や籠の一部の隠れ家的な場所。ここを保温場所や繁殖場所にすると効果的

下草
林床部に繁茂する草本類。小型の鳥の生息場所になる

尺籠
最も小さな竹籠（長さ約30cm）でメジロ籠とも呼ばれる

樹冠部
森林の樹木の最上部。太陽光線が強く、花や芽が豊富

ショウジョウバエ
台所に発生する小型のハエ。簡単に養殖でき、小型ソフトビルや草生フィンチの養育飼料になる

常食（diet）
主食。各種に応じた主食。近年は人工的なペレットも市販されている

上尾筒（じょうびとう）
腰から尾を覆う形で生えている羽毛。多くの鳥で独特の色彩をもち、形態も変わっているものもある。クジャク、フウチョウ等

ショーケージ（show-cage）
品評会で審査時に使用する籠。欧米では木製に金網張り、東南アジアでは竹製が多く、日本では統一されていない

植物たんぱく質
種子を発芽させたもの、完熟する前の種子、若い芽等

食卵癖
産んだ卵を食べてしまうこと。栄養障害、ストレス、環境障害等原因はさまざま。擬卵によって矯正できる場合がある

シルバー（silver）
リザードカナリアの有覆輪を示す

審査
定められた基準と鳥を照らし合わせて優劣をつけること。採点方式、比較方式等がある

審査基準（standard）
種あるいは品種の理想的な形を表したもの

人工給餌
親鳥に代わって人が雛に餌を与えること。注射器タイプやスポイト式の器具に雛用の飼料を入れて給餌する。雛の嘴の中の奥、喉に直接入れる

巣（nest）
飼い鳥化された種では人工のツボ巣、皿巣、箱巣等を巣と認識するが、野生鳥ではこれらは営巣場所のひとつにすぎないことがあり、自ら営巣するものが多い

スプリット（split）
色変わり因子をもちながら外見はノーマルの個体

種禽
繁殖させる親鳥。系統を維持する鳥

生殖羽（繁殖羽）
繁殖期特有の色彩や形態。オスだけに現れることが多く、ベニスズメの赤、テンニンチョウ属の長い尾等が有名

セルフ（self 模様）
種あるいは品種独特の模様をもつ鳥

ソフトビル（softbill）
挿餌等で飼養する昆虫食や花蜜食の鳥の総称。嘴が細く柔らかい

ソフトフード（softfood）
日本の挿餌のような飼料からフィンチやカナリア、インコに与える鶏卵を原料にした柔らかな飼料、蜂蜜を原料にした飼料等、柔らかな飼料の総称

タ行

托卵
自ら抱卵はせず、他の鳥の巣に産卵し育てさせる行為。テンニンチョウ属が代表。野鳥ではカッコウが有名。飼養下では自育しない鳥の卵を仮母に預けることを指す

ダブルイエロー（double-yellow）
無覆輪同士の交配によるカナリアのこと

ダブルバフ（double-buff）
有覆輪同士の交配によるカナリアのこと

卵詰まり（egg binding）
メスが産卵の際、卵が正常に生まれず輸卵管に留まっている状態。そのままにすると死ぬこともある。35℃程度に加温し、安静にすると産卵する。これでも産卵しなければひまし油やオリーブオイルをスポイトで口と肛門から3滴注入する。原因は脂肪過多、初産、低温障害等。卵秘ともいわれる

和名	学名	ページ
オオキボウシインコ	Amazona ochrocephala oratrix	154
オオダルマインコ	Psittacula derbiana	145
オオハナインコ	Eclectus roratus	163
オオホンセイインコ	Psittacula eupatria	144
オカメインコ	Nymphicus hollandicus	122
オキナインコ	Myiopsitta monachus	150
オグロウロコインコ	Pyrrhura melanura	149
オトメインコ	Lathamus discolor	140
オトメズグロインコ	Lorius lory	173
オナガパプアインコ	Charmosyna papou	171
オナガミドリインコ	Brotogeris tirica	147
カルカヤインコ	Agapornis cana	130
キエリクロボタンインコ	Agapornis personata	125
キエリボウシインコ	Amazona ochrocephala auropalliata	154
キガシラアオハシインコ	Cyanoramphus auriceps	140
キキョウインコ	Neophema pulchella	139
キスジインコ	Chalcopsitta sintillata	170
キソデインコ	Brotogeris versicolurus chiriri	133
キバタン	Cacatua galerita	158
キモモシロハラインコ	Pionites leucogaster xanthomeria	146
キンショウジョウインコ	Alisterus scapularis	141
クロボタンインコ	Agapornis nigrigenis	127
クルマサカオウム	Cakatua leadbeateri	161
クラカケヒインコ	Eos cyanogenia	170
コガネメキシコインコ	Aratinga solstitialis	148
コキサカオウム	Cacatua sulphurea citrinocristata	159
ココノイインコ	Platycercus icterotis	136
コザクラインコ	Agapornis roseicollis	128
色変わり		128
ゴシキセイガイインコ	Trichoglossus haematodus	168
コシジロインコ	Pseudeos fuscata	172
コセイガイインコ	Trichoglossus chlorolepidotus	168
コバタン	Cacatua sulphurea	159
コハナインコ	Agapornis pullaria	130
コボウシインコ	Amazona albifrons	153
コミドリコンゴウインコ	Ara nobilis	166
コムラサキインコ	Eos squamata	169
コンゴウインコ	Ara macao	164
サザナミインコ	Bolborhynchus lineola	134
サトウチョウ	Loriculus galgulus	131
サメクサインコ	Platycercus adscitus palliceps	135
シモフリインコ	Aratinga weddellii	150
ジャコウインコ	Glossopsitta concinna	172
シュバシサトウチョウ	Loriculus philippensis	131
ショウジョウインコ	Lorius garrulus	169
シロガシラインコ	Pionus seniloides	152
ズグロシロハラインコ	Pionites melanocephala	146
スミレインコ	Pionus fuscus	151
スミレコンゴウインコ	Anodorhynchus hyacinthinus	167
セイキインコ	Psephotus varius	137
セキセイインコ	Melopsittacus undulatus	116
色変わり		118
大型		120
芸物		119
手乗り・おしゃべり		117
タイハクオウム	Cacatua alba	160
ダルマインコ	Psittacula alexandri	145
テンニョインコ	Polytelis alexandrae	142
ドウバネインコ	Pionus chalcopterus	152
ナナイロメキシコインコ	Aratinga jandaya	148
ナナクサインコ	Platycercus eximius	135
ネズミガシラハネナガインコ	Poicephalus senegalus	156
ハゴロモインコ	Aprosmictus erythropterus	141
ハツハナインコ	Agapornis taranta	130
バライロコセイインコ	Psittacula roseata	144
ヒオウギインコ	Deroptyus accipitrinus	155
ビセイインコ	Psephotus haematonotus	137
ヒスイインコ	Psephotus chrysopterygius dissimilis	138
ヒノデハナガサインコ	Psephotus haematogaster haematorrhous	138
ヒメネキキョウインコ	Neophema splendida	139
ヒメコンゴウインコ	Ara severa	166
ベニコンゴウインコ	Ara chloroptera	165
ボタンインコ	Agapornis lilianae	124
ホンセイインコ	Psittacula krameri	143
色変わり		143
マメルリハ	Forpus coelestis	132
ミカヅキインコ	Polytelis swainsonii	142
ムラクモインコ	Poicephalus meyeri	156
メキシコシロガシラインコ	Pionus senilis	152
モモイロインコ	Eolophus roseicapillus	162
ヨウム	Psittacus erithacus	157
ヨダレカケズグロインコ	Lorius chlorocercus	173
ルリコシボタンインコ	Agapornis fischeri	125
色変わり		126
ルリコンゴウインコ	Ara ararauna	165
ワタボウシミドリインコ	Brotogeris pyrrhopterus	147

ハト類 … 174

和名	学名	ページ
ウスユキバト	Geopelia cuneata	174
シッポウバト	Oena capensis	176
ジュズカケバト	Streptopelia risoria	175
チョウショウバト	Geopelia striata	176
ボタンバト	Ptilinopus jambu	177
カルカヤバト	Ptilinopus melanospila	177

ウズラ類 … 178

和名	学名	ページ
ウズラ	Coturnix japonica	178
ウロコウズラ	Callipepla squamata	181
カンムリシャコ	Rollulus rouloul	180
ズアカカンムリウズラ	Lophortyx gambelii	181
ツノウズラ	Oreortyx picta	181
ヒメウズラ	Excalfactoria chinensis	179

索 引

フィンチ類 … 60

- アカチャタネワリキンパラ … 94
  Pyrenestes sanguineus
- アサヒスズメ … 72
  Neochmia phaeton
- アラレチョウ … 93
  Hypargos niveoguttatus
- イッコウチョウ … 95
  Amadina fasciata
- オウゴンチョウ … 98
  Euplectes afer
- オオイッコウチョウ … 95
  Amadina erythrocephala
- オオキンカチョウ … 75
  Emblema guttata
- オキナチョウ … 85
  Lonchura griseicapilla
- オトヒメチョウ … 93
  Mandingoa nitidula
- オナガカエデチョウ … 87
  Estrilda astrild
- カエデチョウ … 86
  Estrilda troglodytes
- カノコスズメ … 76
  Poephila bichenovii
- キガタホウオウ … 99
  Euplectes macrourus
- キクスズメ … 98
  Sporopipes squamifrons
- キサキスズメ … 97
  Vidua fischeri
- キバシキンセイチョウ … 73
  Poephila personata
- キマユクビワスズメ … 100
  Tiaris olivacea
- キンカチョウ … 70
  Poephila guttata castanotis
- ギンバシ … 83
  Lonchura malabarica
- キンパラ … 82
  Lonchura malacca atricapilla
- ギンパラ … 82
  Lonchura malacca
- キンランチョウ … 99
  Euplectes orix
- クビワスズメ … 100
  Tiaris canora
- クロガオアオハシキンパラ … 94
  Spermophaga haematina
- クロガオコウギョクチョウ … 91
  Lagonosticta larvata
- クロシチホウ … 85
  Lonchura bicolor
- クロハラコウギョクチョウ … 91
  Lagonosticta rara
- コウギョクチョウ … 90
  Lagonosticta senegala
- コキンチョウ … 66
  Chloebia gouldiae
  - 色変わり … 67
- ゴシキヒワ … 101
  Carduelis carduelis
- コシジロキンパラ … 74
  Lonchura striata
- コマチスズメ … 75
  Emblema picta
- コモンチョウ … 76
  Neochmia ruficauda
- サクラスズメ … 77
  Aidemosyne modesta
- シコンチョウ … 96
  Vidua chalybeata
- シマコキン … 77
  Lonchura castaneothorax
- シマベニスズメ … 81
  Amandava subflava
- シャコスズメ … 81
  Ortygospiza atricolis atricolis
- ジュウシマツ … 60
  Lonchura striata var.domestica
- シュバシキンセイチョウ … 73
  Poephila acuticauda hecki
- セイキチョウ … 88
  Uraeginthus bengalus
- セイコウチョウ … 78
  Erythrura prasina
- チモールキンカチョウ … 71
  Poephila guttata guttata
- チモールブンチョウ … 65
  Lonchura fuscata
- チャバラセイコウチョウ … 78
  Erythrura hyperythra
- テンニンチョウ … 97
  Vidua macroura
- トキワスズメ … 89
  Uraeginthus granatina
- ナンヨウセイコウチョウ … 79
  Erythrura trichroa
- ニシキスズメ … 90
  Pytilia melba
- ハゴロモシチホウ … 84
  Lonchura cucullata
- ビジョスズメ … 92
  Pytilia afra
- ビナンスズメ … 92
  Pytilia phoenicoptera
- ヒノマルチョウ … 79
  Erythrura psittacea
- フヨウチョウ … 72
  Aegintha temporalis
- ブンチョウ … 64
  Lonchura oryzivora
- ヘキチョウ … 83
  Lonchura maja
- ベニスズメ … 80
  Amandava amandava
- ベニバラウソ … 101
  Pyrrhula pyrrhula
- ホウオウジャク … 96
  Vidua paradisaea
- ホオコウチョウ … 86
  Estrilda melpoda
- ミヤマカエデチョウ … 87
  Estrilda rhodopyga
- ムナジロシマコキン … 84
  Lonchura pectoralis
- ムラサキトキワスズメ … 89
  Uraeginthus iantinogaster
- ルリガシラセイキチョウ … 88
  Uraeginthus cyanocephalus

カナリア類 … 102

- カナリア … 102
  Serinus canaria
  - カラーカナリア … 103
  - 東京巻毛 … 104
  - 日本細 … 105
  - ノリッジ … 104
  - ヨークシャー … 105
  - リザードカナリア … 104
  - ローラーカナリア … 103
  - ワイルドカナリア … 105
- キマユカナリア(セイオウチョウ) … 106
  Serinus mozambicus
- コシジロカナリア(ネズミセイオウチョウ) … 107
  Serinus leucopygius

ソフトビル類 … 108

- アカオガビチョウ … 111
  Garrulax milnei
- オオハナマル … 113
  Sturnus nigricollis
- オオミミキュウカンチョウ … 112
  Gracula religiosa javanensis
- カヤノボリ … 110
  Spizixos semitorques
- カンムリチメドリ … 110
  Yuhina brunneiceps
- キクユメジロ … 108
  Zosterops poliogaster kikuyuensis
- キビタイコノハドリ … 115
  Chloropsis aurifrons
- キムネムクドリ … 113
  Mino anais
- キュウカンチョウ … 112
  Gracula religiosa intermedia
- キンムネオナガテリムク … 114
  Cosmopsarus regius
- ゴシキソウシチョウ … 109
  Leiothrix argentauris
- ズグロウタイチメドリ … 111
  Heterophasia capistrata
- ソウシチョウ … 109
  Leiothrix lutea
- ハイバラメジロ … 108
  Zosterops palpebrosus
- ムラサキテリムクドリ … 114
  Lamprotornis purpureus
- ルリコノハドリ … 115
  Irena puella

インコ類 … 116

- アオスジヒインコ … 171
  Eos reticulata
- アオボウシインコ … 153
  Amazona aestiva
- アカクサインコ … 136
  Platycercus elegans
- アカハラウロコインコ … 149
  Pyrrhura rhodogaster
- アカビタイムジオウム … 162
  Cacatua sanguinea
- アキクサインコ … 140
  Neophema bourkii
- アケボノインコ … 151
  Pionus menstruus

■ 参考文献

『飼ひ鳥』 ●鷹司信輔 著（裳華房）
『家禽学』 ●奥村純市 藤原 昇 著（朝倉書店）
『原色飼鳥大鑑・1～3巻』 ●川尻和夫 著（ペットライフ社）
『金雀養方』 ●滝沢馬琴 著
『世界のオウムとインコ』 ●黒田長礼 著（鳥海書房）
『世界鳥類和名辞典』 ●山階芳麿 著（大学書林）
『世界の鳥類』 ●山階芳麿 監修（小学館）
『世界の鳥』 ●ジョン・グールド 著 ●山岸 哲 監修（同朋舎出版）
『動物大百科』 ●黒田長久 監修（平凡社）
『日本鳥名由来辞典』 ●菅原 浩 柿沢亮三 著（柏書房）
『舶来鳥獣図誌』 ●磯野直秀 内田康夫 著（八坂書房）
『東アフリカの鳥』 ●小倉寛太郎 著（文一総合出版）
『AUSTRALIAN PARROTS IN FIELD AND AVIARY』 ●Alan H.Lendon 著（Angus&Robertson Publishers）
『BIRDS OF AUSTRALIA』 ●J.D.Macdonald 著（REED）
『Canaries』 ●G.T.Dodwell 著（Lansdowne）
『Canaries』 ●Walker&Avon 著（Lansdowne）
『Cage&Aviary BIRDS』 ●Richard Mark Martin 著（Collins）
『Cage and Aviary Birds』 ●Matthew M. Vriends 著（Macdonald）
『Finches&Sparrows』 ●Clement Harris Davis 著（Princeton）
『GARDEN BIRDS of Britain and Europe』 ●Nature Guides 著（Longman）
『Munias and Mannikins』 ●Robin Restall 著（Pica）
『Prachtfinken』 ●Horst Bielfeld 著（Ulmer）
『The Birds of China』 ●Rodolphe Meyer De Schauensee 著（OXFORD UNIVERSITY PRESS）

■ 撮影協力 （あいうえお順・敬称略）

浅田鳥獣貿易㈱
㈱相関鳥獣店
㈱有竹鳥獣店
石原鳥獣㈱
石原由雄
石渡昭男
キスゲセンター
腰山良雄
サカタのタネ・バードサロン・こうのとり
杉山　衛
高橋義信
田島正明
田中親雄
西池今朝雄
錦　洋一郎
ペットショップ・Big Ben
㈱ベルバード
ペットショップ広商
堀合　登
増田正雄
三浦　透
宮中　理
村野喜太郎
八木バードショップ
矢田貝昭治
ヤマダペットプロダクション

ヴァルスローデ鳥類園（ドイツ）
サンディエゴ動物園（アメリカ）
フランクフルト動物園（ドイツ）
ブロンクス動物園（アメリカ）
ロンドン動物園（イギリス）

撮影後記

　私が動物の写真を撮り始めてから長い年月がたちました。カメラマンとして撮影を始めた初期から現在まで、生き物のなかでも特に好きなものの一つが飼い鳥の対象とされている鳥の仲間で、多くの方々にご協力をいただいて貴重な撮影を行う機会をもつことができました。

　初期に撮影したものは、緑書房の「原色飼鳥大鑑・1～3巻」で川尻和夫氏の解説とともに出版することができました。

　このシリーズは好評を得て、続巻も予定されておりましたが、川尻和夫氏の急逝により中断してしまったことは非常に残念なことでした。

　その後も貧乏カメラマンながら海外取材にも何とか出かけ、飼い鳥の対象となる鳥の野生の姿を撮影しながら、アジア・オーストラリア・アフリカを中心にそれらの生活環境なども目にすることができました。

　近年、世界的な自然保護意識の高まりや、鳥インフルエンザなどの諸問題により、野生捕獲の鳥はもちろん、飼育下で繁殖されているものも輸入や移動を制限されることが多くなりました。

　そのため、以前は日本でも輸入でき、よく目にすることができた種類も現在はまったく飼育できなくなってしまったものが増えており、国内で新たに撮影することが叶わないことも多々あります。したがって、現在国内で飼育されている原種は大切に繁殖、維持していく必要があります。

　飼育品種の改良は今後も進み、いろいろな鳥が作出されていくことでしょう。新たな品種の出現を楽しみに、私も見続けていきたいと思います。

　最後に、解説の執筆にご尽力いただいた江角正紀氏、快く撮影に協力してくださった関係者の方々、企画・編集に協力していただきました緑書房の真名子漢氏、有限会社オカムラの岡村静夫氏に厚くお礼を申し上げます。

2008年2月
立松光好

■ プロフィール

江角正紀／えすみ まさき

1955年島根県に生まれる。小学生の頃からさまざまな鳥の繁殖を手がけ、「鳥少年」とも呼ばれる。上京後、本格的に鳥の世界を学び、併せて専門誌に執筆、連載を始める。監修に「楽しい小鳥の飼い方・育て方」(永岡書店)、著書に「文鳥の本」(ペット新聞社)、「スタイルカナリア」(日本スタイルカナリア会)などがある。また主な飼鳥クラブの役員を歴任し、現在は「バード&スモールアニマルフェア」の小鳥部長・審査員、日本スタイルカナリア会副会長・審査員を務めている。

立松光好／たてまつ みつよし

1947年北海道に生まれる。プロ用現像所勤務後、野村スタジオのアシスタントを経て、野生動物からペットまで、国内はもとより、海外でも精力的に撮影・取材活動を続けている動物写真家。「原色飼鳥大鑑・1〜3巻」(ペットライフ社)、「こねこ」(小学館)、「カラー版 日本鶏・外国鶏」(家の光協会)など、書籍を中心に多数の作品を発表している。また、フォトライブラリーにも積極的に写真を提供し、幅広く活躍中。

鳥の飼育大図鑑

2008年3月20日　第1刷発行

著　者	江角 正紀
撮　影	立松 光好
発行者	森田 猛
発　行	ペットライフ社
発　売	株式会社 緑書房
	〒101-0054
	東京都千代田区神田錦町3丁目21番地
	TEL　03-5281-8200
	http://www.mgp.co.jp
	http://www.pet-honpo.com
DTP編集	有限会社オカムラ
印　刷	三美印刷株式会社

ISBN978-4-903518-21-3　Printed in Japan
落丁、乱丁本は弊社送料負担にてお取り替えいたします。

©MASAKI ESUMI／MITSUYOSHI TATEMATSU 2008

JCLS　〈㈱日本著作出版権管理システム委託出版物〉
本書の無断複写は著作権法上での例外を除き禁じられています。
複写される場合は、そのつど事前に㈱日本著作出版権管理システム (TEL 03-3817-5670、FAX 03-3815-8199) の許諾を得てください。

迫力のビジュアルで魅せる 緑書房の大図鑑シリーズ

原色 飼鳥大鑑 1〜3巻

黒田長久 監修
川尻和夫 解説
立松光好 写真
A4判 函入 102〜112頁
定価・各巻10,290円（本体9,800円＋税）
ISBN4-938396-06-8（1巻）
ISBN4-938396-09-2（2巻）
ISBN4-938396-12-2（3巻）

ポピュラー種から稀種にいたる飼鳥360種をカラー写真入りで解説。鳥の掲載順は学術的な分野で区別しており、鳥の名前は和名、英名、学名で表記。

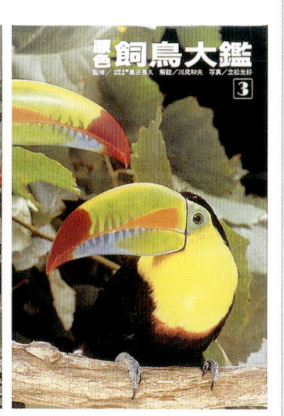

新犬種大図鑑

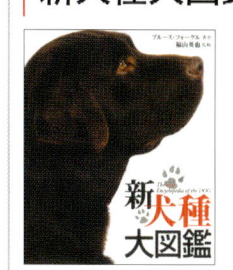

B.フォーグル 著
福山英也 監修
B4判変型 416頁 オールカラー
定価7,140円（本体6,800円＋税）
ISBN4-938396-56-4

世界中の犬420種類をオールカラーで紹介した犬種図鑑の決定版！犬と人間の関係史から、犬の身体のしくみや行動・心理、実際に飼育する際のポイントまで犬のすべてがわかる驚異のビジュアルブック。犬にかかわるすべての人必携の一冊。

新猫種大図鑑

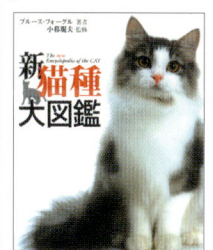

B.フォーグル 著
小暮規夫 監修
B4判変型 288頁 オールカラー
定価6,720円（本体6,400円＋税）
ISBN4-938396-66-1

猫の種類を275タイプに分け、それぞれの特徴をオールカラーで紹介。また人間とのかかわり、身体のしくみや行動、心理、飼育のポイント、医学情報まで満載。世界中の愛猫家から支持されている猫の図鑑の決定版！

新アルティメイトブック犬

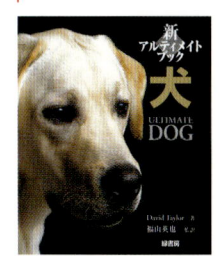

D.テイラー 著
福山英也 監訳
B4判変型 264頁 オールカラー
定価6,300円（本体6,000円＋税）
ISBN4-89531-687-4

見開き2ページで1犬種を紹介する贅沢なつくりに、大きく迫力のある写真と詳細なデータが満載。それぞれの犬種の歴史、特徴、性質などを詳細に解説するほか、犬の起源と家畜化、身体的特徴や行動形態に関する記述も充実した愛犬家必携の百科図鑑。

新アルティメイトブック馬

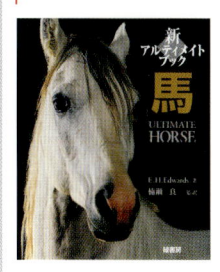

E.H.エドワーズ 著
楠瀬 良 監訳
B4判変型 272頁 オールカラー
定価7,140円（本体6,800円＋税）
ISBN4-89531-679-3

最新の知見を盛り込んで書き改められた馬の優れた品種図鑑決定版。100品種以上の美しい写真と、馬の体型やさまざまな馬術に関する豊富な情報を盛り込んだ、馬を愛するすべての人に贈る究極の百科図鑑。

観賞魚大図鑑

D.オルダートン 著
東 博司 監修
B4判変型 400頁 オールカラー
定価7,140円（本体6,800円＋税）
ISBN 978-4-89531-693-4

熱帯魚から、海水魚、池で飼育する金魚・錦鯉まで世界中の観賞魚に関する最新情報を完全網羅。1,000種を超える観賞魚の種別データや特性などを美しい写真とともに紹介する。さらにそれぞれの観賞魚の飼育方法、水槽や池に入れる適切なサンゴや水草の選び方などのノウハウを丁寧に解説。

ヘビ大図鑑

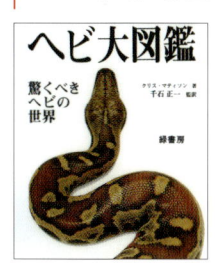

C.マティソン 著
千石正一 監訳
B4判変型 192頁 オールカラー
定価7,140円（本体6,800円＋税）
ISBN4-89531-678-5

巨大なオオアナコンダから猛毒のネッタイガラガラヘビ、優美なヒョウモンヘビまで世界中のヘビを紹介した驚異のビジュアルブック。ヘビの進化をはじめ獲物の捕らえ方、攻撃、防御、繁殖なども解説。息をのむようなカラー写真を掲載し、魅力的で謎に満ちたヘビの生態を探る一冊。

魅せる 日本の両生類・爬虫類

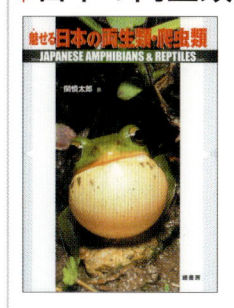

関慎太郎 著
B5判 128頁 オールカラー
定価2,940円（本体2,800円＋税）
ISBN4-89531-686-6

日本にはおよそ160種類の両生類・爬虫類が確認されており、その多くが日本固有の生物である。日本に生息する両生類・爬虫類の神秘的な生態を200点を超える美しく貴重な写真とともに解説した愛好家待望のビジュアルブック！

Q&Aマニュアル 爬虫両生類飼育入門

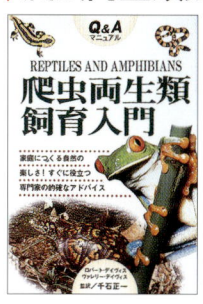

R.デイヴィス／V.デイヴィス 著
千石正一 監訳
A5判 208頁 オールカラー
定価4,725円（本体4,500円＋税）
ISBN4-89531-649-1

ビバリウムのレイアウト方法を、各種類に合わせて詳しく写真・イラストで楽しく紹介。爬虫類・両生類のカタログではカメ・カエル・ヘビ・トカゲ・イモリの各種類ごとにQ&A方式で楽しく飼育方法を解説。飼育テクニックをトータルにレベルアップできる飼育情報満載の入門書。

緑書房
〒101-0054 東京都千代田区神田錦町3丁目21番地 JPRクレスト竹橋ビル
TEL：03-5281-8200 FAX：03-5281-0171 http://www.mgp.co.jp http://www.pet-honpo.com

熱帯雨林の世界へようこそ。

地球上の生物の半分が生息している生命の宝庫 "熱帯雨林"、その世界を16年以上にわたり撮影してきたトーマス・マレントが満を持して発表する貴重な500種以上の動植物の写真集は人類に多大な恩恵をもたらしてきた自然の豊かさを見事に捉え見る者すべてに地球環境について考える機会を与えてくれる。

CONTENTS
- 写真家の情熱
- パノラマ
- 生命の多様性
- サバイバル
- 生命循環
- 社会生活
- 世界の降雨林

CD付き
Sounds of The Rainforest

付録CD「Sounds of the Rainforest」には動物たちの鳴き声など、世界中の熱帯雨林の音声が収録されており、このCDを聴きながら写真集をひもとけば、いながらにして雄大な熱帯雨林の世界を体感できます。

本書の売上の一部は熱帯雨林保護団体に寄付されます。

自然のすばらしさを教えてくれる数々の写真は、それだけで自然保護の大切さを意識する機会を私たちに与えてくれます。さらに本書の売上の一部は熱帯雨林保護団体に寄付されるため、本書のご購入が世界的な自然保護活動を支援することになります。

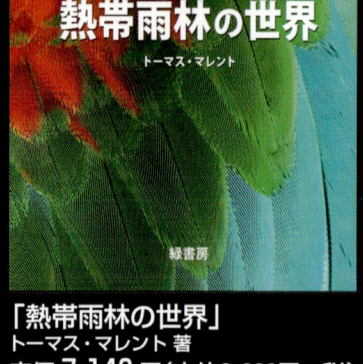

「熱帯雨林の世界」
トーマス・マレント 著
定価 7,140円（本体6,800円＋税）
B4判変型　360頁　オールカラー
ISBN978-4-89531-688-0

株式会社 緑書房

〒101-0054　東京都千代田区神田錦町3丁目21番地JPRクレスト竹橋ビル
TEL 03-5281-8200　FAX 03-5281-0171　http://www.pet-honpo.com